中国水利教育协会　组织

全国水利行业"十三五"规划教材（职工培训）

水利工程施工
与建筑材料

主　编　朱显鸽

主　审　刘建明

U0238455

中国水利水电出版社
www.waterpub.com.cn
·北京·

内 容 提 要

本书主要面向水利基层从业人员，以解决水利工程建设与管理过程中的施工、建筑材料问题。全书主要内容包括导截流施工，地基开挖与处理，模板、钢筋、脚手架施工，土石坝施工，混凝土坝施工，隧洞施工，渠系建筑物施工，以及建筑材料的基本性质，胶凝材料，混凝土与砂浆，建筑钢材，土工合成材料等。

本书主要作为基层水利职工培训教材，也可以作为高职高专学校水利类专业选用教材，还可以作为水利行业从业人员自学参考用书。

图书在版编目（ＣＩＰ）数据

水利工程施工与建筑材料 / 朱显鸽主编. -- 北京：
中国水利水电出版社，2017.4
全国水利行业"十三五"规划教材. 职工培训
ISBN 978-7-5170-5331-6

Ⅰ．①水… Ⅱ．①朱… Ⅲ．①水利工程－工程施工－
教材②水利工程－建筑材料－教材 Ⅳ．①TV5

中国版本图书馆CIP数据核字(2017)第079324号

书　　名	全国水利行业"十三五"规划教材（职工培训） **水利工程施工与建筑材料** SHUILI GONGCHENG SHIGONG YU JIANZHU CAILIAO
作　　者	主编 朱显鸽　主审 刘建明
出版发行	中国水利水电出版社 （北京市海淀区玉渊潭南路1号D座　100038） 网址：www.waterpub.com.cn E-mail：sales@waterpub.com.cn 电话：(010) 68367658（营销中心）
经　　售	北京科水图书销售中心（零售） 电话：(010) 88383994、63202643、68545874 全国各地新华书店和相关出版物销售网点
排　　版	中国水利水电出版社微机排版中心
印　　刷	北京纪元彩艺印刷有限公司
规　　格	184mm×260mm　16开本　18.25印张　433千字
版　　次	2017年4月第1版　2017年4月第1次印刷
印　　数	0001—2500册
定　　价	**46.00元**

前　言

　　本书是根据基层水利企事业单位的主要技术岗位工作要求，以水利工程项目施工过程中涉及的施工典型工作任务和建筑材料构建课程内容体系，以工作任务为导向，贯彻工程规范要求，遵循学习认知规律，编排教材的内容，力求浅显、易学、基础、实用。

　　本书分为上篇"水利工程施工"和下篇"水利工程建筑材料"。上篇主要介绍水利工程建设与管理过程中的导截流施工，地基开挖与处理，模板、钢筋、脚手架施工，土石坝施工，混凝土坝施工，隧洞施工，以及渠系建筑物施工，旨在解决水利工程建设与管理中的典型施工技术问题。下篇主要介绍水利工程施工过程中经常用到的建筑材料，包括建筑材料的基本性质、胶凝材料、混凝土与砂浆、建筑钢材、土工合成材料，旨在解决水利工程建设与管理中的常用建筑材料问题。

　　本书编写团队由高职院校教师和行业企业专家共同组成。全书由杨凌职业技术学院朱显鸽担任主编并负责统稿，杨凌职业技术学院何祖朋和葛洲坝集团第一工程有限公司任超担任副主编，四川水利职业技术学院刘建明担任主审。

　　本书共十二章，教材编写任务分工如下：杨凌职业技术学院朱显鸽编写第五章和第九章，杨凌职业技术学院何祖朋编写第二章，葛洲坝集团第一工程有限公司任超编写第六章，中国水利水电第四工程局有限公司柏华东编写第一章，中国水电建设集团新能源开发有限责任公司许立国编写第三章，中国水利水电第三工程局有限公司赵琦编写第四章，杨凌职业技术学院穆创国编写第七章，杨凌职业技术学院赵英编写第八章，杨凌职业技术学院杜旭斌编写第十章，西安航空学院刘晓宁编写第十一章，陕西工业职业技术学院安亚强编写第十二章。

　　本书编写出版过程中得到中国水利教育协会、中国水利职业教育集团、中国水利水电出版社、陕西省水利厅的大力支持，借鉴了多所院校有关课程教材和职工培训教材，书后未能一一列出，编者在此一并表示诚挚的感谢！另外由于编者经验和水平有限，书中错误与缺陷在所难免，恳望各位专家与读者多提宝贵意见！

编者

2016 年 3 月

目　录

上篇　水利工程施工

第一章　导截流施工

为了创造在河床上修建水工建筑物的干地施工条件，同时兼顾施工期的水资源综合利用要求，对时间、地点、方式进行规划，修筑围堰，围护基坑，将河水引向预定的泄水通道、往下游宣泄，或将水蓄起来，这一过程称为施工导截流，如图 1-1 所示。

施工导截流的目的是解决施工期间的水流控制问题。

图 1-1　水利工程施工导截流示意图

第一节　导　流　施　工

一、导流挡水建筑物

为了保证水工建筑物在干地条件下施工，用来围护施工基坑、把施工期间的河水挡在基坑外的导流挡水建筑物通常称为围堰。

（一）围堰的类型

围堰有多种类型，具体分类如下：

（1）按使用材料分类，可分为土石围堰、混凝土围堰、草土围堰、木笼围堰、竹笼围堰、钢板桩格形围堰等。

（2）按围堰与水流方向的相对位置分类，可分为横向围堰和纵向围堰。

（3）按围堰和坝轴线的相对位置分类，可分为上游围堰和下游围堰。

（4）按导流期间基坑过水与否分类，可分为过水围堰和不过水围堰。过水围堰除需要满足一般围堰的基本要求外，还要满足堰顶过水的要求。

（5）按围堰挡水时段分类，可分为全年挡水围堰和枯水期挡水围堰。

（6）按围堰施工分期分类，可分为一期围堰、二期围堰、三期围堰等。

（二）围堰的平面布置

围堰的平面布置，既要便于主体工程施工及排水系统的布置，又要尽量减小工程量并对围堰的抗冲有利。

1. 上、下游横向围堰

通常围堰下坡趾距主体工程轮廓距离不小于 20～30m，以便布置排水设施、交通运输道路和堆放材料及模板等。采用全段围堰法时，为减少工程量，围堰一般与主河道垂直；采用分段围堰法时，为使水流顺畅，围堰一般不与河床中心线垂直，而呈梯形布置。

2. 纵向围堰

围堰下坡趾距主体建筑轮廓的距离，当需要堆放模板和布置排水系统时，一般不小于2.0m；若无此要求，则可取为 0.4～0.6m。

（三）围堰堰顶高程的确定

1. 不过水围堰堰顶高程

（1）横向围堰：

上游围堰堰顶高程为

$$H_u = h_d + Z + \delta \tag{1-1}$$

式中　H_u——上游围堰堰顶高程，m；

　　　h_d——下游水面高程，m，可直接由原河流水位流量关系曲线中查得；

　　　Z——上下游水位差，m；

　　　δ——围堰的安全超高，m，按表 1-1 选用。

下游围堰堰顶高程为

$$H_d = h_d + \delta \tag{1-2}$$

式中　H_d——下游围堰堰顶高程，m；

　　　h_d、δ 含义同前。

表 1-1　　　　　　　　　不过水围堰堰顶安全超高 δ 下限值

围堰型式	围堰级别	
	Ⅲ级	Ⅳ级、Ⅴ级
土石围堰	0.7m	0.5m
混凝土围堰、浆砌石围堰	0.4m	0.3m

（2）纵向围堰：通常随导流设计流量时的束窄河床水面线做成斜坡或台阶状，其上下游端分别与上、下游围堰同高。

2. 过水围堰堰顶高程

过水围堰的堰顶高程应通过技术经济比较确定，使围堰造价与基坑淹没损失费用之和最小。

（四）围堰的防冲措施

工程中常采用的围堰护脚防冲措施主要有抛石，柴排（由柳枝或竹子等扎结成排体，上压块石），钢筋混凝土柔性排，塑枕（土工织物袋用沙土充填），模袋混凝土排（以土工织物加工成形的模袋内充灌流动性混凝土或水泥砂浆）等。

二、施工导流的方法及泄水建筑物类型

基本导流方法有全段围堰法导流和分段围堰法导流。辅助导流方法有淹没基坑法导流。

（一）全段围堰法导流

全段围堰法导流是指在河床主体工程（大坝、水闸等）的上下游各修筑一道围堰拦断水流，使上游来水经河床外修建的临时泄水道（或永久泄水建筑物）下泄，待主体工程建成后或接近建成时再封堵临时泄水道。全段围堰法又称为一次拦断法或河床外导流；一般适用于河道狭窄的中小河流。

泄水方式有以下几种。

1. 明渠导流

明渠导流如图 1-2 所示，多用于河床外导流，适用于河谷岸坡较缓，有较宽阔滩地或有溪沟、老河道等可利用的地形，且导流流量较大，地形、地质条件利于布置明渠的情况。与隧洞导流比较，明渠的过流能力较大，施工较方便，造价相对较低，在地形条件和枢纽布置允许时，多采用明渠导流。

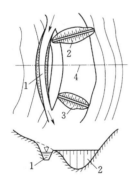 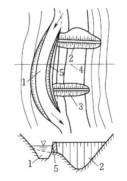

（a）在岸坡上开挖的明渠　　　　（b）在滩地上开挖并设有导墙的明渠

图 1-2　明渠导流示意图

1—导流明渠；2—上游围堰；3—下游围堰；4—坝轴线；5—明渠外导墙

2. 隧洞导流

隧洞导流如图 1-3 所示，适用于以下情况：①河谷狭窄，地形条件不利于布置导流明渠；②河岸山体地质条件较好，能够开挖隧洞；③有些工程要求一次拦断整个河床，全年施工。

与明渠导流相比，隧洞导流的流量较小，但随着施工技术的发展，导流隧洞直径有增大的趋势。

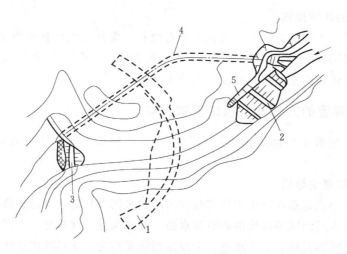

图 1-3　隧洞导流示意图

1—混凝土坝；2—上游围堰；3—下游围堰；4—导流隧洞；5—临时溢洪道

3. 涵管导流

涵管导流如图 1-4 所示，多用于中小型土石坝工程，导流流量不超过 $1000\text{m}^3/\text{s}$。

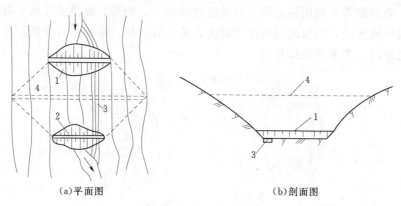

(a)平面图　　　　　　　　　　　(b)剖面图

图 1-4　涵管导流示意图

1—上游围堰；2—下游围堰；3—涵管；4—坝体

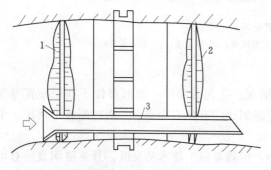

图 1-5　渡槽导流示意图

1—上游围堰；2—下游围堰；3—渡槽

4. 渡槽导流

渡槽导流如图 1-5 所示，一般适用于小型工程的枯水期导流，导流流量不超过 $20\sim30\text{m}^3/\text{s}$，个别达 $100\text{m}^3/\text{s}$。

（二）分段围堰法导流

分段围堰法导流（图 1-6、图 1-7）是指用围堰将建筑物分期分段围护起来进行施工的导流方法，又称为分期围堰法或河床内导流。分段是就空间而言的，就是将基坑围成若干个干地基坑，分段进行建

图 1-6 分段围堰法导流

筑物施工。分期是就时间而言的，就是从时间上将导流过程划分成若干阶段。工程实践中，两段两期导流采用最多。

分段围堰法导流适用于河床较宽、流量大、工程工期较长的情况，易满足通航、过木、排冰等要求。

（三）淹没基坑法导流

山区河流特点是洪水期流量大、历时短，而枯水期流量则很小；水位暴涨暴落，变幅很大。若按一般导流标准要求来设计导流建筑物，不是挡水围堰修得很高，就是泄水建筑物的尺寸要求很大，而使用期又不长，这显然是不经济的。在这

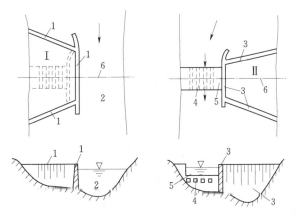

（a）一期导流（束窄河床导流） （b）二期导流（底孔与缺口导流）

图 1-7 分期导流布置示意图（底孔与坝体缺口导流）
1——期围堰；2—束窄河床；3—二期围堰；4—导流底孔；
5—坝体缺口；6—坝轴线

种情况下，可以考虑采用允许基坑淹没的导流方法，即洪水来临时围堰过水，若基坑被淹没，河床部分停工，待洪水退落，围堰挡水时再继续施工。采用该方法，基坑淹没所引起的停工天数不长，施工进度能保证，在河道泥沙含量不大的情况下，导流总费用较节省，一般是合理的。

这是一种辅助导流方法，在全段围堰法和分段围堰法中均可使用。

第二节 截 流 施 工

施工导流中，以进占方式自两岸或一岸建筑戗堤形成龙口，并将龙口防护起来，在有利时机将龙口堵住，迅速截断原河道，迫使水流从预先修建好的导流泄水建筑物或预留泄水通道下泄的工程措施，称为截流。截流是水利工程施工中的关键项目，有一定风险，需做周密计划、充分准备，要有足够的抛投强度和科学的现场统一指挥调度。

一、截流施工

截流的施工过程为：戗堤进占→龙口加固→合龙→闭气。

向流水中抛投料物填筑戗堤的工作称为进占。两岸进占后预留的河道泄流口门称为龙

口。为防止龙口河床和戗堤端部被冲刷毁坏,需要对龙口范围内进行防冲加固。闭合龙口、最终拦断水流的过程称为合龙。合龙后在戗堤迎水面采取防渗措施封堵渗漏通道称为闭气。

二、截流的基本方法

我国历史上利用土石、秸料、柳枝等当地材料进行堤防堵口及截流,积累了丰富的施工经验。现代截流工程多使用大块石和混凝土异形体等材料,利用大型自卸汽车及推土机施工。

截流抛投方式可分为立堵、平堵和平立堵。

1. 立堵法截流

立堵法截流是将截流材料从龙口的一端向另一端或从两端向中间抛投进占,如图1-8所示,逐步束窄龙口直至合龙截断河床水流。

立堵法截流施工较简单,但龙口单宽流量大、流速高,场地狭窄,抛投强度受限制,难度较大。因此,也可采用上下游双戗或多戗堤进占的立堵方式,使落差分散,减少截流难度。

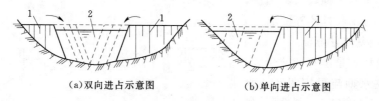

(a)双向进占示意图　　　　(b)单向进占示意图

图1-8　戗堤进占示意图

1—截流戗堤;2—龙口

2. 平堵法截流

平堵法截流时,是沿整个龙口宽度全线抛填截流材料,抛投体从河床底部开始逐层上升,直至露出水面后再进行加高培厚,形成围堰。平堵需在龙口架设浮桥、栈桥或其他跨河设施,其水力学条件较好,料物重量较小,施工场面宽阔,抛投强度高,但投资和准备工作量大。

3. 平立堵法截流

平立堵法截流是二者的结合,先立堵,后架桥平堵。长江葛洲坝水利枢纽于1981年1月进行大江截流,截流流量 $4800m^3/s$,最大落差 3.23m,最大流速 7m/s,日最大抛投强度 7.2万 m^3,截流历时 36 小时 23 分钟。

三、截流日期的选择

在选择截流日期时,应考虑以下几方面因素:

(1)截流建筑物必须修建完成。

(2)截流后的许多工作必须抢在汛前完成(如将围堰或永久建筑物抢筑到拦洪高程等)。

(3)在有通航要求的河道上,截流日期最好选在对通航影响最小的时期内。

(4)在北方有冰凌的河流上,截流不宜在流冰期进行。

截流日期一般选在枯水期初期,且流量已有显著减小时进行,而不选择在流量最小的时期。

四、截流设计流量的确定

截流设计流量是指某一确定的截流时间的截流设计流量。一般按频率法确定，根据已选定的截流时段，采用该时段内一定频率的流量作为设计流量，截流设计标准一般可采用重现期为 5～10 年（即 20%～10% 频率）的旬或月平均流量。

第三节　基　坑　排　水

在施工期间，为保证工程施工质量，创造良好的施工环境，将大气降水、基坑积水、渗水、施工废水、污水以及地下水等排到施工现场以外的措施，称为基坑排水（或施工排水）。基坑排水有初期排水和经常性排水。

一、基坑初期排水

在围堰水下部分完成后或过水围堰过水之后，必须在一定时间内将残留在基坑内的积水一次排出，即初期排水。

1. 初期排水量

基坑初期排水量包括：

（1）基坑积水（积水的计算水位，根据截流程序不同而异，应包括围堰堰体水下部分及覆盖地基的含水）。

（2）围堰堰体渗水（混凝土围堰可视为不透水）。

（3）地基渗水（渗水量与围堰结构型式、地基地质条件、防渗措施及初期排水时间长短有关）。

（4）围堰接头漏水。

（5）降雨汇水（可采用初期排水时段当月多年平均降雨量，换算为日均降雨量）。

2. 基坑水位下降速度及排水时间

水位下降不宜过快，防止渗透压力过大造成边坡失稳，产生坍坡事故；土质围堰水位下降速度开始排水时为 0.5～0.8m/d，接近排干时允许达到 1.0～1.5m/d。

排水时间，应考虑工期、水位允许下降速度、各期抽水设备及相应电负荷均匀性等因素，一般大型基坑为 5～7d，中型基坑为 3～5d。

3. 试抽法

在实际施工中制定措施计划时，常用试抽法来确定设备容量。采用试抽法可能出现以下 3 种情况：

（1）水位下降很快，表明原选用设备容量大，应关闭部分设备。

（2）水位不下降，可能是基坑有较大渗漏通道或抽水容量过小，应查明渗漏水部位并及时堵漏，或加大抽水容量后再试。

（3）水位下降至某一深度后不再下降。此时表明排水量与渗水量相等，需增大抽水容量并检查渗漏情况。

4. 排水方法

基坑初期排水用固定（吸水高度小于 6m）或浮动（吸水高度大于 6m）的水泵抽水，根据抽水量就可估算泵站抽水设备的配备功率，并考虑 20% 以上的备用功率。

固定式排水如图 1-9（a）所示，当水泵吸水高度足够时（一般水泵的吸水高度为 4~6m），可将水泵布置在围堰上。

浮动式排水如图 1-9（b）所示，当基坑较深、超过水泵吸水高度时，应随基坑开挖及水位下降而改变水泵的安装高度：①把水泵安放在沿滑道移动的平台上［图 1-9（b）］；②把水泵放在浮船上［图 1-9（c）］。

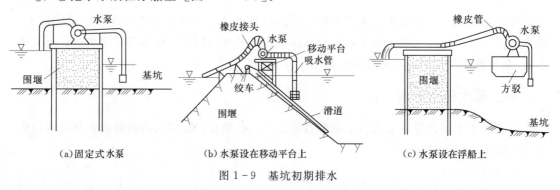

（a）固定式水泵　　　　（b）水泵设在移动平台上　　　　（c）水泵设在浮船上

图 1-9　基坑初期排水

二、经常性排水（日常排水）

在基坑内的工程进行施工的过程中，从围堰及地基渗透入基坑的渗流、降雨和施工废水等，必须不断排出。为保持施工场地干燥，有的工程必须为降低地下水位进行长期的抽水工作。

1. 经常性排水量

经常性排水量包括以下几部分：

（1）基坑渗水包括围堰堰体和地基渗水两部分，计算较复杂。

（2）降雨汇水：

1）一般时段：多年平均降雨量换算为日平均降雨量。

2）暴雨时段：多年最大日降雨量。

（3）施工弃水，包括混凝土养护用水，冲洗用水，冷却用水（施工弃水量和降水量不重复计算）。

2. 经常性排水方法

经常性排水有明沟排水和人工降低地下水位两种方法。

（1）明沟排水。基坑开挖过程中的排水系统一般将排水干沟布置在基坑中部（以利于出土）；集水井布置在轮廓线的外侧，且低于干沟沟底，便于水向外抽排，而不妨碍开挖和运输工作。

明沟排水适用于地基为岩基或粒径较粗、渗透系数较大的砂卵石覆盖层，在国内已建的水利水电工程中应用最多。

明沟排水的步骤：排水入沟渠→沟渠水江入泵站集水井→水泵将水抽出集水井。

基坑明沟排水系统布置分两种情况：
①基坑开挖期（图 1-10），保持干沟深
1～1.5m，支沟深 0.3～0.5m。集水井在
建筑物轮廓线外侧也可采用层层拦截，分
级抽水；②基坑开挖完成后修建主体建筑
物时期（图 1-11）。通常布置在基坑的四
周，且位于建筑物轮廓线的外侧，集水井与

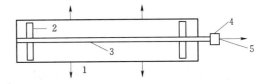

图 1-10 基坑开挖过程中的排水系统布置
1—出渣方向；2—支沟；3—干沟；
4—集水井；5—抽水

建筑物外缘轮廓的距离须大于井的深度，排水沟在建筑物轮廓线外侧，距坑边坡脚不小于

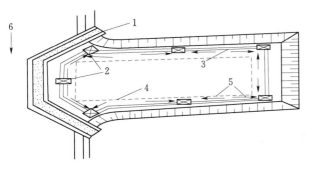

0.3～0.5m，一般沟底宽不小于
0.3m，沟深不大于 1m，底坡不小
于 2‰，集水井底高程低于沟底
1～2m，平面尺寸 1.5～2m²，容积
应保证停泵 10～15min 不漫溢，深
度通常为 2～3m，井壁和沟壁应。

（2）人工降低地下水位（暗式
排水）。在基坑周围钻设一些井管，
地下水渗入井中后随即被抽走，使
地下水位线降到开挖的基坑底面以
下，为基坑的开挖创造有利条件。

图 1-11 修建主体建筑物时排水系统布置
1—围堰；2—集水井；3—排水沟；4—建筑轮廓线；
5—沟内水流方向；6—河流

人工降低地下水位有管井法（图 1-12）和井点法（图 1-13）两种。井点法是井管
和吸水管合二为一。

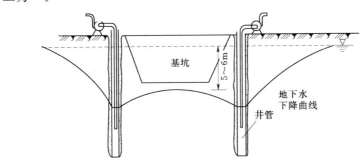

图 1-12 管井法示意图

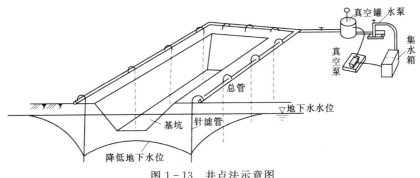

图 1-13 井点法示意图

小 结

本章主要介绍了导流、截流和基坑排水技术的难点和解决方法，总结了导截流技术的主要经验，要求掌握导流基本方法及各自适用条件、截流的施工过程、基坑排水方法，并熟悉围堰的材料、截流方法。

自 测 练 习 题

一、填空题

1. 施工导流的基本方法大体可分为_____和_____两类。

2. 围堰按使用的材料不同，可以分为_____、_____、_____、_____、_____、_____等。

3. 截流的施工过程包括_____、_____、_____与_____四项工作。

4. 截流的基本方法有_____和_____两种。

5. 基坑排水按排水时间及性质分为_____与_____。

6. 经常性排水的水量来源包括_____、_____、_____与_____。

7. 经常性排水方法有_____与_____两大类。

二、简答题

1. 什么是施工导流？

2. 分段围堰法导流的分段与分期含义如何？两者有何区别？

3. 立堵截流具有什么特点？适用于什么情况？

4. 简述基坑开挖时经常性排水系统的布置。

第二章 地基开挖与处理

第一节 地 基 开 挖

一、土的工程分类及鉴别方法

按土开挖的难易程度，将土分为松软土、普通土、坚土、砂砾坚土、软石、次坚石、坚石、特坚硬石等八类。

松软土和普通土可直接用铁锹开挖，或用铲运机、推土机、挖土机施工；坚土、砂砾坚土和软石要用镐、撬棍开挖，或预先松土，部分用爆破的方法施工；次坚石、坚石和特坚硬石一般要用爆破方法施工。

土的工程分类与现场鉴别方法见表2-1。

表2-1　　　　　　　　　　　土的工程分类与现场鉴别方法

土的分类	土 的 名 称	可松性系数		现场鉴别方法
		K_S	K_S'	
一类土（松软土）	砂，亚砂土，冲积砂土层，种植土，泥炭（淤泥）	1.08～1.17	1.01～1.03	能用锹、锄头挖掘
二类土（普通土）	亚黏土，潮湿的黄土，夹有碎石、卵石的砂，种植土，填筑土及亚砂土	1.14～1.28	1.02～1.05	用锹、锄头挖掘，少许用镐翻松
三类土（坚土）	软及中等密实黏土，重亚黏土，粗砾石，干黄土及含碎石、卵石的黄土、亚黏土，压实的填筑土	1.24～1.30	1.04～1.07	要用镐，少许用锹、锄头挖掘，部分用撬棍
四类土（砂砾坚土）	重黏土及含碎石、卵石的黏土，粗卵石，密实的黄土，天然级配砂石，软泥灰岩及蛋白石	1.26～1.32	1.06～1.09	整个用镐、撬棍，然后用锹挖掘，部分用楔子及大锤
五类土（软石）	硬石炭纪黏土，中等密实的页岩、泥灰岩、白垩土，胶结不紧的砾岩，软的石灰岩	1.30～1.45	1.10～1.20	用镐或撬棍、大锤挖掘，部分使用爆破方法
六类土（次坚石）	泥岩，砂岩，砾岩，坚实的页岩、泥灰岩，密实的石灰岩，风化花岗岩，片麻岩	1.30～1.45	1.10～1.20	用爆破方法开挖，部分用风镐
七类土（坚石）	大理岩，辉绿岩，玢岩，粗、中粒花岗岩，坚实的白云岩、砂岩、砾岩、片麻岩、石灰岩，风化痕迹的安山岩、玄武岩	1.30～1.45	1.10～1.20	用爆破方法开挖
八类土（特坚硬石）	安山岩，玄武岩，花岗片麻岩，坚实的细粒花岗岩、闪长岩、石英岩、辉长岩、辉绿岩、玢岩	1.45～1.50	1.20～1.30	用爆破方法开挖

二、地基开挖

地基开挖的目的，是将不符合设计要求的风化、破碎、有缺陷和软弱的岩层、松软的土和冲积物等挖掉，使建筑物修建在可靠的地基上；或者是根据结构设计的要求，将建筑物建在指定的高程上。

1. 地基开挖注意事项

开挖中应解决的问题如下：

（1）及时排除基坑积水。

（2）合理安排开挖程序，掌握"自上而下，先岸坡后河槽"的原则，分层开挖，逐步下降，如图2-1所示。

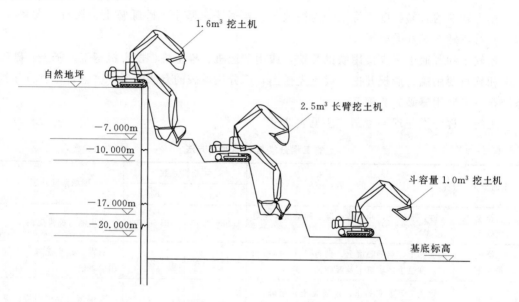

图2-1 土方分层开挖示意图

（3）合理选定基坑开挖范围与形态。地基开挖范围主要取决于水工建筑物的平面轮廓，同时考虑机械运行，道路布置，施工排水，立模支撑等要求，适当放宽，放宽的范围根据实际施工情况而定，一般从几米到几十米不等。地基开挖要避免形成高边坡、深槽壁；要求基岩面比较平整，高差不宜太大；要避免基岩有尖突部分，以免产生应力集中，并尽可能略向上游倾斜。基岩面形态为台阶状或锯齿状，如图2-2所示。

（4）正确选择开挖方法及开挖参数，以保证质量和安全为重点。

（5）做好开挖和利用石渣的综合平衡。

2. 地基开挖方法

地基开挖的具体施工方法包括松土、爆破、挖掘、装车、运输、卸渣等工序，与一般的土石方开挖相同，施工前应根据建筑物情况、地形地质条件、水文气象资料、工期要求等编制施工组织设计或施工技术措施。

对岩石地基，多采用爆破方法将岩石破碎，再用人工或机械将石渣挖掉运走。如为软

图 2-2 坝基开挖形态

岩，也可用带有松土器的重型推土机直接用凿裂法开挖，无需爆破。开挖施工中，根据建筑物的特点、开挖范围的大小和深浅、基坑形状、施工导流方式等，采用不同的开挖方式和方法。在水利工程的大面积地基开挖中，广泛采用深孔梯段爆破（见深孔爆破）结合预裂爆破、光面爆破的施工方法，分层开挖，利用挖掘机配合自卸汽车出渣。在施工前，常先进行爆破试验，选定爆破参数。一般情况下，地基开挖须从岸坡到基坑，自上而下进行，不采用自下而上或造成岩体倒悬的开挖方式。为防止爆破对基岩产生破坏性的影响，保证地基质量，需要采取一定的防护措施。许多国家都采用预留保护层的办法，即在临近基础底建基面的一定范围内，对爆破分层、钻孔深度、孔径、装药量和起爆方式等均予限制。采用预裂爆破或光面爆破，也是一种防护措施。在坝基或厂房地基的开挖中，还要注意保持要求的体形和断面形状。为防止由于爆破震动影响而破坏基岩和损害邻近的建筑物或已经完工的灌浆地段，须根据被保护对象的质点振动速度允许值，控制爆破规模或采取防振措施。对高边坡开挖，要充分注意边坡稳定的问题，做好稳定分析、观测、排水等方面的工作，并且要采用正确的施工程序和施工方法。坝基爆破开挖的基本要求是保证质量、注重安全、方便施工、综合平衡。

保证开挖质量具体表现在两个方面的要求：

（1）要求在爆破开挖过程中既要按分层逐层下挖，又要防止震动破坏保留岩体和设计基岩线下的岩体。

（2）要求在爆破开挖时防止对已建成的水工建筑物或已完工的灌浆地段造成损坏。

对土质或砂砾石地基（软基），包括岩基上的覆盖层的开挖，同样要根据工程条件，采用不同的施工方式和方法。软基开挖需要注意边坡稳定，根据地质条件和开挖深度，确定开挖坡度。如因地质原因或周围条件不允许按要求的坡度放坡开挖时，则要设置坑壁支撑，防止塌方和滑坡。还要注意做好施工排水措施，防止外水流入施工场地，并将地表积水、雨水排至场外。开挖低于地下水位的基坑时，可采用集水坑、井点排水或其他措施，降低地下水位，使基坑底部和边坡在施工期间保持无水状态，改善施工条件，稳定施工边坡。对于坝基和坝头岸坡，需按要求的坡度、深度及坝岸结合形态进行开挖。开挖后不能立即回填的部分，要预留保护层，在回填前再行挖除。

第二节 爆 破 施 工

一、爆破材料

（一）炸药

炸药是指在一定条件下能够发生快速化学反应、放出能量、生成气体产物并显示出爆炸效应的化合物或混合物。由氧化剂和还原剂两类物质组成。

因环境和条件的不同，炸药有 4 种不同形式的化学变化，即热分解、燃烧、爆炸和爆轰。

炸药按照成分、用途、使用环境不同可分为多种类型。

1. 按组成分类

按组成炸药可分为单体（质）炸药和混合炸药两大类。

（1）单体炸药又称为爆炸化合物。它本身是一种化合物，即一种均一的相对稳定的化学系统。

（2）混合炸药是由两种或两种以上化学性质不同的组分组成的混合物。混合炸药是目前工程爆破中应用最广、品种最多的一类炸药。

2. 按用途分类

按用途炸药可分为起爆药、猛炸药、发射药。

（1）起爆药是一种对外界作用十分敏感的炸药，主要用于装填雷管和其他火工品，利用它来起爆猛炸药。最常用的起爆药有雷汞、叠氮化铅和二硝基重氮酚等。

（2）猛炸药具有相当大的稳定性，对外界作用的敏感度比起爆药低得多，在使用时需用起爆药起爆，如 TNT、乳化炸药、浆状炸药和铵油炸药等都是猛炸药。

（3）发射药又称火药，其主要特点是对火焰敏感，化学反应呈燃烧形式，但在密闭条件下可变为爆炸。

3. 按使用环境分类

按使用环境，炸药可分为煤矿许用炸药、岩石炸药和露天炸药。

（二）起爆器材

起爆器材按其作用可分为起爆材料和传爆材料，各种雷管属于起爆材料，导爆索、导爆管属于传爆材料，继爆管、导爆索既可起爆也可用于传爆。

1. 雷管

工程爆破中常用的工业雷管有火雷管、电雷管和导爆管雷管等。电雷管和导爆管雷管又可分为瞬发、秒延期、毫秒延期等品种。

（1）火雷管。在工业雷管中，火雷管是最简单的一个品种，但又是其他各种雷管的基本部分，其结构如图 2-3 所示。水利建设工程中，随着起爆器材的发展，这种雷管现已被强制取消。

（2）电雷管。

1）瞬发（即发）电雷管。瞬发电雷管是一种通电即爆炸的电雷管。瞬发电雷管的结构如图 2-4 所示。它的装药部分与火雷管相同。不同之处在于其管内装有电点火装置。电点火装置由脚线、桥丝和引火药组成。

工程爆破中最常见的是 8 号瞬发电雷管，其起爆药量与 8 号火雷管的起爆药量相同。

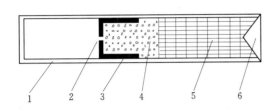

图 2-3　火雷管结构示意图

1—管壳；2—传火孔；3—加强帽；4—DDNP 正起爆药；
5—加强药（副起爆药）；6—聚能穴

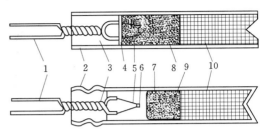

图 2-4　瞬发电雷管结构示意图

1—脚线；2—管壳；3—密封塞；4—纸垫；5—线芯；
6—桥丝（引火药）；7—加强帽；8—散装 DDNP；
9—正起爆药；10—副起爆药

2）延期电雷管。延期电雷管有秒延期电雷管和毫秒延期电雷管。秒延期电雷管就是通电后隔一段以秒为计量单位的时间才爆炸的电雷管，秒延期电雷管的结构如图 2-5 所示，毫秒延期电雷管的结构如图 2-6 所示。

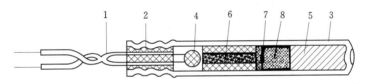

图 2-5　秒延期电雷管结构示意图

1—脚线；2—密封塞；3—管壳；4—引火头；5—副起爆药；
6—导火索；7—加强帽；8—主起爆药

（3）非电毫秒雷管。非电毫秒雷管是用塑料导爆管引爆而延期时间、以毫秒数量计量的雷管，它的结构如图 2-7 所示。它与毫秒延期电雷管的主要区别在于：不用毫秒电雷管中的电点火装置，而用一个与塑料导爆相连接的塑料连接套，由塑料导爆管的爆轰波来点燃延期药。

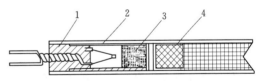

图 2-6　毫秒延期电雷管结构示意图

1—塑料塞；2—延期管壳；3—延期药；4—加强帽

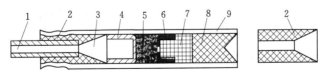

图 2-7　非电毫秒雷管结构示意图

1—塑料导爆管；2—塑料连接套；3—消爆空腔；4—信号帽；5—延期药；
6—加强帽；7—主起爆药 DDNP；8—副起爆药 RDX；9—金属管壳

2. 索状起爆材料

（1）导火索。导火索由索芯和索壳组成，如图2-8所示，其索芯是用轻微压缩的粉状或粒状黑火药做成。

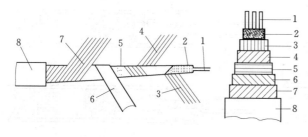

图2-8 工业导火索结构示意图
1—芯线；2—索芯；3—内层线；4—中层线；5—防潮层；
6—纸条层；7—外线层；8—涂料层

工业导火索在外观上一般呈白色，其外径为5.2～5.8mm，索芯药量一般为7～8g/m，燃烧速度为100～125m/s，为了保证可靠地引爆雷管，导火索的喷火强度（喷火长度）不小于40mm。导火索在燃烧过程中不应有断火、透火、外壳燃烧、速燃和爆燃等现象。导火索的燃烧速度和燃烧性能是导火索质量的重要标志。导火索还应具有一定的防潮耐火能力：在1m深的常温静水中浸泡2h后，其燃速和燃烧性能不变。

普通导火索不能在有瓦斯或矿尘爆炸危险的场所使用。

（2）导爆索与继爆管。

1）导爆索。导爆索是用单质猛炸药黑金或泰安作为索芯，用棉、麻、纤维及防潮材料包缠成索状的起爆材料。导爆索能够传递爆轰波，经雷管起爆后，导爆索可直接引爆炸药，也可作为独立的爆破能源。

普通导火索能直接起爆炸药。但是这种导爆索在爆炸过程中，产生强烈的火焰，所以只能用于露天爆破和没有瓦斯或矿尘爆炸危险的井下作业。

导爆索的爆速与芯药黑索金的密度有关。目前国产普通导爆索的索芯（黑索金）密度为1.2g/cm³左右，药量为12～14g/m，爆速不低于6500m/s。

普通导爆索具有一定的防水性能和耐热性能。在0.5m深的水中，浸泡24h后，其感度和爆炸性能仍能符合要求，在50℃±3℃的条件下保温6h，其外观和传爆性能不变。

普通导爆索的外径为5.7～6.2mm。每50m±0.5m为一卷，有效期一般为两年。

安全导爆索专供有瓦斯或矿尘爆炸危险的井下爆破作业使用。

2）继爆管。继爆管是一种专门与导爆索配合使用、具有毫秒延期作用的起爆器材。单纯的导爆索起爆网络中各炮孔几乎是齐发起爆。导爆索与继爆管的组合起爆网路，可以借助继爆管的毫秒延期作用，实施毫秒微差爆破。

继爆管的结构如图2-9所示，由一个装有毫秒延期元件的火雷管与一根消爆管组合而成。

单向继爆管只能单向传播，如果连接颠倒则不能传爆；双向继爆管在两个方向均能可靠地传播。

继爆管的起爆威力不小于8号电雷管，在40℃±2℃的高温和－40℃±2℃的低温条件下，其性能不应有明显的变化。

（3）导爆管及导爆管连接元件。导爆管是20世纪70年代出现的一种全新的非电起爆

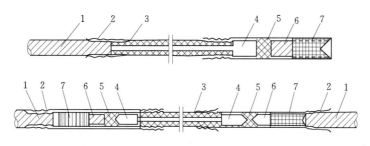

图 2-9　继爆管结构示意图

1—导爆索；2—连接套；3—消爆管；4—减压室；

5—延期药；6—起爆药；7—猛炸药

系统的主体。

1）导爆管。导爆管是一种内壁涂有混合炸药粉末的塑料软管，管壁材料是高压聚乙烯，外径为 3mm，内径为 1.5mm。混合炸药含量为：91％的奥克托金或黑索金，9％的铝粉。药量为 14～16mg/m。

工业雷管、普通导爆索、火帽、专用电子型点火器等能够产生冲击波的起爆器材都可以激发导爆管的爆轰，一个 8 号工业雷管可激发 50 根以上的导爆管。最适宜可靠的激发根数为 20 根。但是一般的机械冲击不能激发导爆管。导爆管的传爆速度一般为 (1950±50)m/s，也有的为 (1580±30)m/s。导爆管的传爆性能良好，一根长达数千米的导爆管，中间没有中继雷管接力或导爆管管内的断药长度不超过 15cm 时，都可以正常传爆。导爆管具有良好的抗水性能，将导爆管与金属雷管组合后，具有很好的抗水性能，在水下 80m 深处放置 48h 后仍能正常起爆。若对雷管加以适当的保护措施，还可以在水下 135m 深处起爆炸药。

导爆管具有传爆可靠性高、使用方便、安全性能好、成本低等优点，而且可以作为非危险品运输。

2）导爆管的连接元件。在导爆管组成的非电起爆系统中，需要一定数量的连接元件与之配套使用。连接元件的作用是将导爆管连接成网路，以便传递爆轰波。目前常用的连接元件为带传爆雷管和不带传爆雷管两大类。

a. 连接块。连接块是一种用于固定击发雷管（或传爆雷管）和被爆导爆管的连通元件。连接块通常用普通塑料制成，其结构如图 2-10 所示。

连接块有方形和圆形两种，不同的连接块，一次可传爆的导爆管数目不同。一般可一次传爆 4～20 根被爆导爆管。

主爆导爆管先引爆传爆雷管，传爆雷管爆炸冲击作用于被爆导爆管，使被爆导爆管激发而继续传爆。如果传爆雷管采用延期雷管，那么主爆导爆管的爆轰要经过一定的延期才会激发被爆导爆管。因此采用连接块组成导爆管起爆系统，也可以实现毫秒微差爆破。

b. 连通管。连通管是一种不带传爆雷管的、直接把主爆导爆管和被爆导爆管连通导爆的装置。连通管一般采用高压聚乙烯压铸而成。集束式连通管有三通、四通和五通 3 种，其结构如图 2-11 所示。

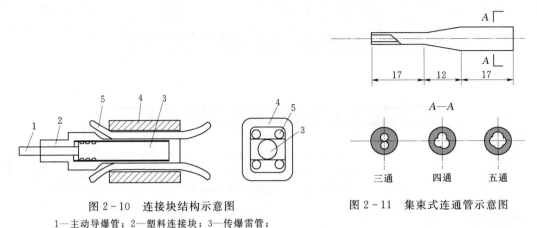

图 2-10　连接块结构示意图

1—主动导爆管；2—塑料连接块；3—传爆雷管；
4—塑料卡子；5—从动导爆管

图 2-11　集束式连通管示意图

集束式连通管的长度均为 46mm±2mm，管壁厚度不小于 0.7mm，内径为 3.1mm±0.15mm，与国产塑料导爆管相匹配。

连通管取消了传爆雷管，降低了成本，提高了作业的安全性；但是由连通管组成的导爆管起爆网路，其抗拉能力小，防水性能较差。

二、起爆方法和起爆网路

1. 非电起爆

应用导火索、导爆管、导爆索、引爆药包的方法都属于非电起爆。

2. 电力起爆

利用电雷管通电后起爆产生的爆炸能引爆炸药的方法，称为电力起爆法。电力起爆法是通过由电雷管、导线和起爆电源三部分组成的起爆网路来实施的，使用范围十分广泛，无论是露天或井下、小规模或大规模爆破，还是其他工程爆破中均可使用。电力起爆网路的基本形式为串联法和并联法，如图 2-12 所示。

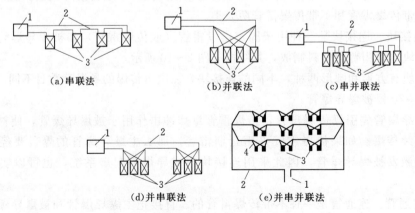

(a)串联法　　(b)并联法　　(c)串并联法

(d)并串联法　　(e)并串并联法

图 2-12　电力起爆网路

1—电源；2—网路干线；3—药包；4—网路支线

在工程爆破中，单纯的串联或并联网路只适用于小规模爆破。为了准爆和减少电线消耗，施工中多采用混合连接网路，如串并联或并串联网路，见图2-10（c）、（d）。对于分段起爆的网路，若各段分别采用即发或某一延迟雷管时，则宜采用一串一并联网路，如图2-10（e）所示。

电力起爆应注意以下几点：

（1）只允许在无雷电天气、感应电流和杂散电流小于30mA的区域使用。

（2）爆破器材进入爆破区前，现场所有带电的设备、设施、导电的管线设备必须切断电源。

（3）起爆电源开关须专用且在危险区内人员未撤离、避炮防护工作未完前禁止打开起爆箱。

（4）为了安全准爆，要求通过每个电雷管的最小准爆电流：直流电流为1.8A，交流电流为2.5A；雷管电阻为1.0～1.5Ω，成组串联的电雷管电阻差最大不得大于0.25Ω，成组串联的电雷管最好是同厂家、同批次、同规格产品。

（5）不同种类的即发和延发雷管不能串联在同一支路上，只能分类串联，各支路间可以相互并联接入主线，但各支路电阻必须保持平衡。

二、钻孔爆破设计

根据不同工程任务的需要，一般有裸露爆破法、炮眼爆破法、药壶爆破法和洞室爆破法等基本方法，其中以炮眼爆破法最为常用，如基岩开挖、洞室开挖、石料开采等工程任务都是采用炮眼爆破的方法进行的。

炮眼爆破根据炮眼深度大小（或台阶高度大小）区分为浅眼爆破和深孔爆破。在水电工程建设施工中，当基岩开挖厚度较大时，常以深孔梯段爆破作为主要的开挖方法，对开挖深度不大的基岩可采用浅孔爆破的方法。

为达到某种质量目标，按炮眼起爆的时间顺序和作用形式又有不同的方式，常见的有齐发爆破、微差爆破、小抵抗线宽孔距爆破和微差挤压爆破等，对周边起控制作用的还有预裂爆破和光面爆破。

（一）露天浅孔爆破

爆破工程中通常将孔径在50mm以下及深度在5m以下的钻孔称为浅孔。在水平面上进行钻眼、装药、堵塞及起爆作业。

1. 炮眼排列形式

炮眼排列形式可分为单排眼和多排眼两种。一次爆破量较小时用单排眼，一次爆破量较大时则要布置多排眼，一般不宜超过3～4排，多排眼的排列可以是平行的，也可以是交错的。图2-13、图2-14所示为常用的炮眼布置形式。

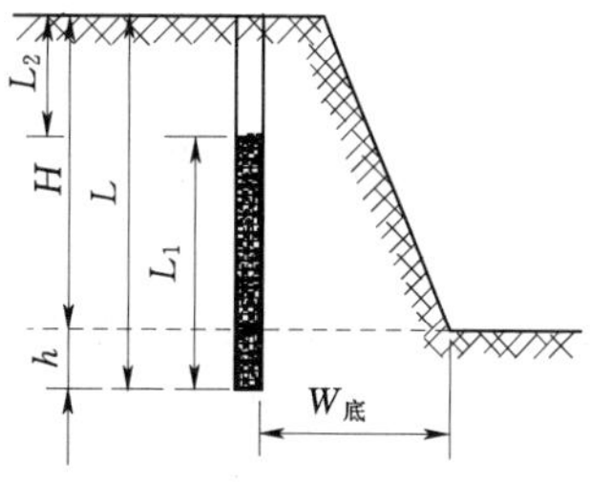

2. 爆破参数

爆破参数应根据施工现场的具体条件和类似矿山的经验选取，并通过试验检验修正，以取得最佳参数值。

图2-13 露天小台阶炮眼爆破

H—台阶高度；L—眼深；h—超深；

L_1—装药长度；L_2—堵塞药长度；

$W_底$—底盘抵抗线

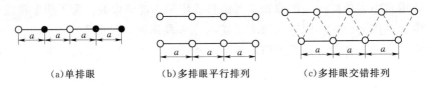

（a）单排眼　　　（b）多排眼平行排列　　　（c）多排眼交错排列

图 2-14　露天小台阶炮眼爆破的炮眼布置形式

（1）单位炸药消耗量 q。q 值与岩石性质、台阶自由面数目、炸药种类、炮眼直径等多种因素有关。在大孔径深孔台阶爆破中，q 值在 $0.2\sim0.6\text{kg/m}^3$ 范围内变化，浅眼小台阶爆破可参照此数值或稍高一些选取。

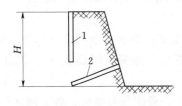

图 2-15　小台阶炮眼布置示意
1—垂直眼；2—倾斜眼

（2）炮眼直径 d 和炮眼深度 L。露天小台阶炮眼爆破与深孔爆破的一个主要区别是炮眼直径和炮眼深度不同，小台阶炮眼爆破时，采用浅眼凿岩设备，炮眼直径和炮眼深度都远小于深孔参数，眼径多在 50mm 内，眼深多在 5m 内，此时台阶高度 H 也在 5m 以内，若台阶底部辅以倾斜炮眼，台阶高度可增加，如图 2-15 所示。

（3）底盘抵抗线 $W_底$。在台阶爆破中，一般都用这一参数代替最小抵抗线进行有关计算，以便保证台阶底部能获得预期的爆破效果，$W_底$ 与台阶高度 H 有如下关系，即

$$W_底=(0.4\sim1.0)H \ \text{或} \ W_底=(0.4\sim1.0)K_\text{w}d$$

式中　K_w——岩质系数，一般取 15～30，坚硬岩石取小值，松软岩石取大值；

d——钻孔直径，mm。

在坚硬难爆的岩体中，若台阶高度较高时，计算时应取较小的系数。

（4）炮眼超深 h。如前所述，为了克服台阶底部岩石对爆破的阻力，炮眼深度要适当超出台阶高度 H，其超出部分 h 为超深，h 一般取台阶高度的 $10\%\sim15\%$，即

$$h=(0.1\sim0.15)H$$

（5）炮眼孔距 a 与排距 b。同一排炮眼间的距离叫炮眼间距，常用 a 表示。通常 a 是不大于 L、不小于 $W_底$，并有以下关系，即

$$a=(1.0\sim2.0)W_底$$
$$a=(0.5\sim1.0)L$$
$$b=(0.8\sim1.0)W$$

（6）装药量计算。浅孔爆破药量按延长药包计算，单孔药量为

$$Q=qaWH$$

式中　q——浅孔台阶爆破单耗，一般为 $0.2\sim0.6\text{kg/m}^3$，可按照岩性不同从有关资料中选取。

（7）起爆网路。浅孔台阶爆破现多采用导爆管起爆网路，进行微差间隔起爆。常用的微差间隔起爆方法包括排间微差和 V 型微差，如图 2-16 所示。

（二）露天深孔爆破

爆破工程中通常将孔径在 50mm 以上及深度在 5m 以上的钻孔称为深孔。深孔爆破一

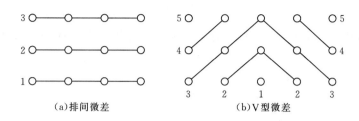

图 2-16　台阶爆破的微差间隔起爆方式

1，2，3，…，5—雷管段别

般是在台阶上或事先平整的场地上进行钻孔作业，并在深孔中装入延长药包进行爆破。

为了达到良好的空孔爆破效果，必须合理地确定布孔方式、孔网参数、装药结构、装填长度、起爆方法、起爆顺序和单位炸药消耗量等参数。

（三）深孔微差爆破

微差爆破又称毫秒爆破，是指在深孔孔间、深孔排间或深孔内以毫秒级的时间间隔，按一定的顺序起爆的一种爆破方法。通常用不同段别毫秒雷管调节排间微差时间，这种方法具有降低爆破地震效应、改善破碎质量、降低炸药单耗、减小后冲、爆堆比较集中等明显优点。因此，在各种爆破工程中得到广泛应用，特别是大区多排孔微差爆破方法已成为露天爆破开挖工程的一种主要方法。

随着开挖工程规模的不断扩大，大区多排微差爆破越来越显示出其优越性。为保证达到良好的爆破质量，必须正确选择起爆方案。起爆方案是与深孔布置方式和起爆顺序紧密结合的，需要根据岩石性质、裂隙发育程度、构造特点、爆堆要求和破碎程度等因素进行选择。

常用的起爆方案如图 2-17 所示。

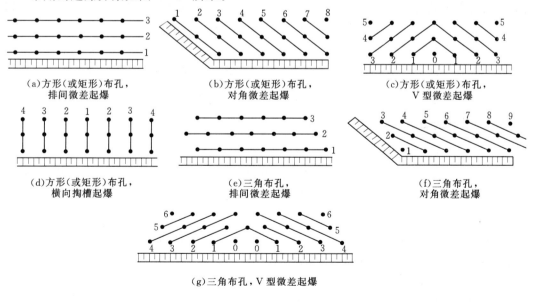

图 2-17　几种常用的起爆方案

此外，在方形或三角形布孔方式中，也可采用单孔顺序微差起爆方案。

目前，多采用三角形布孔对角起爆或 V 型起爆方案，以形成小抵抗线宽孔距爆破，使深孔实际的密集系数增大到 3～8，以保证岩石的破碎质量。

（四）预裂爆破和光面爆破

为保证保留岩体按设计轮廓面成型并防止围岩破坏，须采用轮廓控制爆破技术。常用的轮廓控制爆破技术包括预裂爆破和光面爆破。预裂爆破就是首先起爆布置在设计轮廓线上的预裂爆破孔药包，形成一条沿设计轮廓线贯穿的裂缝，再在该人工裂缝的屏蔽下进行主体开挖部位的爆破，保证保留岩体免遭破坏；光面爆破是先爆除主体开挖部位的岩体，然后再起爆布置在设计轮廓线上的周边孔药包，将光爆层炸除，形成一个平整的开挖面。

预裂爆破和光面爆破在坝基、边坡和地下洞室岩体开挖中获得了广泛应用。

1. 成缝机理

预裂爆破和光面爆破都要求沿设计轮廓产生规整的爆生裂缝面，两者成缝机理基本一致。现以预裂缝为例论述它们的成缝机理。

预裂爆破采用不耦合装药结构，其特征是药包和孔壁间有环状空气间隔层，该空气间隔层的存在削减了作用在孔壁上的爆炸压力峰值。因为岩石的抗压强度远大于抗拉强度，因此可以控制削减后的爆压，不致使孔壁产生明显的压缩破坏，但切向拉应力能使炮孔四周产生径向裂纹；加之孔与孔间彼此的聚能作用，使孔间连线产生应力集中，孔壁连线上的初始裂纹进一步发展，而滞后的高压气体的准静态作用使沿缝产生气刃劈裂作用，使周边孔间连线上的裂纹全部贯通成缝。

2. 质量控制标准

（1）开挖壁面岩石的完整性用岩壁上炮孔痕迹率来衡量，炮孔痕迹率也称半孔率，为开挖壁面上的炮孔痕迹总长与炮孔总长的百分比。在水电部门，对节理裂隙极发育的岩体，一般要求炮孔痕迹率达到 10％～50％；节理裂隙中等发育者应达 50％～80％；节理裂隙不发育者应达 80％以上。围岩壁面不应有明显的爆生裂隙。

（2）围岩壁面不平整度（又称起伏差）的允许值为 ±15cm。

（3）在临空面上，预裂缝宽度一般不宜小于 1cm。实践表明，对软岩（如葛洲坝工程软岩）裂缝宽度可达 2cm 以上，而坚硬岩石预裂缝难以达到 1cm。

四、爆破施工

（一）深孔梯段爆破作业施工

凿岩爆破的施工包括平整穿孔施工场地、安装穿孔设备以及供电、供水、供风管网和线路的架设与安装等。此外，还有运输道路的平整、爆破施工的各种准备工作及爆破作业。

1. 凿岩作业

凿岩作业应严格遵守设备维护使用规程，按岗位规程的标准化作业程序进行操作。在进行凿岩作业时，把质量放在首位，凿岩就是为了给放炮提供高质量的炮孔、孔深、角度、方向都满足设计要求。

（1）风钻打眼。风钻是风动冲击或凿岩机，如图 2-18 所示。风钻在水利工程中使用较多，按其应用条件及架持方法，可分为手持式、柱架式和伸缩式。风钻用空心钻钎送入压缩空气将孔底凿碎的岩粉吹出，叫做干钻；用压力水将岩粉冲出叫做湿钻。国家规定地下作业必须使用湿钻以减少粉尘，保护工人身体健康。

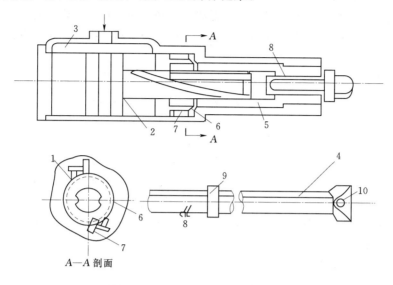

图 2-18　风动冲击凿岩机结构示意图

1—汽缸；2—活塞；3—配气孔道；4—钎杆；5—转动套管；6—棘轮；

7—棘爪；8—钎尾；9—凸轮；10—钎头

（2）潜孔钻打眼。潜孔是一种回转冲击式钻孔设备，其工作机构（冲击器）直接潜入炮孔内进行凿岩，故名潜孔钻，如图 2-19 所示。潜孔钻是先进的钻孔设备，它的工效高，构造简单，在大型水利工程中被广泛采用。

（3）炮孔检查。炮孔检查指孔深和孔距检查。孔距一般都能按参数控制，因此炮孔的检查主要是炮孔深度的检查。孔深的检查分三级检查负责制，即打完孔后个人检查，接班人或班长抽查，以及专职检查人员验收，检查的方法最简单的是用软绳（或测绳）系上重锤（球）来测量炮孔深度，测量时要做好记录。

根据实践，炮孔深度不能满足设计要求的原因有：炮孔因碎石塌落而堵孔，排出的岩渣因某种原因回填孔底；孔口封盖不严造成下雨时雨水冲垮孔口或孔内片石下落堵塞炮孔；凿岩时，因故岩渣未被吹

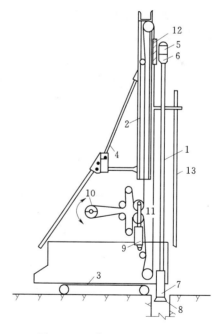

图 2-19　潜孔钻结构示意图

1—钻钎；2—滑架；3—履带；4—拉杆和调斜度板；

5—电动机；6—减速箱；7—冲击器；8—钻头；

9—推压汽缸；10—卷扬机；11—托架；

12—滑板；13—副钻杆

出，残留岩渣在孔底内沉积造成孔深不够。

为防止堵孔应该做到：钻完孔后，要将岩渣吹干净，防止回填，若不能吹净，应摸清规律适当加大钻孔深度；凿岩时将孔口岩石清理干净，防止掉落孔内，防止雨天雨水流入到孔内，可采用围住孔口做围堤的办法；在有条件的地方打完孔后，尽快爆破也是防止堵孔的一个重要方法。

在没有防水炸药的情况下，可以将孔内积水排除，排水方法有提水法、爆破法、高压风吹出法等。使用这些方法孔内积水仍无法排干时，应该采用防水炸药进行爆破。

2. 爆破作业

台阶深孔爆破是一项涉及面广、影响范围较大、工作环节较多的作业，它包括爆区的准备工作、炸药的运搬、装药、填塞、网路的连接、爆破警戒、起爆、爆后检查等。

（1）装药。爆区装药量核对无误，应在装药开始前先核对孔深、水深，再核对每孔的炸药品种、数量，然后清理孔口附近的浮渣、石块，做好装药准备，再核检微差雷管段别，装药时炸药应避免与岩渣接触，装粉状炸药要用无底布口袋，装防水炸药要用铝铲将炸药切成小块，保持装药顺畅。

装药的技术问题简述如下：

1）装药结构。装药结构主要有两种型式，即连续装药和分段装药（间隔装药）。当炸药充满炮孔时，称耦合连续装药［图2-20（a）］，当炸药与孔壁间有一定间隙时，称不耦合装药［图2-20（b）］，又称径向间隔。轴向间隔装药［图2-20（c）］一般用空气或填塞料分隔，前者一般用于中硬以下的岩石中，间隔装药可以根据炮孔参数和所穿过岩层的情况，调节装药长度和局部爆破能量，达到较好的爆破效果。

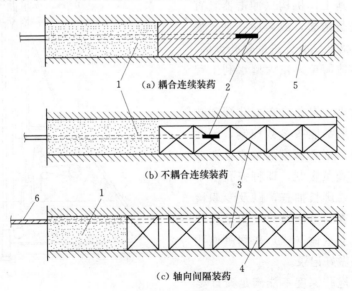

图2-20 装药结构示意图

1—炮泥；2—雷管；3—药卷；4—药卷间隔；5—散装药；6—导爆索

2）装药中心。这是反映装药质量的一个参数，它是炮孔内炸药在长度方向上的中点，故称装药中心。这个参数是为了评估深孔爆破的根底产生情况而求算的，装药中心过高，则可能出现根底，且容易从台阶中部某一点造成飞石远抛事故，影响爆破安全。

装药中心过低现象产生的原因，一是因底盘抵抗线过小，炸药量过小；二是下部炮孔出现空洞，每米炮孔装药量过大；三是使用不防水炸药时，孔底有水，炸药溶于水。

装药中心过高的原因，一是装药堵孔；二是装药前未检查出孔深的变化。

装药不慎会造成堵孔，堵孔原因，一是在水孔中由于炸药在水中下降慢，装药速度超过下降速度而造成堵孔；二是炸药块度过大，在孔内下不去；三是由于在装药过程中，装药将孔口浮带入孔内或将孔内松石碰到孔中间，堵住了炸药造成堵孔；四是由于孔内水面因装药而上升，将孔壁松石冲到孔中间堵孔；五是起爆药包未装到接触炸药处，在孔中部某一处停留又未被发现，继续装药就造成堵孔。

3）起爆雷管的加工。就是将导火索和火雷管按照要求结合在一起，加工好的雷管叫做起爆雷管。此项加工工作必须在专门的加工房或洞室内进行。

加工起爆雷管时，首先检查导火索和火雷管的质量，确认为合格的方能使用。然后根据导火索燃速、炮眼深度、炮眼数目、躲炮安全距离及点炮时间等确定导火索长度。导火索最短不得小于 1.2m。

用锋利的小刀按所需长度从导火索卷中截取导火索段，插入火雷管的一端一定要切平，点火的一端可以切成斜面，以便增大点火时的接触面积。导火索插入雷管内，与雷管的加强帽接触为止。如雷管壳是金属的，则需用专门的雷管钳夹紧雷管，使导火索固接在火雷管中；如果是纸壳雷管可以采用缠胶布的方法固定导火索。

4）制作起爆药包。加工起爆药包就是将起爆雷管装入药包内。加工起爆药包时，首先要将药包的一端用手揉松，然后把此端的包装纸打开，用专用锥子（木质的、竹质的或铜质的）沿药包中央长轴方向扎一个小孔，然后将起爆雷管全部插入，并将药包四周的包装纸收拢紧贴在导火索上，最后用胶布或细绳捆扎好。

起爆药包只许在爆破工于装药前制作该次所需的数量，不得先做成成品备用。制作好的起爆药包应小心妥善保管，不得震动，也不得抽出雷管。

制作过程如图 2-21 所示，分以下几个步骤：

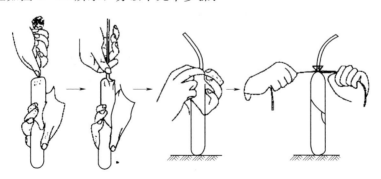

图 2-21 药包制作过程

a. 解开药筒一端。

b. 用木棍（直径 5mm、长 10～12cm）轻轻插入药筒中央，然后抽出，并将雷管插入孔内。

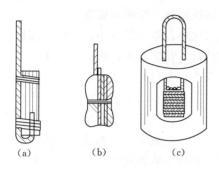

图 2-22 导爆索起爆药包捆扎
方法示意图

c. 雷管插入深度。对于易燃的硝化甘油炸药，将雷管全部插入即可；对于其他不易燃的炸药、雷管应埋在接近药筒的中部。

d. 收拢包皮纸用绳子扎起来，如用于潮湿处则加以防潮处置，防潮时防水剂的温度不超过 60℃。

对于深孔爆破，起爆药包的加工有 3 种方法：一种是将导爆索直接绑扎在药包上 [图 2-22 (a)]，然后将它送入孔内；另一种是散装药时，将导爆索的一端系一块石头或药包 [图 2-22 (b)]，然后将它放到孔内，接着将散装药倒入；第三种方法是采用起爆药柱时，将导爆索的一端绑扎在起爆药柱露出的导爆索扣上 [图 2-22 (c)]。

(2) 填塞。填塞工作是在完成装药工作以后进行的，对于塑性较好的炸药，应在完成装药后过 10～30min 再进行填塞，以防填塞物渗入炸药内。

填塞物块度应小于 30mm，填塞前要用塑料袋装一小袋岩渣放入孔内，然后再正式充填；填塞时要防止导线或导爆管被砸断、砸破，填塞的长度应按设计要求，不得用石头、木桩堵塞炮孔或代替充填物，以防飞石远抛事故。

(3) 网路的连接。由于爆轰波的作用力在其传播方向上最强，与爆轰波传播方向成夹角的导爆索方向上，起爆能力会减弱，减弱的程度与此夹角大小有关。所以导爆索与导爆索之间的连接方式应采用图 2-23 所示的搭接、扭接、水手接和 T 形连接几种方式。其中搭接应用最多，为保证传爆可靠，搭接部分的长度应大于 15cm，支导爆索与主导爆索搭接时，其接头应朝向爆轰波的传播方向，夹角应大于 90°，在导爆索连接较多的情况下，为了防止弄错传爆方向，可以采用图 2-24 所示的三角形接法，这种方法不论主导爆索传爆方向如何都能保证起爆。

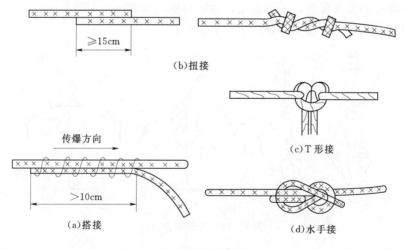

图 2-23 导爆索间的连接方式

导爆索与雷管的连接方式较为简单，可直接将雷管捆在导爆索上，不过雷管的聚能穴端应与导爆索传爆方向相同。

导爆索网路的敷设要严格按设计的方式和要求进行。敷设工作必须从最远地段开始，逐步向起爆源后退，即先进行炮孔导爆索与相应支导爆索的连接，然后逐段进行支导爆索与主导爆索以及继爆管的连接。支导爆索与主导爆索的连接全部完成，经检查无误，所有操作人员全部撤出危险区之后，方可进行起爆雷管与主导爆索的连接。

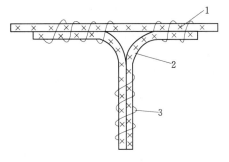

图 2-24　导爆索的三角形连接
1—主导爆索；2—支导爆索；3—捆绳

敷设应避免导爆管打结、对折、管壁破损、管径拉细、异物入管等问题，以保证爆轰正常传播而不至拒爆。对联线的安全问题做一强调。

1）导线或导爆管等要留有一定富余长度，防止因炸药下沉拉断网路。

2）网路的连接应在无关人员撤离爆区以后进行，连好后，要禁止非爆破人员进入爆破区段。

3）网路连接后要有专人警戒，以防意外。

4）要有专人核对装药、起爆炮孔数或检查网路。

（4）爆破警戒。爆破实施警戒工作应按规定执行，警戒范围主要依爆破安全距离。

1）按指定的时间到达警戒地点进行警戒。

2）按指定的警戒范围，爆破员负责禁止人员、设备、车辆进入警戒范围。

3）注意本身的避炮位置要安全可靠。

4）爆破后经检查确认安全，经爆破责任人许可后方可撤除警戒。

（5）起爆。按爆破设计采用相关起爆方法进行，非电起爆方法采用火雷管击发引爆时，导火线应按安全撤离距离设置导火索长度。

点火前必须用快刀将导火索点火端切掉 5mm，严禁边点火边切割导火索。必须用导火索段或专用点火器材点火，严禁用火柴、烟头点火。应尽量推广采用点火筒、电力点火和其他的一次性点火方法。

点火起爆的工作一般在生产工人撤离现场或下班以后进行。爆破指挥人员要确认周围的警戒工作完成，并确认发布放炮信号后方可发出起爆命令。

（6）爆后检查。爆后必须对爆破现场进行检查，检查的内容包括是否全部炮孔起爆、爆后对周围设备及建筑物的影响情况、爆堆的形状及安全状况。检查出有盲炮时，应分析出盲爆的原因。

（7）盲炮处理。检查网路未被破坏时，可以采用重新起爆，如果抵抗线有变化，则要验算安全距离，加强警戒，再连线起爆。在距离炮孔口不小于 10 倍炮孔直径处另打平行孔装药起爆，参数应另行确定；对于不抗水炸药，可以向孔内灌水，使炸药失效，然后做进一步处理。

（二）避免爆破公害和安全防护

在完成岩石爆破破碎的同时，爆破作业必然会伴生爆破飞石、地震波、空气中冲击波、噪声、粉尘和有毒气体等负面效应，即爆破公害。因此，在爆破作业中，需研究爆破公害的产生原因、公害强度的分布与衰减规律，通过科学的爆破设计，采用有效的施工工艺措施，以确保保护对象（包括人员、设备及邻近的建筑物或构筑物等）的安全。

爆破公害的控制与防护是工程爆破设计中的主要内容，为防止爆破公害带来破坏，应调查周围环境，掌握人员、机械设备及重要建（构）筑物等保护对象的分布状况，并根据各种保护对象的承受能力，按照有关规范规程规定的安全距离，确定允许爆破规模。爆破施工过程中，危险区的人员、设备应撤至安全区，无法撤离的建（构）筑物及设施必须予以防护。

爆破公害的控制与防护可以从爆源、公害传播途径以及保护对象 3 个方面采取措施。

（1）在爆源控制公害强度。在爆源控制公害强度是公害防护最为积极有效的措施。合理的爆破参数、炸药单耗和装药结构既可保证预期的爆破效果，又可避免爆炸能量过多地转化为震动、冲击波、飞石和爆破噪声等公害；采用深孔台阶微差爆破技术可有效削弱爆破震动和空气冲击波强度；合理布置岩石爆破中最小抵抗线方向，不仅可以有效控制飞石方向和距离，而且对降低与控制爆破震动、空气冲击波和爆破噪声强度也有明显的效果。保证炮孔的堵塞长度与质量，针对不良的地质条件采取相应的爆破控制措施，对消减爆破公害的强度也是非常重要的。

（2）在传播途径上削弱公害强度。在爆区的开挖线轮廓进行预裂爆破或开挖减震槽，可有效降低传播至保护区岩体中的爆破地震波强度。对爆区临空面进行覆盖、架设防波屏削弱空气冲击波强度，阻挡飞石。

（3）保护对象的防护。当爆破规模已定，而在传播途径上的防护措施尚不能满足要求时，可对危险区内的建筑物及设施进行直接防护。对保护对象的直接防护措施有防震沟、防护屏及表面覆盖等。

此外，严格执行爆破作业的规章制度，对施工人员进行安全教育也是保证安全施工的重要环节。

第三节 岩 基 处 理

岩基处理是指为满足水工建筑物对基础的承载力、整体性、变形、稳定性和防渗等要求，对天然岩基存在的各种缺陷进行处理所采取的工程措施。

岩基处理有多种类型，按目的和要求，可分为提高岩基强度和完整性的加固处理，防止岩基渗流和降低渗透压力（扬压力）的防渗处理，以及喀斯特处理 3 个方面。目前用得较多的处理方法是灌浆。

一、岩基灌浆概念与类型

岩基灌浆是提高岩基强度、加强岩基整体性和抗渗性的有效措施。岩基灌浆处理是将某种具有流动性和胶凝性的浆液，按一定的配比要求，通过钻孔用灌浆设备压入岩层的空隙中，经过硬化胶结以后，形成结石，以达到改善基岩物理力学性能的目的。

岩基灌浆按目的的不同，分为帷幕灌浆、固结灌浆和接触灌浆。

（1）帷幕灌浆是指在靠近上游迎水面的坝基内打一排或几排钻孔，将灌浆溶液压入钻孔中，形成一道连续的防渗幕墙，以减少坝基的渗流量，降低坝底渗透压力，保证基础渗透稳定。

（2）固结灌浆是为了改善节理裂隙发育或有破碎带的岩石的物理力学性能而进行的灌浆工程，其主要作用是：①提高岩体的整体性与均质性；②提高岩体的抗压强度与弹性模量；③减少岩体的变形与不均匀沉陷。

（3）接触灌浆是在岩石上或钢板结构物四周浇筑混凝土时，混凝土干缩后，对混凝土与岩石或钢板之间形成缝隙的灌浆。其主要作用是：填充缝隙，增加锚着力和加强接触面间的密实性，防止漏水。在岩石地基上建造混凝土坝，混凝土收缩后，混凝土与基岩面之间会产生缝隙，这类缝隙就需要进行接触灌浆。在岩石比较平缓的部位，接触灌浆常与岩石中的帷幕灌浆结合进行。

岩基灌浆按灌注材料不同，主要有水泥灌浆、水泥黏土灌浆和化学灌浆。

二、灌浆材料

岩基灌浆以水泥基浆液为主。遇到一些特殊地质条件，如断层、破碎带、微细裂隙等，当使用水泥浆液难以达到预期效果时，采用化学灌浆材料作为补充，而且化学灌浆材料多在水泥灌浆基础上进行。化学灌浆材料一般有环氧树脂、聚氨酯、甲凝等。

灌浆的目的和地基地质条件不同，组成浆液的基本材料和浆液中各种材料的配合比例也有很大变化，常需在浆液中掺用一些外加剂。外加剂主要类别如下：

（1）速凝剂，如水玻璃、氯化钙、三乙醇胺等。

（2）高效减水剂，如萘系减水剂。它可以提高浆液的分散性和流动性，常用的有NF、UNF 等。

（3）稳定剂，如膨润土和其他高塑性黏土等。

（4）其他各种外加剂。

所有外加剂凡能溶于水的均以水溶液状态加入。

三、灌浆施工

灌浆施工程序包括灌浆孔位放样、钻孔、钻孔（裂隙）冲洗、压水试验、浆液配制及灌浆，灌浆结束后进行灌浆质量检查。

（一）放样

一般用测量仪器放出建筑物边线或中线后，再根据建筑物中线或边线确定灌浆孔的位置，钻孔的开孔位置与设计位置的偏差不得大于10cm，帷幕灌浆还应测出各孔高程。

（二）钻孔

灌浆孔有铅直孔和斜孔两种。钻孔原则上应尽可能多地和岩石裂隙层理互相交叉。倾角较大的裂隙一般打斜孔，裂隙倾角小于 40°的可打直孔，打直孔比打斜孔可提高工效30%～50%，因此，最好多打直孔。

帷幕灌浆的钻孔宜采用回转式钻机和金刚石钻头或硬质合金钻头，其钻进效率较高，不受孔深、孔向、孔径和岩石硬度的限制，还可钻取岩芯。钻孔的孔径一般为 75～90mm。固结灌浆则可采用各式合适的钻机与钻头。

钻孔的质量对灌浆效果影响很大。钻孔质量要求包括：①确保孔深、孔向、孔位符合设计要求；②力求孔径上下均一、孔壁平顺；③钻进过程中产生的岩粉细屑较少。

在工程实践中，按钻孔深度不同规定了钻孔偏斜的允许值（表 2-2），当深度大于 60m 时，则允许的偏差不应超过钻孔的间距。钻孔结束后，应对孔深、孔斜和孔底残留物等进行检查，不符合要求的应采取补救处理措施。

表 2-2　　　　　　　　　　钻孔孔底最大允许偏差值

钻孔深度/m	20	30	40	50	60
允许偏差/m	0.25	0.50	0.80	1.15	1.50

（三）钻孔（裂隙）冲洗

钻孔后进行冲洗，冲洗工作通常分为：①钻孔冲洗，将残存在钻孔底和黏滞在孔壁的岩粉铁屑等冲洗出来；②岩层裂隙冲洗，将岩层裂隙中的充填物冲洗出孔外，以便浆液进入到腾出的空间，使浆液结石与基岩胶结成整体。在断层、破碎带和细微裂隙等复杂地层中灌浆，冲洗的质量对灌浆效果影响极大。

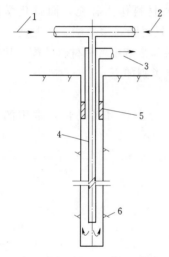

图 2-25　钻孔冲洗方法
1—压力水进口；2—压缩空气进口；
3—出口；4—灌浆孔；5—阻塞器；
6—岩层裂隙

一般采用灌浆泵将水压入孔内循环管路进行冲洗，如图 2-25 所示。将冲洗管插入孔内，用阻塞器将孔口堵紧，用压力水冲洗；也可采用压力水和压缩空气轮换冲洗或压力水和压缩空气混合冲洗的方法。

钻孔冲洗时，将钻杆下到孔底，从钻杆通入压力水进行冲洗。冲孔时流量要大，使孔内回水的流速足以将残留在孔内的岩粉铁末冲出孔外。冲孔一直要进行到回水澄清 5～10min 才结束。

岩层裂隙冲洗方法分单孔冲洗和群孔冲洗两种。

1. 单孔冲洗

在岩层比较完整、裂隙比较少的地方，可采用单孔冲洗。冲洗方法有高压压水冲洗、高压脉动冲洗和扬水冲洗等。

（1）高压压水冲洗。整个冲洗过程均在高压下进行，裂隙中的充填物沿着加压的方向推移和压实。冲洗压力可以采用同段灌浆压力的 70%～80%，但当大于 1MPa 时，采用 1MPa。当回水洁净时，流量稳定 20min 就可停止冲洗。

（2）高压脉动冲洗。即采用高压低压水反复变换冲洗，先用高压水冲洗，冲洗压力为灌浆压力的 80%，经 5～10min 以后，将孔口压力在几秒钟内突然降低到零，形成反向脉冲水流，将裂隙中的碎屑带出。通过不断的升降压循环，对裂隙进行反复冲洗，直到回水洁净，最后延续 10～20min 后就可结束冲洗。高压脉动的压力差越大，冲洗效果越好。

（3）扬水冲洗。对于地下水位较高、地下水补给条件良好的钻孔，可采用扬水冲洗，冲洗时先将管子下到钻孔底部，上端接风管，通入压缩空气。孔中水气混合以后，由于相对密度减小，在地下水压力作用下，再加压缩空气的释压膨胀与返流作用，挟带着孔内的碎屑杂物喷出孔外。如果孔内水位恢复较慢，则可向孔内补水，间歇地扬水，直到将孔洗净为止。

2. 群孔冲洗

群孔冲洗一般适用于岩层破碎、节理裂隙比较发育且在钻孔之间相互串通的地层中。它是将两个或两个以上的钻孔组成一个孔组，轮换地向一个孔或几个孔压进压力水或压力水混合压缩空气，从另外的孔排出污水，这样反复交替冲洗，直到各个孔出水洁净为止，如图 2-26 所示。

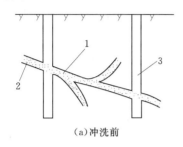　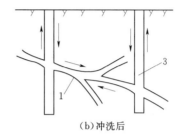

（a）冲洗前　　　　　　　　　　　　（b）冲洗后

图 2-26　群孔冲洗示意图
1—裂隙；2—充填物；3—钻孔

群孔冲洗时，沿孔深方向冲洗段的划分不宜过长，否则冲洗段内钻孔通过的裂隙条数增多，这样不仅分散冲洗压力和冲洗水量，而且一旦有部分裂隙冲通以后，水量将相对集中在这几条裂隙中流动，使其他裂隙得不到有效的冲洗。

为了提高冲洗效果，有时可在冲洗液中加入适量的化学剂，如碳酸钠（Na_2CO_3）、氢氧化钠（NaOH）或碳酸氢钠（$NaHCO_3$）等，以利于促进泥质充填物的溶解。加入化学剂的品种和掺量，宜通过试验确定。

采用高压水或高压水气冲洗时，要注意观测，防止冲洗范围内岩层的抬动和变形。

（四）压水试验

灌浆施工时的压水试验，使用的压力通常为同段灌浆压力的 80%，但一般不大于1MPa。试验时，可在预定压力之下，每隔 5min 记录一次流量读数，直到流量稳定 30～60min，取最后的流量作为计算值，再按式（2-1）计算该地层的透水率 q。

透水率是指在单位时间内，通过单位长度试验孔段，在单位压力作用下所压入的水量，试验成果可按式（2-1）计算求得地层的透水率。压水试验也用于灌浆质量的检查。

$$q = \frac{Q}{PL} \tag{2-1}$$

式中　q——地层的透水率，Lu；

　　　Q——单位时间内试验段的注水总量，L/min；

　　　P——作用于试验段内的全压力，MPa；

　　　L——压水试验段的长度，m。

对有关岩溶泥质充填物和遇水性能恶化的地层，在灌浆前可以不进行裂隙冲洗，也不宜做压水试验。

帷幕灌浆孔压水试验结果符合下列标准之一时，试验工作即可结束，且以最终压入流量读数作为计算流量：

（1）当流量大于 5L/min 时，连续 4 次读数的最大值与最小值之差小于最终流量的 10%。

（2）当流量小于 5L/min 时，连续 4 次读数的最大值与最小值之差小于最终值的 20%。

（3）连续 4 次读数流量均小于 0.5L/min。

压水试验应自上而下分段进行，分段的长度一般为 5m。对于透水性较强的岩层、构造破碎带、裂隙密集带、岩层接触带以及岩溶洞穴等部位，应根据具体情况确定试段的长度。同一试验段不宜跨越透水性相差悬殊的两种岩层，这样获得的试验资料不具有代表性。如果地层比较单一完整，透水性又较小时，试验段长度可适当延长，但不宜超过 10m。

（五）灌浆

灌浆需用的机械主要有灌浆机、灰浆拌和机、输浆管、灌浆塞、压力表及其他附属设备等。

1. 钻孔灌浆的次序

基岩的钻孔与灌浆应遵循分序和加密的原则进行，这样既可以提高浆液结石的密实性，又可以通过后灌序孔透水率和单位吸浆量的分析推断先灌序孔的灌浆效果。若经过压水试验，透水率达到设计要求，不仅省去后序孔的灌浆，而且还有利于减少相邻孔串浆现象。

单排帷幕孔的钻灌次序是先钻灌第Ⅰ序孔，然后依次钻灌第Ⅱ、第Ⅲ序孔，如有必要再钻灌第Ⅳ序孔，如图 2-27 所示。

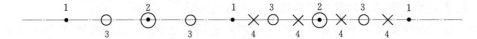

图 2-27 单排帐幕孔的钻灌次序
1—第Ⅰ序孔；2—第Ⅱ序孔；3—第Ⅲ序孔；4—第Ⅳ序孔

双排和多排帷幕孔，在同一排内或排与排之间均应按逐渐加密的次序进行钻灌作业。双排孔帷幕通常是先灌下游排，后灌上游排；多排孔帷幕是先灌下游排，再灌上游排，最后灌中间排。在坝前已经壅水或有地下水活动的情况下，更有必要按照这样的次序进行钻灌作业，以免浆液过多地流失到灌浆区范围以外。

帷幕灌浆各个序孔的孔距视岩层完好程度而定，一般多采用第Ⅰ序孔孔距 8～12m，然后内插加密，第Ⅱ序孔孔距 4～6m，第Ⅲ序孔孔距 2～3m，第Ⅳ序孔孔距 1～1.5m。

对于岩层比较完整、孔深 5m 左右的浅孔固结灌浆，可以采用两序孔进行钻灌作业；孔深 5m 以上的中深孔固结灌浆，则以采用三孔施工为宜。固结灌浆最后一个序孔的孔距和排距，与基岩地质情况及应力条件等有关，一般在 3～6m 之间。

2. 灌浆方式

按照灌浆时浆液灌注和流动的特点，灌浆方式有纯压式和循环式两种。对于帷幕灌浆，应优先采用循环式。

纯压式灌浆，就是一次将浆液压入钻孔，并扩散到岩层裂隙中。灌注过程中，浆液从灌浆机向钻孔流动，不再返回，如图 2-28（a）所示。这种灌注方式设备简单，操作方便，但浆液流动速度较慢，容易沉淀，造成管路与岩层缝隙堵塞，影响浆液扩散。纯压式灌浆多用于吸浆量大、有大裂隙存在、孔深不超过 12～15m 的情况。

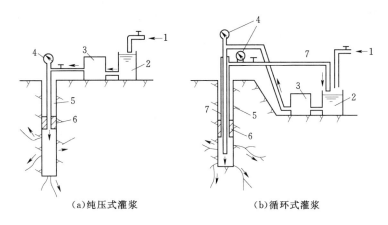

（a）纯压式灌浆　　　　　　　　　（b）循环式灌浆

图 2-28　纯压式和循环式灌浆示意图

1—水；2—拌浆桶；3—灌浆泵；4—压力表；5—灌浆管；6—灌浆塞；7—回浆管

循环式灌浆，就是用灌浆机把浆液压入钻孔后，浆液一部分被压入岩层缝隙中，另一部分由回浆管返回拌浆筒中，如图 2-28（b）所示。这种方法一方面可使浆液保持流动状态，减水浆液沉淀；另一方面可根据进浆和回浆浆液相对密度的差别，来了解岩层吸收情况，并作为判定灌浆结束的一个条件。

3. 钻灌方法

按照同一钻孔内的钻灌顺序，有全孔一次钻灌和全孔分段钻灌两种方法。

全孔一次钻灌系将灌浆孔一次钻到设计孔底，并沿全孔进行灌浆。这种方法施工简便，多用于孔深不超过 6m、地质条件良好、基岩比较完整的情况。

全孔分段钻灌又分自上而下法、自下而上法、综合灌浆法及孔口封闭法等。

（1）自上而下分段钻灌法。其施工顺序是钻一段，灌一段，待凝一定时间以后，再钻灌下一段，钻孔和灌浆交替进行，直到设计深度，如图 2-29 所示。这种方法的优点是，随着段深的增加，可以逐段增加灌浆压力，借以提高灌浆质量；由于上部岩层经过灌浆，形成结石，下部岩层灌浆时，不易产生岩层抬动和地面冒浆等现象；分段钻灌，分段进行压水试验，压水试验的成果比较准确，有利于分析灌浆效果，估算灌浆材料的需用量，这种方法的缺点是钻灌一段以后，要待凝一定时间，才能钻灌下一段，钻孔与灌浆须交替进行，设备搬移频繁，影响施工进度。

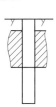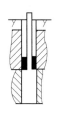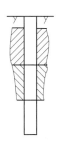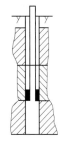

（a）第一段钻孔　　（b）第一段灌浆　　（c）第二段钻孔　　（d）第二段灌浆　　（e）第三段钻孔　　（f）第三段灌浆

图 2-29　自上而下分段灌浆

（2）自下而上分段钻灌法（图2-30）。一次将孔钻到全深，然后自下而上逐段灌浆。这种方法的优缺点与自上而下分段灌浆刚好相反，一般多用在岩层比较完整或基岩上部已有足够压重不致引起地面抬动的情况。

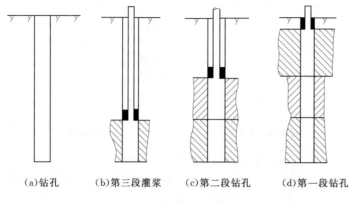

（a）钻孔　　　（b）第三段灌浆　　　（c）第二段钻孔　　　（d）第一段钻孔

图2-30　自下而上分段灌浆

（3）综合钻灌法。在实际工程中，通常是接近地表的岩层比较破碎，越往下岩层越完整。因此，在进行深孔灌浆时，可以兼取以上两法的优点，上部孔段采用自上而下法钻灌，下部孔段则用自下而上法钻灌。

（4）孔口封闭灌浆法。其要点是：先在孔口镶铸不小于2m的孔口管，以便安设孔口封闭器；采用小孔径（直径55～60mm）钻头，自上而下逐段钻孔与灌浆；上段灌后不必待凝，进行下段的钻灌，如此循环，直至终孔；可以多次重复灌浆，可以使用较高的灌浆压力。其优点是：工艺简便、成本低、效率高，灌浆效果好。其缺点是：当灌注时间较长时，容易造成灌浆管被水泥浆凝住的现象。该法对孔口封闭器的质量要求较高，以保证灌浆管灵活转动和上下活动。

孔口封闭灌浆法是一种灌浆新技术，在许多工程中相继得到应用。在喀斯特发育的地层，如乌江渡、隔河岩、观音岩等水利电工程，其帐幕灌浆采用孔口封闭灌浆法，均取得了较好的防渗效果。

需要说明的是，灌浆孔段的划分对灌浆质量有一定影响。原则上说，灌浆孔段的长度应该根据裂缝分析情况确定，每一孔段的裂隙分布应大体均匀，以便施工操作和提高灌浆质量。一般情况下，灌浆孔段的长度多控制在5～6m。如果地质条件好，岩层比较完整，段长可适当放长，但也不宜超过10m；在岩层破碎、裂隙发育的部位，段长应适当缩短，可取3～4m；而在破碎带、大裂隙等漏水严重的地段以及坝体与基岩的接触面，应单独分段进行处理。

4.灌浆压力控制

在灌浆过程中根据设计的压力施灌时，应合理、有效地控制灌浆压力，是提高灌浆效果的重要保证。灌浆压力可以通过灌浆管路上的压力表测读，即

$$P=P_1+P_2\pm P_f \qquad\qquad (2-2)$$

式中　　P——灌浆压力，MPa；

P_1——灌浆管路中压力表的指示压力，MPa；

P_2——计入地下水水位影响以后的浆液自重压力，浆液的密度按最大值计算，MPa；

P_f——浆液在管路中流动时的压力损失，MPa。

计算 P_f 时，如压力表安设在孔口进浆管上（纯压式灌浆），则按浆液在孔内进浆管中流动时的压力损失进行计算，在公式中取负号；当压力表安设在孔口回浆管上（循环式灌浆），则按浆液在孔内环形截面回浆管中流动时的压力损失进行计算，在公式中取正号。

压力控制中的操作通过压力表的指示读数来调整，在计算机自动控制的灌浆作业中，压力可通过压力传感器测得，计算机显示其值。

灌浆过程中灌浆压力的控制基本上有两种类型，即一次升压法和分级升压法。

（1）一次升压法。灌浆开始后，一次将压力升高到预定的压力，并在这个压力作用下，灌注由稀到浓的浆液。当每一级浓度的浆液注入量和灌注时间达到一定限度以后，就变换浆液配比，逐级加浓。随着浆液浓度的增加，裂隙将被逐渐充填，浆液注入率将逐渐减少，当达到结束标准时，就结束灌浆。这种方法适用于透水性不大、裂隙不甚发育、岩层比较坚硬完整的地方。

（2）分级升压法。它是将整个灌浆压力分为几个阶段，逐级升压直到预定的压力。开始时，从最低一级压力起灌，当浆液注入率减少到规定的下限时，将压力升高一级，如此逐级升压，直到预定的灌浆压力。

分级升压法的压力分级不宜过多，一般以三级为限，如可分为 $0.4P$、$0.7P$ 及 P 三级，P 为该灌浆段预定的灌浆压力。浆液注入率的上、下限，视岩层的透水性和灌浆部位、灌浆次序而定，通常上限可定为 $80\sim100\text{L/min}$，下限为 $30\sim40\text{L/min}$。在遇到岩层破碎透水性很大或有渗透途径与外界连通的孔段时，常采用分级升压法。如果遇到大的孔洞或裂隙，则应按特殊情况处理，处理的原则是低压浓浆、间歇停灌，直到规定的标准结束灌浆，待浆液凝固以后再重新钻开，进行复灌，以确保灌浆质量。

5. 浆液稠度控制

浆体稠度一般以水和干料的重量比表示，如水泥浆即以水灰比表示。灌浆过程中，必须根据灌浆压力或吸浆率的变化情况，适时调整浆液的稠度，使岩层的大小缝隙既能灌饱又不浪费。浆液稠度的变换按先稀后浓的原则控制，这是由于稀浆的流动性较好，宽细裂隙都能进浆，使细小裂隙先灌饱，而后随着浆液稠度逐渐变浓，其他较宽的裂隙也能逐步得到良好的充填。帷幕灌浆的浆液配比即水灰比，所采用水泥浆的稠度一般有 8、5、3、2、1.5、1.0、0.8、0.6、0.5 等 9 个比级。

灌浆中，当灌浆压力保持不变、吸浆率均匀减少时，或吸浆率不变、压力均匀升高时，不得改变水灰比。一般情况下，当某一级水灰比浆液的灌入量已超过规定值，而灌浆压力及吸浆率均无改变或改变不明显时，应改为浓一级的水灰比。当其吸浆率大于 6L/(min·m·m) 时，可根据具体情况适当越级变浓；但越级变浓后，如灌浆压力突增或吸浆率突减，应立即查明原因，并改回到原水灰比进行灌注。

6. 灌浆的结束条件与封孔

灌浆结束条件一般用两个指标来控制：一个是残余吸浆量，又称最终吸浆量，即灌到最后的限定吸浆量；另一个是闭浆时间，即在残余吸浆量不变的情况下保持设计规定压力的延续时间。

帷幕灌浆时，在设计规定的压力下，灌浆孔段的浆液注入率小于 0.4L/min 时，再延续灌注 60min（自上而下法）或 30min（自下而上法）；或浆液注入率不大于 1.0L/min 时，继续灌注 90min 或 60min，就可结束灌浆。

对于固结灌浆，其结束标准是浆液注入率不大于 0.4L/min，延续时间 30min，灌浆可以结束。

灌浆结束以后，应随即将浆孔清理干净，然后进行封孔，对于帷幕灌浆孔，宜采用浓浆灌浆法填实，再用水泥砂浆封孔；对于固结灌浆，孔深小于 10m 时，可采用机械压浆法进行回填封孔，即通过深入孔底的灌浆管压入浓水泥浆或砂浆，顶出孔内积水，随浆面的上升，缓慢提升灌浆管。当孔深大于 10m 时，其封孔与帷幕孔相同。

（六）灌浆质量检查

基岩灌浆的质量检查结果，是整个工程验收的重要依据。

灌浆质量检查的方法很多，常用的有：①在已灌地区钻设检查孔，通过压水试验和浆液注入率试验进行检查；②通过检查孔，钻取岩芯进行检查，或进行钻孔照相和孔内电视，观察孔壁的灌浆质量；③开挖平洞、竖井或钻设大口径钻孔，检查人员直接进去观察检查，并在其中进行抗剪强度、弹性模量等方面的试验；利用地球物理勘探技术，测定基岩的弹性模量、弹性波速等，对比这些参数在灌浆前后的变化，借以判断灌浆的质量和效果。

第四节 软 基 处 理

软基主要是指砂砾、软黏土、黄土、细砂层等地基，软基处理主要是进行加固与防渗。砂砾地基的处理，主要是控制渗透流速、渗透流量，保证坝基渗透稳定；办法是采用垂直防渗与水平防渗：垂直防渗采用黏土截水墙、混凝土防渗墙及帷幕灌浆等，水平防渗多采用黏土铺盖，有时在坝下游还需采用排水减压等手段。软黏土或冲积层地基的特点是含水量高，压缩性大，透水性小，抗压、抗剪强度低，可采用加速排水固结办法，提高其抗剪强度，如砂垫层排水、真空抽气加固、砂井预压等措施。黄土地基，主要是湿陷性黄土，因其沉降量大，可能引起坝的失稳及开裂，可采用挖除、预先浸水或表面强夯等措施。总之，除控制渗流外，还要提高地基强度和稳定性，减少总沉降量和沉降差。细砂层地基，应防止管涌与振动液化现象，近年来发展较快的是利用振冲法加固砂土地基。

在工程中经常遇到如建筑、桥梁工程柱桩及水利工程中的坝闸地基覆盖层的防渗墙等地下结构设施，这些结构的作用和构成虽有差异，但其施工的工艺方法却有相近之处，下面就水利工程中混凝土防渗墙的施工问题作一介绍。

槽孔（板）型的防渗墙，是由一段段槽孔套接而成的地下墙。尽管在应用范围、构造型式和墙体材料等方面存在着各种类型的防渗墙，但其施工程序与工艺是类似的，主要包括：①造孔的准备工作；②泥浆固壁与造孔成槽；③终孔验收与清孔换浆；④槽孔混凝土浇筑；⑤全墙质量验收等过程。

一、制浆

1. 泥浆作用

在松散透水的地层和坝（堰）体内进行造孔成墙，如何维持槽孔壁的稳定是防渗墙施工的关键技术之一，工程实践表明，泥浆固壁是解决这类问题的主要方法。

（1）泥浆固壁的原理。由于槽孔内的泥浆压力高于地层的水压力，泥浆渗入槽壁介质中，其中较细的颗粒进入空隙，较粗的颗粒附在孔壁上，形成泥皮。泥皮对地下水的流动形成阻力，使槽孔的泥浆与地层被泥皮隔开，泥浆一般具有较大密度，所产生的侧压力通过泥皮作用在孔壁上，就保证了槽壁的稳定。

（2）泥浆除了固壁作用外，在造孔过程中，尚有悬浮和携带岩屑、冷却润滑钻头的作用。

（3）成墙以后，渗入孔壁的泥浆和胶结在孔壁的泥皮还对防渗起辅助作用。

2. 材料及要求

由于泥浆的特殊重要性，在防渗墙施工中，国内外工程对于泥浆的制浆土料、配比以及质量控制等方面均有严格的要求。

（1）泥浆的制浆材料主要有膨润土、黏土和水，以及改善泥浆性能的掺合料，如加重剂、增黏剂、分散剂和堵漏剂等。制浆材料通过搅拌机进行拌制，经筛网过滤后，输入专用储浆池备用。

（2）我国根据大量的工程实践提出制浆土料的基本要求，即黏粒含量大于50%，塑性指数大于20，含砂量小于5%，氧化硅与三氧化二铝的质量比以3～4为宜。

配制而成的泥浆，其性能指标应根据地层特性、造孔方法和泥浆用途等，通过试验选定。表2-3所列为新制黏土泥浆性能指标，可供参考。

表2-3　　　　　　　　　　　新制黏土泥浆性能指标

漏斗黏度 /s	密度 /(g/cm³)	含砂量 /%	胶体率 /%	稳定性 /[g/(cm³·d)]	失水量 /(mL/30min)	1min 静切力 /Pa	泥饼厚 /mm	pH 值
18～25	1.1～1.2	≤5	≥96	≤0.03	<30	2.0～5.0	2～4	7～9

泥浆的造价一般可占防渗墙总价的15%以上，故应尽量做到泥浆的再生净化和回收利用，以降低工程造价，同时也有利于环境的保护。

3. 制浆

制浆工艺及布置如图2-31所示。

图2-31　制浆工艺流程图

搅拌机通常有2m³或4m³等不同容量的卧式搅拌机、NJ-1500型泥浆搅拌机。

槽孔返回的悬渣浆液可采用泥浆净化系统对泥浆进行筛分和旋流处理，除去大于0.075mm的颗粒后又重新回到浆池中重复利用。

二、造孔成槽

1. 造孔准备

造孔前必须根据防渗墙的设计要求和槽孔长度的划分，做好槽孔的测量定位工作，并在此基础上设置导向槽。导向槽沿防渗墙轴线设在槽孔上方，用以控制造孔的方向，支撑上部孔壁，它对于保证造孔质量、预防塌孔事故有很大的作用。导向槽可用木料、条石、灰拌土或混凝土制成，净宽一般不小于防渗墙的设计厚度，高度以 1.5～2m 为宜，为了维持槽孔的稳定，要求导向槽底部高出地下水位 0.5m 以上；为了防止地表积水倒流和便于自流排浆，其顶部高程应比两侧地面略高。

导向槽安设好后，在槽侧铺设造孔钻机的轨道，安装钻机，修筑运输道路，架设动力和照明路线以及供水供浆管路，做好排水排浆的系统，并向槽内充灌泥浆，保持泥浆液面在槽顶以下 30～50cm。做好这些准备工作以后就可以开始造孔了。

2. 造孔成槽

造孔的成槽工序约占防渗墙整个施工工期的一半，槽孔的精度直接影响防渗墙的质量。用于防渗墙开挖槽孔的机具，主要有冲击钻机、回转钻机、钢绳抓斗及液压铣槽机等，它们的工作原理因适用的地层条件及工作效率不同而有一定的差别，对复杂多样的地层，一般要多种机具配套使用。

进行造孔挖槽时，为了提高工效，通常要先划分槽段。造孔成槽的每一槽段长度与墙厚、地质、水文地质条件、槽深及机械等条件有关，同时还应考虑进度要求和墙段接头的工艺等问题。

一般沿防渗墙轴线方向可以分段，间隔分期成槽筑墙，以便墙段结合紧密，每个墙段长度应满足混凝土浇筑能力大于混凝土墙体浇筑强度的要求，即

$$Q \geqslant BLv \qquad (2-3)$$

式中　B——墙厚；

　　　L——墙段长度；

　　　v——规定的混凝土浇筑上升速度；

　　　Q——混凝土生产能力。

工程实践中，槽段长度通常取 6～12m。

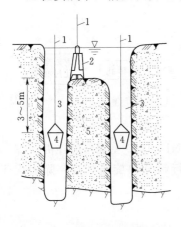

图 2-32　钻劈法造孔成槽
1—钢丝绳；2—钻头；3—主孔；
4—接砂斗；5—副孔

槽孔划分好后，然后在一个槽段内划分主孔和副孔，采用钻劈法、钻抓法或分层钻进等方法成槽。

（1）钻劈法。又称"主孔钻进、副孔劈打"法，如图 2-32 所示，它是利用冲击式钻机的钻头自重，首先钻凿主孔，当主孔钻到一定深度后，就为劈打副孔创造了临空面。使用冲击钻劈打副孔产生的碎渣有两种出渣方式：①利用泵吸设备将泥浆连同碎渣一起吸出槽外，通过再生处理后，泥浆可以循环使用；②用抽砂筒及接砂斗出渣，钻进与出渣间歇性作业，这种方法一般要求主孔先导 8～12m，适用于砂砾石等地层。

（2）钻抓法。又称"主孔钻进、副孔抓取"法，如图 2-33 所示，它是先用冲击钻或回转钻钻凿主孔，然后用抓斗抓挖副孔，副孔的宽度要求小于抓斗的有效作用宽

度。这种方法可以充分发挥两种机具的优势，抓斗效率高，而钻机可钻进不同深度地层；具体施工时，可以两钻一抓，也可以三钻两抓、四钻三抓，形成不同长度的槽孔。钻抓法主要适合于粒径小的松散软弱地层。

（3）分层钻进法。常采用回转式钻机造孔，如图 2-34 所示，分层成槽时，槽孔两端应领先钻进导向孔。这种方法是利用钻具的重量和钻头的回转切削作用，按一定的程序分层下挖，用砂石泵经空心钻杆将石渣连同泥浆排出槽外，同时不断地补充新鲜泥浆，维持泥浆液面的稳定。分层钻进法适用于均质细颗粒的地层，使碎渣能从排渣管内顺利通过。

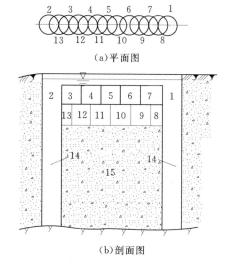

（a）平面图

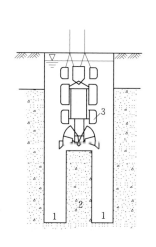

（b）剖面图

图 2-33　钻抓法成槽过程
1—主孔；2—副孔；3—抓斗

图 2-34　分层钻进成槽法
1～13—分层钻顺序；14—端孔；
15—分层平挖部分

（4）铣削法。采用液压双轮铣槽机，先从槽段一端开始铣削，然后逐层下挖成槽。液压双轮铣槽机是目前比较先进的防渗墙施工机械，它由两组相向旋转的铣切刀轮，对地层进行切削，这样可抵消地层的反作用力，保持设备的稳定。切削下来的碎屑集中在中心，由离心泥浆泵通过管道排出至地面，如图 2-35 所示。

3. 孔底沉渣清理

在用冲击钻施工时，通常抽筒出渣，尽管施工验收时一般都满足孔底泥浆含砂率小于12％的要求，但当混凝土浇筑进度较慢，而槽孔又较深时，泥浆中的砂粒就会沉积到混凝土的表面，而随着混凝土面的上升，这些泥沙就有可能被裹入混凝土中，形成夹泥，或推向两边与相邻槽孔的连接处，形成接缝夹泥，这对防渗墙来说是致命的缺点。近年来，由于冲击循环采用泵吸法并经泥浆处理装置去除了孔内泥浆中大于 0.075mm 的颗粒，这一问题得以解决。在单独使用冲击钻和抓斗施工时，也开始采用一种可置于孔底的潜水泵抽吸孔底泥浆，使防渗墙的质量大大提高。

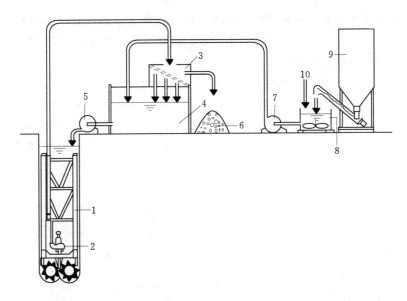

图 2-35 液压铣槽机的工艺流程

1—铣槽机；2—泥浆泵；3—除渣装置；4—泥浆罐；5—泥浆泵；6—筛除的钻渣；
7—补浆泵；8—泥浆搅拌机；9—膨润土储料罐；10—水源

三、终孔验收和清孔换浆

终孔验收的项目及要求见表 2-4。验收合格方准进行清孔换浆，清孔换浆的目的，是在混凝土浇筑前，对留在孔底的沉渣进行清除，换上新鲜泥浆，以保证混凝土和不透水层连接质量。清孔换浆应该达到的标准是经过 1h 后，孔底淤积厚度不大于 10cm，孔内泥浆密度不大于 $1.3g/cm^3$，黏度不大于 30s，含砂量不大于 10%，一般要求清孔换浆以后 4h 开始浇筑混凝土。如果不能按时浇筑，应采取措施防止落淤；否则，在浇筑前要重新清孔换浆。

表 2-4　　　　　　　　　　　终孔验收的项目及要求

终孔验收项目	终孔验收要求	终孔验收项目	终孔验收要求
槽位允许偏差	±3cm	一、二期槽孔搭接孔位中心偏差	≤1/3 设计墙厚
槽宽要求	≥设计墙厚	槽孔水平断面上	设有梅花孔、小墙
槽孔孔斜	≤4‰	槽孔入基岩深度	满足设计要求

四、防渗墙体混凝土浇筑

1. 防渗墙的墙体材料

防渗墙的墙体材料，按其抗压强度和弹性模量，一般分为刚性和柔性材料。刚性材料包括普通混凝土、黏土混凝土和掺粉煤灰混凝土等，柔性材料包括塑性混凝土、自凝灰浆和固化灰浆等。另外，现在有些工程开始使用强度大于 25MPa 的高强混凝土，以适应高坝深基础对防渗墙的技术要求。

防渗墙混凝土为抗压强度在 $7.5 \sim 20$MPa 的一般混凝土，要求有较好的和易性（表现在流动性、黏聚性、保水性 3 个方面），其坍落度为 $18 \sim 22$cm，扩散度为 $34 \sim 38$cm。由于防渗墙混凝土是在泥浆中浇筑的，故无法振捣，这就要求混凝土具有良好的流动性保持能力，也就是指在 1h 内混凝土的坍落度不能低于 15cm。

在材料的选用方面，水泥强度等级要求不低于 22.5，石子的粒径不宜大于 40mm，砂以中、粗砂为宜。

在材料的配合比方面，水泥用量不宜低于 300kg/m³，砂率以 $35\% \sim 40\%$ 为宜，水灰比宜控制在 $0.55 \sim 0.70$ 之间。

2. 墙体混凝土浇筑

防渗墙的混凝土浇筑和一般混凝土浇筑不同，是在泥浆液面下进行的。泥浆下浇筑混凝土的主要要求是：①不允许泥浆与混凝土掺混形成泥浆夹层；②确保混凝土与基础以及一、二期混凝土之间的结合；③连续浇筑，一气呵成。

泥浆下浇筑混凝土常用直升导管法。导管由若干节直径 $20 \sim 25$cm 的钢管连接而成，沿槽孔轴线布置，相邻导管的间距不宜大于 3.5m，一期槽孔两端的导管距端面 $1.0 \sim 1.5$m，二期槽孔的导管距已浇混凝土墙端面以 $0.5 \sim 1.0$m 为宜，开浇时导管口距孔底 $10 \sim 25$cm。当孔底高差大于 25cm 时，导管中心应布置在该导管控制范围的最低处。这样布置导管，有利于全槽混凝土面均衡上升，有利于一、二期混凝土的结合，并可防止混凝土与泥浆掺混（图 2 - 36）。

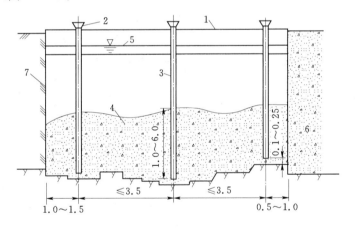

图 2 - 36　导管布置图（单位：m）
1—导向槽；2—受料斗；3—导管；4—混凝土；5—泥浆液面；
6—已浇槽孔；7—未挖槽孔

槽孔混凝土浇筑应严格遵循先深后浅的顺序，即从最深的导管开始，由深到浅，一个一个导管的混凝土将球塞压到导管底部，使管内泥浆挤出管外；然后泥浆导管稍微上提，使导管球塞浮出，一举将导管底端被泄出的砂浆和混凝土埋住，保证后续浇筑的混凝土不致与泥浆掺混。

在浇筑过程中，应保证连续供料，一气呵成；保持导管埋入混凝土的深度不小于 1m，但不超过 6m，以防泥浆掺混进混凝土和埋管；维持全槽混凝土面均衡上升，上升速度不应小于 2m/h，高差控制在 0.5m 左右。

总之，槽孔混凝土的浇筑，必须保持均衡、连续、有节奏，直到全槽成墙为止。

五、墙段接头的施工工艺

目前我国水利水电混凝土防渗墙在接头施工中有以下 5 种方式。

1. 套打一钻的接头方式

该方式是在一期墙段的两面端孔处套打一钻，与二期墙段混凝土呈半圆弧相接，主要用于冲击钻机的施工。

2. 双反弧接头方式

该方式在两个已浇筑混凝土的槽段中间预留一个孔的位置，待两个墙段形成后，再用双反弧钻头钻凿中间的双反弧形的土体，然后浇混凝土将两个墙段连接。这种方法多在墙体混凝土强度等级较高时采用。

3. 预埋接头管的接头方式

这种方式是在一期槽段的两端放置与墙厚尺寸相同的圆钢管，待混凝土凝固后，再将接头管拔出，即形成光滑的半圆形墙段接头。如铜街子水电站工程左深槽混凝土防渗墙的部分接头和葛洲坝大江围堰防渗墙的部分接头就是用此法连接的。

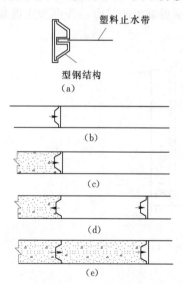

图 2-37 地下连续墙塑料止水带接头施工法

4. 预埋塑料止水带的接头方式

这种方式（图 2-37）是一期槽孔两端放置一个与墙厚尺寸相同的接头板 ［图 2-37 (a)］，板上可以卧入塑料止水带 ［图 2-37 (b)］，待一期混凝土凝固后，露在槽孔内的塑料止水带就被浇筑在一期混凝土中 ［图 2-37 (c)］；而二期槽孔造成后，再将接头板拔除，则原卧入此接头板中的另外一半塑料止水带就又留在了二期槽中 ［图 2-37 (d)］，待二期槽孔混凝土浇筑完毕，这两期槽孔混凝土之间的接缝就被塑料止水带封堵 ［图 2-37 (e)］。

5. 低强度等级混凝土包裹接头法

这种接头的施工程序是先用抓斗在设计的墙段接头部位沿垂直于墙轴线方向取一个单个槽孔，该槽的长度和宽度即是抓斗的长度和宽度，成槽后浇筑低强度等级的混凝土，此即为包裹接头槽段。然后在每两个包裹接头中间抓取一期槽孔，并浇筑一期槽孔混凝土，这时每个包裹接头槽段的混凝土均被抓去一部分。此后，再在每两个一期槽段之间抓取二期槽段，同时也将包裹接头的另一部分抓出，并用双轮铣槽机铣削一期槽孔混凝土接头端面，待二期槽孔混凝土浇筑完毕后，每个槽段接头就被原已浇筑好的包裹接头槽段包裹住，如图 2-38 所示。

此种接头的优点是不易漏水，即使有少量漏水，渗径也比较长。我国的小浪底防渗墙（左岸部分）就是采用此种接头。

从目前来看，预埋接头管的方法和预埋塑料止水带的方法一般只适用于 30～50m 深

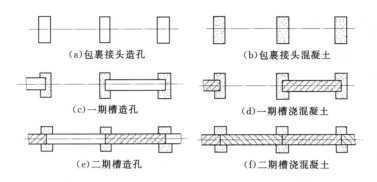

(a)包裹接头造孔　　　　　　　　(b)包裹接头混凝土

(c)一期槽造孔　　　　　　　　　(d)一期槽浇混凝土

(e)二期槽造孔　　　　　　　　　(f)二期槽浇混凝土

图 2-38　低强度等级混凝土包裹接头法施工工艺过程

的槽孔；双反弧接头方式可适用于较深的槽孔，且十分经济；低强度等级混凝土包裹接头法只适用于用抓斗施工的工程；套打一钻的接头方式由于工效低，且浪费混凝土，已逐渐被淘汰。

第五节　高压喷射灌浆

20 世纪 70 年代初，日本将高压水射流技术应用于软弱地层的灌浆处理，成为一种新的地基处理方法——高压喷射灌浆法（高喷）。它是利用钻机造孔，然后将带有特制合金喷嘴的灌浆管下到地层预定位置，以高压把浆液或水、气高速喷射到周围地层，对地层介质产生冲切、搅拌和挤压等作用，同时被浆液置换、充填和混合，待浆液凝固后，就在地层中形成一定形状的凝结体。通过各孔凝结的连接，形成板式或墙式的结构，不仅可以提高基础的承载力，而且成为一种有效的防渗体。由于高压喷射灌浆具有对地层条件适用性广、浆液可控性好、施工简单等优点，近年来在国内外都得到了广泛的应用，在大颗粒地层、动水、淤泥地层和堆石堤（坝）等场合，应用高压喷射灌浆技术具有显著的技术经济效益。

一、高压喷射灌浆机理

从理论和工程实践分析，高喷的作用和机理主要有以下几个方面。

1. 冲切掺搅作用

高喷技术主要是借助于高压射流，通过冲击、切割和强烈扰动，使浆液在射流作用范围内扩散，充填周围地层，并与土石颗粒掺混搅和，硬化后形成凝结体，从而改变了原地层结构和组分，借以达到防渗或提高承载力的目的。

高喷凝结体是多种因素综合作用的结果，其中原地层结构和施工条件对其性能起关键作用。

高压射流对地层结构的影响范围，取决于比能 E 值的大小，其表达式为

$$E = \frac{PQ}{100v} \qquad (2-4)$$

式中　E——每米施喷柱耗用的能量，MJ/m；

P——喷射灌浆压力，0.1MPa；

Q——射流浆量，L/min；

v——提升速度，cm/min。

比能 E 值大，旋喷柱的直径大，对同一地层、同一设计的柱径而言，一般有一最优比能值，通常选用 40～70，最终应通过现场高喷试验确定。

2. 升扬、置换作用

高喷施工时，水、气或浆、气由喷嘴中喷出，压缩空气除能对水或浆液构成外包气层，使水或浆液射流能透入地层较远距离，并维持较大压力破碎地层结构外，在能量释放过程中，类似"孔内空气扬水"原理，还可产生升扬作用，将经射流冲击切削后的土石碎屑和地层中细颗粒由孔壁及喷射杆的环状间隙中升扬带出孔外，空余部位由浆液替代，同时也起到了置换的作用。

3. 挤压、渗透作用

高喷射流强度随射流距离的增加而较快地衰减，至射流束末端，虽不能再冲切地层，但对地层仍产生挤压作用。同时，喷射结束后，静压灌浆持续进行，对周围土体产生渗透作用，这样不仅可以促使凝结体与周围土体结合更加密实，还在凝结体外侧产生明显的渗透凝结层，具有较强的防渗性能，渗透凝结层厚度依地层性和颗粒级配情况而异，在渗透性较强的砂卵（砾）石地层可达 10～15cm 厚，在渗透性弱的地层，如细砂层或壤土层，厚度则很薄，甚至不产生渗透凝结层。

4. 位移握裹作用

地层中较小的块石，由于喷射能量大，辅以升、扬置换作用，最终浆液可以填满块石四周空隙并将其握裹。遇到大的块石或在块石集中区，应降低提升速度，提高比能值，在强大的冲击震动力作用下，块石会产生位移，浆液沿着块石四周空隙或块石间孔隙渗入，在高压喷射、挤压、余压渗透，以及浆气升串综合作用下，产生握裹凝结作用，形成连续和密实的凝结体。

二、高压喷射凝结体

1. 高压喷射凝结体的形状和性能

（1）凝结体的形状。单孔高喷形成凝结体的形状与喷射的形式有关。喷射形式一般有旋喷、摆喷和定喷三种。喷射时，若一面提升，一面旋转，则可以形成圆柱状体（又称旋喷桩）；一面提升，一面摆动，可以形成哑铃状体；一面提升，一面定向喷射，可以形成板状体。

（2）凝结体的性能。水工建筑物地基防渗采用高喷施工，要求凝结体应有很好的防渗性和渗流稳定性。凝结体的防渗性能主要取决于地层组成成分和颗粒级配、施工方法、施工工艺以及浆液材料等。在一般砂卵（砾）石层中使用水泥基质浆液进行高喷。以加固和提高力学强度为主要目的的高喷施工，要求凝结体具有较高的力学强度，这主要取决于地层中形成的高喷凝结体，抗压强度可达 5～15MPa，弹模达 10^{-3}MPa 量级；在含大粒径坚硬的砾石、漂石、块石地层中，抗压强度可达 10～30MPa 甚至更高；而在黏土中抗压强度仅为 3～5MPa。

高喷形成的凝结体并不很规则，但与地层结合紧密。凝结体的强度由内向外逐渐降低，直到边缘处与地层完全一致。这种特性对适应地基变形有利。

2. 高压喷射凝结体结构布置形式

为保证高喷防渗板的连续和完整性，必须使各单孔凝结体在其有效喷射范围内相互可靠连接，为此应慎重地选用结构布置形式和孔距。

常用的几种结构布置形式如图 2-39 所示，其中以（e）、（f）两种布置形式防渗效果较好。

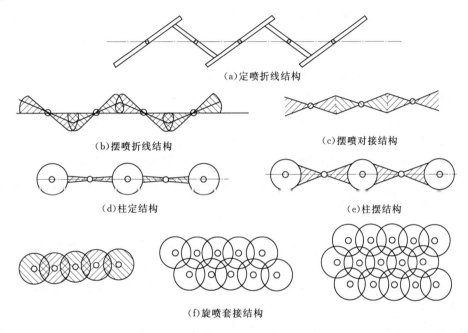

(a)定喷折线结构

(b)摆喷折线结构　　　　　　　　　(c)摆喷对接结构

(d)柱定结构　　　　　　　　　　(e)柱摆结构

(f)旋喷套接结构

图 2-39　高喷凝结体的结构布置形式

在防渗工程中，孔距的选择至关重要，它不仅关系到凝结体能否可靠连接，而且也影响工程的进度和造价。孔距应根据地层的地质条件、对防渗性能的要求、高喷灌浆施工方法和工艺、结构布置形式、孔深以及其他一些因素综合考虑而定，重要工程应通过现场试验确定。

高喷若用于地基加固时，常采用旋喷桩，布置成连续或不连续的结构形式。

三、高压喷射灌浆施工

1. 施工方法

（1）单管法。采用高压灌浆泵以大于 20MPa 的高压将浆液从喷嘴中喷出，冲击、切割周围地层，并充填和渗入地层的空隙，并和被强烈扰动后地层中的土石颗粒、碎屑掺混搅和，硬化后形成凝结体。该法施工简易，但有效范围较小，在防渗工程中很少采用。

（2）双管法。超高压和大流量是双管法主要特点：直接用浆、气喷射入地层，浆压高达 45~50MPa，浆量 150~200L/min，气压 1~1.5MPa，气量 8~12m³/min。采用高性能的高喷设备，使射浆有足够的射流强度和比能，对地层进行切割掺混搅拌。由于浆液黏度较大，对地层内细小颗粒的升扬转换作用明显，相应的凝结体内水泥含量多，强度高。这种施工方法工效高，质量优，效果好，尤其适用于处理地下水丰富、含大粒径块石、孔隙率大的地层，有条件时宜优先选用该法。

（3）三管法。用水管、气管、浆管（三管可以并列，也可同轴布设）组成喷射杆，杆底部设置有喷嘴，气、水喷嘴在上，浆液喷嘴在下。高喷时，随着喷射杆的旋转和提升，先是高压水和气的射流冲击振动地层土体，呈翻滚松散状态；随后以低压注入浓浆掺混搅拌，硬化后形成凝结体。常用的工艺参数：水压 38～40MPa，气压 0.6～0.8MPa，浆压 0.3～0.5MPa。目前我国高喷施工尚多采用这种方法，施工设备价廉易购，高喷质量一般可满足设计要求。

（4）新三管法。首先用高压水和气冲击切割地层土体，然后再用高压浆对地层土体进行二次切割和喷入。气、水喷嘴和浆液喷嘴铅直间距约 0.5～0.6m，由于水的黏性小，易于进入较小空隙中产生水楔劈裂效应，对于冲切置换细颗粒有较好的作用。高压浆液射流对地层二次喷射不仅增大喷射半径，使浆液均匀注入被喷射地层，而且由于浆液喷嘴和气、水喷嘴间距较大，水对浆的稀释作用减少，使实际灌入的浆量增多，提高了凝结体的结石率和强度。该法高喷质量优于三管法，适用于含较多密实性充填物的大粒径地层，常用的工艺参数：水压 40MPa，气压 1.0MPa，浆压 20～30MPa。

2. 高压喷射灌浆材料

选用高喷材料应根据工程特点和高喷目的及要求而定。高喷多采用水泥浆，采用普通硅酸盐水泥，水泥强度等级为 32.5 或 42.5，为增加浆液的稳定性，有时在水泥浆液中加入少量的膨润土。对凝结体性能有特殊要求时，有时需在水泥浆液中加入较多的膨润土或其他类掺合料。

地基防渗高喷施工使用三管法，为简便计，多用纯水泥浆，一般规定：进浆密度不小于 1.60g/cm³，变化范围可在 1.60～1.80g/cm³（相应水灰比约为 0.8:1～0.5:1）。

地基加固的高喷施工一般均采用纯水泥浆。实践表明，浆液水灰比在 0.8:1～1:1 范围内对凝结体抗压和抗折出强度的影响不很大，影响凝结体抗压强度的主要因素是地层组成的成分和颗粒的强度及级配。

采用新三管法施工，由于先是气、水喷射，而后压灌浆液，灌浆易被先喷入的水稀释，故通常使用水灰比不大于 1:1 的浓浆。采用双管法施工，因不用水喷射，无稀释作用，所以水泥浆的水灰比值相对来讲可以稍大些。

重要工程高喷材料和配合比应根据设计对防渗体提出要求，通过室内和现场试验确定。

3. 高压喷射灌浆施工设备

三管法、新三管法、双管法所用的主要设备见表 2-5。

（1）钻机。高喷施工钻孔深度多不超过 50m，遇一般砂卵（砾）石层，可使用钻孔深度 100m 或 300m 的钻机泥浆固壁钻孔。如果钻进效率低或遇地质条件复杂、含大粒径块石地层，使用泥浆固壁无效时，可改用跟管钻进钻机，边钻进，边跟入套管的方法，护住孔壁。

表 2 – 5　　　　　　　　　　　　高压喷射灌浆施工主要设备表

设备名称	设 备 及 规 格	三管法	新三管法	双管法
台车	提升台车，起重 2～6t，起升高度 15m	√	√	
	履带吊车式高架喷台车，架高 34m			√
钻机	钻孔深度 100m 钻机，适用于浅孔	√	√	√
	钻孔深度 300m 钻机，适用于较深的高喷孔	√	√	√
	跟管钻进钻机	√	√	√
高压水泵	最大压力为 50MPa，流量 75～100L/min	√	√	
灌浆泵	通用灌浆泵，压力 1.0～3.0MPa，流是 80～200L/min	√		
	高压灌浆泵，最大压力 40MPa，流量 70～110L/min		√	
	超高压灌浆泵，最大压力 60～80MPa，流量 150～200L/min			√
空气压缩机	气压 0.7～0.87MPa，气量 6m³/min	√		
	气压 1.0～1.5MPa，气量 6m³/min		√	
	高气压、大流量空压机，气压 2.0MPa，气量 20m³/min			√

（2）高压水泵。仅在三管法和新三管法中采用高压水泵，压力和流量需满足高喷技术要求。

（3）灌浆泵和空压机。双管法高喷施工的特点就是超高压力、特大流量，所以要求浆泵的压力高（宜达 60～80MPa），流量大（宜大于 10m³/min）。新三管法是 1996 年在长江三峡工地围堰生产性高喷试验首次试用的，由原三管法的低压灌浆改进为 20～30MPa 的高压灌浆，随之也要求适当提高气压，所以需采用相应的高压灌浆泵和气压稍高的空压机。三管法对灌浆泵和空压机无特殊要求。

（4）搅浆、制浆系统设备。搅浆、制浆系统设备能满足供浆（三管法 100L/min，双管法 150L/min）需要即可。

（5）测斜仪。要求备用高精度的测斜仪器，满足偏斜率不大于 1% 的要求。

（6）高喷自动检测系统。我国高喷自动检测系统仍处于研制和试用阶段，定型产品尚未问世，今后应继续研制，促其尽快实现。

4．高压喷射灌浆施工工艺

（1）钻孔：

1）泥浆固壁回转（或冲击）钻进。造孔过程中做好充填堵漏，使孔内泥浆保持正常循环，返出孔外，直至终孔。

2）跟管钻进。边钻进，边跟入套管，直至终孔。

钻进时应注意保证钻机垂直，偏斜率宜不大于 1%，对于深度大于 30m 的高喷钻孔，难度较大。例如，小浪底围堰高喷灌浆试验，总计 29 个孔，孔深 32～40m，偏斜率最大 1.12%，最小 0.45%，平均 0.89%，其中大于 1% 的 9 个孔（占 31%），小于 1% 的 20 个孔（占 69%，其中小于 0.5% 的 3 个孔）。

（2）下入喷射杆：

1）泥浆固壁的钻孔，可以将喷射杆直接下入孔内，直到孔底。

2）跟管钻进的钻孔，有两种情况：①拔管前在套管内注入密度大的塑性泥浆，注满后，起拔套管，边起拔，边注浆，使浆面长期保持与孔口齐平，直至套管全部拔出，而后再将喷射杆下入孔内直至孔底；②先在套管内下入管壁有窄缝的 PVC 塑料管，直至套管底部，起护壁作用，而后将套管全部拔出，再将喷射杆下入到塑料管底部。

（3）高喷施工。施工中所用技术参数因使用主喷的方法不同而异，所用的灌浆压力不同，提升速度也有差异。在同类地层中，双管法超高压灌浆的提升速度比三管法快。

（4）高喷施工注意的问题。对各类地层而言，若使用同一种施工方法，则水压、浆压、气压的变化不大，唯有提升速度变化比较大，是影响高喷质量的主要因素。一般情况下，确定提升速度应注意下列几个问题：

1）因地层而异，在砂层中提升速度可稍快，砂卵（砾）石层中应放慢些，含有大粒径（40cm 以上）块石或块石比较集中的地层应更慢。

2）因分序而异，先序孔提升速度可稍慢，后序孔相对来讲可略快。

3）高喷施工中发现孔内返浆量减少时宜放慢提升速度。

5. 高压喷射灌浆质量检查

（1）钻孔检查。当高喷凝结体具有必要强度后，进行钻孔检查。

1）钻取岩芯，观察浆液注入和胶结情况，测试岩芯密度、抗压和抗折强度、弹性模量等物理力学性能以及渗透系数、渗压比降等防渗性能。

2）在钻孔内进行注水或压水试验，实测高喷凝结体的渗透系数。

3）利用钻孔，对高喷凝结体进行贯入试验，测试高喷凝结体的密实度。

（2）对围井进行质量检查。在高喷防渗板墙一侧加喷几个孔，与原板墙形成三角形或四边形围井，底部用高喷或其他方法封闭，还可测高喷孔的偏斜率。

1）在井中心钻孔，进行注水或压水试验。

2）在井内井行开挖，直观高喷防渗板墙构筑情况，查看井壁有无较为集中的渗流，还可测试高喷孔的偏斜率。

3）开挖后，在井内做注入水或抽水试验，测试高喷防渗板墙体渗透系数。

（3）整体效果检查：

1）作为坝基防渗墙体，可在其上、下游钻孔进行水位观测或从下游孔中抽水，观测水位恢复情况。通过高喷前后的水位变化，分析防渗效果。

2）作为围堰防渗墙体，待基坑开挖后，测试基坑排水量，这是最直接检验防渗质量的方法，以此作为依据对高喷防渗墙质量做出整体评价。

（4）计算渗透系数。根据达西公式计算，围井井内开挖后，在井内做注水（或抽水）试验时经常采用计算公式为

$$K = \frac{QB}{AH} \tag{2-5}$$

式中　K——渗透系数，m/d；

　　　Q——单位时间内注入的水量，$\mathrm{m^3/d}$；

　　　A——围井侧面积，$\mathrm{m^2}$；

B——估计高喷板墙的厚度，m；

H——试验水头，m。

在钻孔内进行注（压）水试验时，可根据试验实际条件，选用相应的渗透系统计算。

小　　结

本章主要学习了地基开挖、爆破施工、岩基处理、软基处理方法，要求掌握地基开挖顺序、开挖形态、方法、爆破施工工序、岩基灌浆施工、软基防渗墙施工、高压喷射灌浆，并熟悉爆破器材和爆破方法。

自 测 练 习 题

一、单项选择题

1. 若药包埋设深度为 4m，引爆后爆破漏斗圆半径为 5m，则此类爆破属于（　　　）。

A. 加强抛掷爆破 　　　　B. 标准抛掷爆破 　　　　C. 减弱抛掷爆破

2. 工程爆破的单位耗药量是在一个临空面情况下采用的，随着临空面的增多，单位耗药量（　　　）。

A. 随之增加 　　　　B. 不变 　　　　C. 随之减少

3. 浅孔阶梯爆破中，若爆破介质为松软岩石，则炮孔深度 L 应（　　　）阶梯高度 H。

A. 小于 　　　　B. 等于 　　　　C. 大于

4. 预裂爆破是要在开挖线上形成一条足够宽的裂缝，其目的是为了（　　　）。

A. 保护爆破区岩体免遭破坏

B. 保护爆破区岩体，以免能量损失

C. 削减爆破区的冲击波能量，保护保留区岩体免遭破坏

5. 用定量炸药炸开规定尺寸的铅柱内的空腔容积来表征炸药炸胀介质的能力，称为（　　　）。

A. 威力 　　　　B. 爆力 　　　　C. 猛度

6. 炸药在外部能量的激发下引起爆炸反应的难易程度称为（　　　）。

A. 敏感度 　　　　B. 安定性 　　　　C. 稳定性

7. 延发雷管与即发雷管的不同，在于点火装置与加强帽之间多了一段（　　　）。

A. 阻燃剂 　　　　B. 缓燃剂 　　　　C. 促燃剂

8. 岩基灌浆使用最广泛的是（　　　）。

A. 水泥灌浆 　　　　B. 水泥黏土灌浆 　　　　C. 化学灌浆

9. 在岩基灌浆中，钻孔最常用的机械是（　　　）。

A. 手持风钻 　　　　B. 冲击式钻机 　　　　C. 回转式钻机

10. 高压压水冲洗的压力可采用同段灌浆压力的（　　　）。

A. 50%～60% 　　　　B. 70%～80% 　　　　C. 90%～100%

二、判断题（你认为正确的，在题干后画"√"，反之画"×"）

1. 根据经验，浅孔爆破计算抵抗线 W 的取值与岩性密切相关，若岩性越软弱，取值

应越小。 （　）

2. 浅孔爆破中，为了避免爆后留有残留埂或产生超挖，炮孔深度根据不同岩石情况可以大于、等于或小于开挖阶梯高度。 （　）

3. 预裂爆破是在岩体开挖区进行松动爆破之后进行的。 （　）

4. 对于重力坝，要求开挖以后的基岩面比较平整，高差不宜太大、无棱角、无反坡，并尽可能略向下游倾斜。 （　）

5. 灌浆的钻孔质量要求孔深、孔向、孔位符合设计要求，孔径上下均一，孔壁平顺，钻进过程中产生的岩粉细屑较少。 （　）

6. 钻孔冲洗，在岩层比较完整、裂隙较少的情况下可用群孔冲洗，岩层破碎、节理裂隙比较发育则可用单孔冲洗。 （　）

三、简答题

1. 地基开挖应遵循什么原则？

2. 岩基灌浆的目的是什么？

3. 水泥灌浆包括哪几道工序？

4. 什么是单位吸水量？写出其计算公式。

5. 帷幕灌浆为什么应分序逐渐加密？

6. 什么是一次升压法？什么是分级升压法？

7. 简述用直升导管法浇筑混凝土的施工过程。

第三章 模板、钢筋、脚手架施工

第一节 模 板 施 工

一、模板设计

(一) 对模板及其使用的基本要求

(1) 保证混凝土结构和构件浇筑后的各部分形状、尺寸和相互位置满足设计要求。

(2) 具有足够的稳定性、刚度及强度。

(3) 装拆方便，能够多次周转使用，形式要尽量做到标准化、系列化。

(4) 模板板面光洁、平整，拼缝严密、不漏浆。

(二) 模板设计

在施工前，施工企业应根据建筑物的实际情况、现场条件、混凝土结构施工与验收规范及有关的技术规范进行模板设计，模板设计包括模板面板、支承系统及连接配件的设计。

1. 模板设计的步骤

根据工程实践经验，模板设计大致可分为 3 个环节：

(1) 配板设计并绘制配板图和支承系统布置图。

(2) 依据施工条件确定荷载并对模板及支承系统进行验算。

(3) 编制模板及配件的规格数量汇总表和周转计划，制定模板系统安装与拆除的程序与方法以及施工说明书等。

2. 模板的受力及荷载组合

(1) 设计荷载。设计荷载分基本荷载和特殊荷载两类。

1) 基本荷载。

a. 模板及其支架自重根据设计图确定。木材的密度，针叶类按 $600kg/m^3$ 计，阔叶类按 $800kg/m^3$ 计。

b. 新浇混凝土重量按 $2.4\sim2.5t/m^3$ 计。

c. 钢筋、预埋件重量根据设计图确定，对一般钢筋混凝土，钢筋重量可按 $100kg/m^3$ 计。

d. 工作人员及浇筑设备、工具的荷载：计算模板及直接支承模板的楞木（围图）时，可取均布荷载 2.5kPa 及集中荷载 2.5kN；计算支承楞木的构件时，可取均布荷载 1.5kPa；计算支架立柱时，取均布荷载 1kPa。

e. 振捣混凝土时产生的荷载可按照 1kPa 计算。

f. 新浇混凝土的侧压力是侧面模板承受的主要荷载。侧压力的大小与混凝土浇筑速度、浇筑温度、坍落度、入仓振捣方式及模板变形性能等因素有关。在无实测资料的情况下，可参考《水工混凝土施工规范》（SL 677—2014）附录中的有关规定选用。

g. 新浇混凝土的浮托力。

2）特殊荷载。

a. 混凝土卸料时产生的荷载。

b. 风荷载。根据《建筑结构荷载规范》（GB 5009—2015）确定。

c. 其他荷载。可按实际情况计算，如平仓机、非模板工程的脚手架、工作平台、超过规定堆放的材料重量等。

（2）设计荷载组合及稳定校核。

1）荷载组合。计算模板的刚度和强度时，应根据模板种类和施工具体情况。按表 3-1 的荷载组合进行计算（特殊荷载按可能发生的情况计算）。

表 3-1　　　　　　　　　　　　常用模板的荷载组合

项次	模 板 种 类	基本荷载组合	
		计算强度	验算刚度
1	薄板、薄壳的底模板	①+②+③+④	①+②+③+④
2	厚板、梁和拱的底模板	①+②+③+④+⑤	①+②+③+④+⑤
3	梁、拱、柱（边长≤30mm）、墙（厚≤400mm）的侧面垂直模板	⑤+⑥	⑥
4	大体积结构、柱（边长＞300mm）、墙（厚＞400mm）的侧而垂直模板	⑥+⑧	⑥+⑧
5	悬臂模板	①+②+③+④+⑤+⑧	①+②+③+④+⑤+⑧
6	隧洞衬砌模板台车	①+②+③+④+⑤+⑥+⑦	①+②+③+④+⑥+⑦

注1：当模板承受倾倒混凝土时产生的荷载对模板的承载能力和变形有较大影响时，考虑荷载⑧。

注2：根据工程实践情况. 合理考虑荷载⑨和荷载⑩。

注　表中①—模板自身重力；②—新浇混凝土的重力；③—钢筋和预埋件的重力；④—工作人员及仓面机具的重力；⑤—振捣混凝土时产生的荷载；⑥—新浇混凝土的侧压力；⑦—新浇混凝土的浮托力；⑧—混凝土卸料时产生的荷载；⑨—风荷载；⑩—其他荷载。

2）稳定校核。验算模板刚度时，其最大变形不应超过下列允许值：

a. 结构外露面模板为模板构件计算跨度的 1/400。

b. 结构隐蔽面模板为模板构件计算跨度的 1/250。

c. 支架的压缩变形值或弹性挠度值为相应的结构计算跨度的 1/1000。

承重模板结构的抗倾稳定性应按下列要求核算：

a. 倾覆力矩，应采用下列三项中的最大值：①风荷载，按 GB 5009—2015 确定；②实际可能发生的最大水平作用力；③作用于承重模板边缘 1500N/m 的水平力。

b. 稳定力矩：模板自重折减系数为 0.8；如同时安装钢筋，应包括钢筋的重量。活载按其对抗倾覆稳定最不利的分布计算。

c. 抗倾稳定系数应大于 1.4。

除悬臂模板外，竖向模板与内倾模板应设置撑杆或拉杆，以保证模板的稳定性。梁跨大于 4m 时，设计应规定承重模板的预留起拱高度值。多层结构物上层结构的模板支撑在下层结构上时，应验算下层结构的实际强度和承载能力。

（三）模板类型

1. 模板的分类

（1）按模板形状分为平面模板和曲面模板。平面模板又称为侧面模板，主要用于结构物垂直面。曲面模板用于廊道、隧洞、溢流面和某些形状特殊的部位，如进水口扭曲面、蜗壳、尾水管等。

（2）按模板材料分有木模板、竹模板、钢模板、混凝土预制模板、塑料模板、橡胶模板等。

（3）按模板受力条件分为承重模板和侧面模板。承重模板主要承受混凝土重量和施工中的垂直荷载；侧面模板主要承受新浇混凝土的侧压力。侧面模板按其支承受力方式，又分为简支模板、悬臂模板和半悬臂模板。

（4）按模板使用特点分为固定式、拆移式、移动式和滑动式。固定式用于形状特殊的部位，不能重复使用。其余 3 种模板都能重复使用，或连续使用在形状一致的部位，但其使用方式有所不同：拆移式模板需要拆散移动；移动式模板的车架装有行走轮，可沿专用轨道使模板整体移动（如隧洞施工中的钢模台车）；滑动式模板是以千斤顶或卷扬机为动力，可在混凝土连续浇筑的过程中，使模板面紧贴混凝土面滑动（如闸墩施工中的滑模）。

2. 定型组合钢模板

定型组合钢模板系列包括钢模板、连接件、支承件 3 个部分。其中，钢模板包括平面钢模板和拐角模板；连接件有 U 形卡、L 形插销、钩头螺栓、紧固螺栓、蝶形扣件等；支承件有圆钢管、薄壁矩形钢管、内卷边槽钢、单管伸缩支撑等。

（1）钢模板的规格和型号。钢模板包括平面模板、阳角模板、阴角模板和连接角模，如图 3-1 所示。单块钢模板由面板、边框和加劲肋焊接而成。面板厚 2.3mm 或 2.5mm，

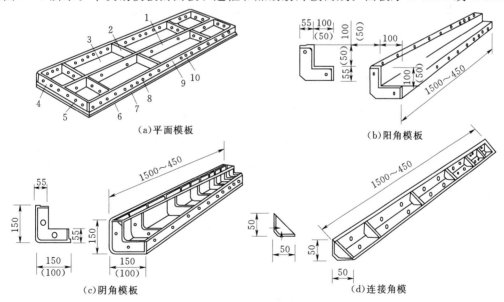

图 3-1　钢模板类型（单位：mm）

1—中纵肋；2—中横肋；3—面板；4—横肋；5—插销孔；6—纵肋；
7—凸棱；8—凸鼓；9—U 形卡孔；10—钉子孔

边框和加劲肋上面按一定距离（如 150mm）钻孔，可利用 U 形卡和 L 形插销等拼装成大块模板。

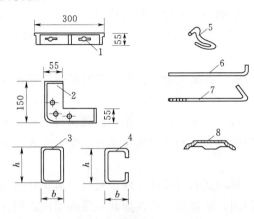

图 3-2　定型组合钢模板系列（单位：mm）
1—平面钢模板；2—拐角钢模板；3—薄壁矩形钢管；
4—内卷边槽钢；5—U 形卡；6—L 形插销；
7—钩头螺栓；8—蝶形扣件

钢模板的宽度以 50mm 进级，长度以 150mm 进级，其规格和型号已做到标准化、系列化，如图 3-2 所示。如型号为 P3015 的钢模板，P 表示平面模板，3015 表示尺寸为 300mm×1500mm（长×宽）。又如，型号为 Y1015 的钢模板，Y 表示阳角模板，1015 表示尺寸为 100mm×1500mm（宽×长）。如拼装时出现不足模数的空隙时，用镶嵌木条补缺，用钉子或螺栓将木条与板块边框上的孔洞连接。平面钢模板规格见表 3-2。

（2）连接件。

1）U 形卡。它用于钢模板之间的连接与锁定，使钢模板拼装密合。U 形卡安装间距一般不大于 300mm，即每隔一孔卡插一个，安装方向一顺一倒相互交错。

2）L 形插销。它插入模板两端边框的插销孔内，用于增强钢模板纵向拼接的刚度和保证接头处板面平整。

表 3-2　　　　　　　　　　　平 面 钢 模 板 规 格 表

宽度/mm	代号	尺寸/(mm×mm×mm)	每块面积/m²	每块重量/kg	宽度/mm	代号	尺寸/(mm×mm×mm)	每块面积/m²	每块重量/kg
300	P3015	300×1500×55	0.45	14.90	200	P2007	200×750×55	0.15	5.25
	P3012	300×1200×55	0.36	12.06		P2006	200×600×55	0.12	4.17
	P3009	300×900×55	0.27	9.21		P2004	200×450×55	0.09	3.34
	P3007	300×750×55	0.225	7.93	150	P1515	150×1500×55	0.225	9.01
	P3006	300×600×55	0.18	6.36		P1512	150×1200×55	0.18	6.47
	P3004	300×450×55	0.135	5.08		P1509	150×900×55	0.135	4.93
250	P2515	250×1500×55	0.375	13.19		P1507	150×750×55	0.113	4.23
	P2512	250×1200×55	0.30	10.66		P1506	150×600×55	0.09	3.40
	P2509	250×900×55	0.225	8.13		P1504	150×450×55	0.068	2.69
	P2507	250×750×55	0.188	6.98	100	P1015	100×1500×55	0.15	6.36
	P2506	250×600×55	0.15	5.60		P1012	100×1200×55	0.12	5.13
	P2504	250×450×55	0.133	4.45		P1009	100×900×55	0.09	3.90
200	P2015	200×1500×55	0.03	9.76		P1007	100×750×55	0.075	3.33
	P2012	200×1200×55	0.24	7.91		P1006	100×600×55	0.06	2.67
	P2009	200×900×55	0.18	6.00		P1004	100×450×55	0.045	2.11

3）钩头螺栓。用于钢模板与内、外钢楞之间的连接固定，使之成为整体，安装间距一般不大于 600mm，长度应与采用的钢楞尺寸相适应。

4）对拉螺栓。用来保持模板与模板之间的设计厚度，并承受混凝土侧压力及水平荷载，使模板不致变形。

5）紧固螺栓。用于紧固钢模板内外钢楞，增强组合模板的整体刚度，长度与采用的钢楞尺寸相适应。

6）扣件。用于将钢模板与钢楞紧固，与其他的配件一起将钢模板拼装成整体。按钢楞的不同形状尺寸，分别采用蝶形扣件和"3"形扣件，其规格分为大小两种。

（3）支承件。配件的支承件包括钢楞、柱箍、梁卡具、圈梁卡、钢管架、斜撑、组合支柱、钢管脚手支架、平面可调桁架和曲面可变桁架等。

二、模板施工

（一）模板安装

安装模板之前，应事先熟悉设计图纸，掌握建筑物结构的形状尺寸，并根据现场条件，初步考虑好立模及支撑的程序以及与钢筋绑扎、混凝土浇捣等工序的配合，尽量避免工种之间的相互干扰。

模板的安装包括放样、立模、支撑加固、吊正找平、尺寸校核、堵设缝隙及清仓去污等工序。在安装过程中，应注意下述事项：

（1）模板竖立后，须切实校正位置和尺寸，垂直方向用垂球校对，水平长度用钢尺丈量两次以上，务使模板的尺寸符合设计标准。

（2）模板各结合点与支撑必须坚固紧密、牢固可靠，尤其应注意采用振捣器捣固的结构部位，以免在浇捣过程中发生裂缝、鼓肚等不良情况。但为了增加模板的周转次数，减少模板拆模损耗，模板结构的安装应力求简便，尽量少用圆钉，多用螺栓、木楔、拉条等进行加固连接。

（3）凡属承重的梁板结构，跨度大于 4m 以上时，由于地基的沉陷和支撑结构的压缩变形，跨中应预留起拱高度，每米增高 3mm，两边逐渐减少，至两端同原设计高程等高。

（4）为避免拆模时建筑物受到冲击或震动，安装模板时，撑柱下端应设置硬木楔形垫块，所用支撑不得直接支承于地面，应安装在坚实的桩基或垫板上，使撑木有足够的支承面积，以免沉陷变形。

（5）模板安装完毕，最好立即浇筑混凝土，以防日晒雨淋导致模板变形。为保证混凝土表面光滑和便于拆卸，宜在模板表面涂抹肥皂水或润滑油。夏季或在气候干燥情况下，为防止模板干缩开裂漏浆，在浇筑混凝土之前，需洒水养护。如发现模板因干燥产生裂缝，应事先用木条或油灰填塞衬补。

（6）安装边墙、柱、闸墩等模板时，在浇筑混凝土以前，应将模板内的木屑、刨片、泥块等杂物清除干净，并仔细检查各连接点及接头处的螺栓、拉条、楔木等有无松动滑脱现象。在浇筑混凝土过程中，木工、钢筋、混凝土、架子等工种均应有专人"看仓"，以便发现问题随时加固修理。

（7）模板安装的偏差，应符合设计要求的规定，特别是有高速水流通过、有金属结构及机电安装等部位，更不应超出规范的允许值。大体积混凝土模板安装允许偏差参见表 3-3。

表 3-3　　　　　　　　　大体积混凝土模板安装的允许偏差　　　　　　　单位：mm

项次	偏差项目		混凝土结构部位	
			外露表面	隐藏内面
1	面板平整度	相邻两板面高差	钢模，2；木模，3	5
		局部不平（用 2m 直尺检查）	钢模，3；木模，5	10
2	结构物边线与设计边线		内模板，-10～0；外模板，0～+10	15
3	结构物水平截面内部尺寸		±20	
4	承重模板标高		0～+5	
5	预留板、洞	中心线位置	±10	
		截面内部尺寸	-10	

注　外露表面、隐蔽内面系指相应模板的混凝土结构表面最终所处位置。

（二）模板隔离剂

模板安装前或安装后，为防止模板与混凝土黏结在一起而难以拆除，应及时在模板的表面涂刷隔离剂。常用模板隔离剂见相关规范。

（三）模板拆除

1. 拆模期限

根据《水工混凝土施工规范》（SL 677—2014）规定：

（1）不承重的侧模板在混凝土强度能保证混凝土表面和棱角不因拆模而受损时方可拆模。一般此时混凝土的强度应达到 2.5MPa 以上。

（2）承重模板应在混凝土达到下列强度以后方能拆除（按设计强度的百分率计）：

1）悬臂板、梁：跨度 $L \leqslant 2m$，75%；跨度 $L > 2m$，100%。

2）其他梁、板、拱：跨度 $L \leqslant 2m$，50%；$2m < $ 跨度 $L \leqslant 8m$，75%；跨度 $L > 8m$，100%。

2. 拆模注意事项

模板拆卸工作应注意以下事项：

（1）模板拆除工作应遵守一定的方法与步骤。拆模时要按照模板各接合点构造情况，逐块松卸。首先去掉扒钉、螺栓等连接铁件，然后用撬杠将模板松动或用木楔插入模板与混凝土接触面的缝隙中，以锤击木楔，使模板与混凝土面逐渐分离。拆模时，禁止用重锤直接敲击模板，以免使建筑物受到强烈震动或将模板毁坏。

（2）拆卸拱形模板时，应先将支柱下的木楔缓慢放松，使拱架徐徐下降，避免新拱因模板突然大幅度下沉而担负全部自重，并应从跨中点向两端同时对称拆卸。拆卸跨度较大的拱模时，则需从拱顶中部分段分期向两端对称拆卸。

（3）高空拆卸模板时，不得将模板自高处摔下，而应用绳索吊卸，以防砸坏模板或发生事故。

（4）当模板拆卸完毕后，应将附着在板面上的混凝土砂浆洗凿干净，损坏部分需加修整，板上的圆钉应及时拔除（部分可以回收使用），以免刺脚伤人。卸下的螺栓应与螺帽、垫圈等拧在一起，并加黄油防锈。扒钉、铁丝等物均应收捡归仓，不得丢失。所有模板应按规格分放，妥加保管，以备下次立模周转使用。

（5）对于大体积混凝土，为了防止拆模后混凝土表面温度骤然下降而产生表面裂缝，应考虑外界温度的变化而确定拆模时间，并应避免早、晚或夜间拆模。

第二节　钢　筋　施　工

一、钢筋材料的验收、检验及储存与配料

（一）钢筋的验收与储存

1. 钢筋的验收

钢筋进场应具有出厂证明书或试验报告单，每捆（盘）钢筋应有标牌，同时应按有关标准和规定进行外观检查并分批做力学性能试验。钢筋在使用时，如发现脆断、焊接性能不良或力学性能显著不正常等，则应进行钢筋化学成分检验。

（1）外观检查。外观检查应满足表 3-4 的要求。

表 3-4　　　　　　　　　　钢 筋 外 观 检 查 要 求

钢筋种类	外 观 要 求
热轧钢筋	表面不得有裂纹、结疤和折叠，如有凸块则不得超过横肋的高度，其他缺陷的高度和深度不得大于所在部位尺寸的允许偏差；钢筋外形尺寸等应符合国家标准
热处理钢筋	表面不得有裂纹、结疤和折叠，如局部有凸块则不得超过横肋的高度；钢筋外形尺寸应符合国家标准
冷拉钢筋	表面不得有裂纹和局部缩颈
冷拔低碳钢丝	表面不得有裂纹和机械损伤
碳素钢丝	表面不得有裂纹、小刺、机械损伤、锈皮和油漆
刻痕钢丝	表面不得有裂纹、分层、锈皮、结疤
钢绞线	不得有折断、横裂和相互交叉的钢丝，表面不得有润滑剂、油渍

（2）验收要求。钢筋使用前应做拉力、冷弯试验，需要焊接的钢筋还要做焊接工艺试验。钢筋、钢丝、钢绞线应成批验收，做力学性能试验时应按相应标准所规定的规则抽取试样，详见表 3-5。

表 3－5　　　　　　　　　　　钢筋、钢丝、钢绞线验收要求和方法

钢筋种类		验收批钢筋组成	每批数量	取样方法
热轧钢筋		同一牌号、规格和同一炉罐号 同钢号的混合批，不超过 6 个炉罐号	≤60t	在每批钢筋中任取 2 根钢筋，每根钢筋取 1 个拉力试样和 1 个冷弯试样
热处理钢筋		同一处截面尺寸，同一热处理制度和炉罐号 同钢号的混合批，不超过 10 个炉罐号	≤60t	取 10%盘数（不少于 25 盘），每盘取 1 个拉力试样
冷拉钢筋		同级别、同直径	≤20t	任取 2 根钢筋，每根钢筋取 1 个拉力试样和 1 个冷弯试样
冷拔低碳钢丝	甲级		逐盘检查	每盘取 1 个拉力试样和 1 个弯曲试样
	乙级	用相同材料的钢筋冷拔成同直径的钢丝	5t	任取 3 盘，每盘取 1 个拉力试样和 1 个弯曲试样
碳素钢丝 刻痕钢丝		同一钢号、同一形状尺寸、同一交货状态		取 5%盘数（不少于 3 盘），优质钢丝取 10%盘数（不少于 3 盘），每盘取 1 个拉力试样和 1 个冷弯试样
钢绞线		同一钢号、同一形状尺寸、同一生产工艺	≤60t	任取 3 盘，每盘取 1 个拉力试样

注　拉力试验包括屈服点、抗拉强度和伸长率 3 个指标。

检验要求，如有一个试样的一项试验指标不合格，则另取双倍数量的试样进行复检，如仍有一个试样不合格，则该批钢筋不予验收。

2. 钢筋的储存

钢筋进场后必须严格按批分等级、牌号、直径、长度挂牌存放，不得混淆。钢筋应尽量堆入仓库或料棚内。条件不具备时，应选择地势较高、土质坚硬的场地存放。堆放时，钢筋下部应垫高，离地至少 20cm，以防钢筋锈蚀，堆场周围应挖排水沟以使周围不积水。

（二）钢筋的配料

钢筋的配料是指识读工程图纸、计算钢筋下料长度和编制配筋表。

1. 钢筋下料长度

（1）钢筋长度。施工图（钢筋图）中所指的钢筋长度是钢筋外缘至外缘之间的长度，即外包尺寸。

（2）混凝土保护层厚度。混凝土保护层厚度是指受力钢筋外缘至混凝土表面的距离，其作用是保护钢筋在混凝土中不被锈蚀。

（3）钢筋接头增加值。由于钢筋直条的供货长度一般为 6～10m，而有的钢筋混凝土结构的尺寸很大，需要对钢筋进行接长。钢筋接头增加值见表 3－6～表 3－8，表中 d 为钢筋直径。

（4）钢筋弯曲调整长度。钢筋有弯曲时，在弯曲处的内侧发生收缩，而外皮却出现延伸，而中心线则保持原有尺寸。一般量取钢筋尺寸时，对于架立筋和受力筋量外皮，箍筋量内皮，下料则量中心线。这样，对于弯曲钢筋，计算长度和下料长度均存在差异。

表 3-6　　　　　　　　　　　　钢筋绑扎接头的最小搭接长度

项次	钢筋类型		混凝土设计龄期抗压强度标准值/MPa									
			15		20		25		30、35		≥40	
			受拉	受压	受拉	受压	受拉	受压	受拉	受压	受拉	受压
1	Ⅰ级钢筋		50d	35d	40d	25d	30d	20d	25d	20d	25d	20d
2	月牙纹	Ⅱ级钢筋	60d	45d	50d	35d	40d	30d	40d	25d	30d	20d
		Ⅲ级钢筋	—	—	55d	40d	50d	35d	40d	30d	35d	25d
3	冷轧带肋钢筋		—	—	50d	35d	40d	30d	35d	25d	30d	20d

注　1. 月牙纹钢筋直径 $d>25mm$ 时，最小搭接长度按表中数值增加 $5d$。

　　2. 表中Ⅰ级光圆钢筋的最小锚固长度值不包括端部弯钩长度，当受压钢筋为Ⅰ级钢筋，末端又无弯钩时，其搭接长度不小于 $30d$。

　　3. 如在施工中分不清受压区或受拉区时，搭接长度按受拉区处理。

表 3-7　　　　　　　　　　　　钢筋对焊长度损失值　　　　　　　　　　　单位：mm

钢筋直径	<16	16~25	>25
损失值	20	25	30

表 3-8　　　　　　　　　　　　钢筋搭接焊最小搭接长度

焊接类型	Ⅰ级钢筋	Ⅱ、Ⅲ级及 5 号钢筋
双面焊	4d	5d
单面焊	8d	10d

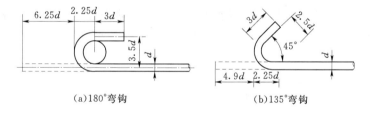

　　　　　　　　（a）180°弯钩　　　　　　　　　　　　（b）135°弯钩

图 3-3　钢筋弯钩

1）弯钩增加长度。根据规定，Ⅰ级钢筋两端做 180°弯钩，其弯曲直径 $D=2.5d$，平直部分为 $3d$（手工弯钩为 $1.75d$），如图 3-3 所示。量度方法以外包尺寸度量，其每个弯钩的增加长度为

弯钩全长：
$$3d+\frac{3.5d}{2}=8.5d$$

弯钩增加长度（包括量度差值）：
$$8.5d-2.25d=6.25d$$

同理可得，135°斜弯钩每个弯钩的增加长度为 $5d$。

2）弯折减少长度。钢筋弯曲调整长度见表 3-9。

表 3-9					钢 筋 弯 曲 调 整 长 度				
弯曲类型	弯 钩			弯 折				
	180°	135°	90°	30°	45°	60°	90°	135°
调整长度	6.25d	5d	3.2d	−0.35d	−0.5d	−0.85d	−2d	−2.5d

为了箍筋计算方便，一般将箍筋的弯钩增加长度、弯折减少长度两项合并成一个箍筋调整值，见表 3-10。计算时将箍筋外包尺寸或内皮尺寸加上箍筋调整值即为箍筋下料长度。

表 3-10	箍 筋 调 整 值		单位：mm	
箍筋量度方法	箍 筋 直 径			
	4～5	6	8	10～12
量外包尺寸	40	50	60	70
量内皮尺寸	80	100	120	150～170

2. 钢筋下料长度计算

直筋下料长度＝构件长度＋搭接长度－保护层厚度＋弯钩增加长度

弯起筋下料长度＝直段长度＋斜段长度＋搭接长度－弯折减少长度＋弯钩增加长度

箍筋下料长度＝直段长度＋弯钩增加长度－弯折减少长度

＝箍筋周长＋箍筋调整值

3. 钢筋配料

钢筋配料是钢筋加工中的一项重要工作，合理的配料能使钢筋得到最大限度的利用，并使钢筋的安装和绑扎工作简化。钢筋配料是依据钢筋表合理安排同规格、同品种的下料，使钢筋的出厂规格长度能够充分利用，或使库存各种规格和长度的钢筋得到充分利用。

4. 归整相同规格和材质的钢筋

下料长度计算完毕后，把相同规格和材质的钢筋进行归整和组合，同时根据现有钢筋的长度和能够及时采购到的钢筋的长度进行合理组合加工。

5. 合理利用钢筋的接头位置

对有接头的配料，在满足构件中接头的对焊或搭接长度、接头错开的前提下，必须根据钢筋原材料的长度来考虑接头的布置。要充分考虑原材料被截下来的一段长度的合理使用，如果能够使一根钢筋正好分成几段钢筋的下料长度，则是最佳方案，但往往难以做到这样，所以在配料时，要尽量使被截下的一段能够长一些，这样才不致使余料成为废料，使钢筋能得到充分利用。

6. 钢筋配料应注意的事项

（1）配料计算时，要考虑钢筋的形状和尺寸在满足设计要求的前提下有利于加工安装。

（2）配料时，要考虑保证施工需要的附加钢筋，如板的双层钢筋中有保证上层钢筋位置的撑脚，墩墙的双层钢筋中有用于固定钢筋、保证间距的撑铁，柱的钢筋骨架要增加四面斜撑等。

根据钢筋下料长度计算结果进行配料选择后，汇总编制钢筋配料单。在钢筋配料单中必须反映出工程部位、构件名称、钢筋编号、钢筋简图及尺寸、钢筋直径、钢号、数量、下料长度、钢筋重量等。

列入加工计划的配料单，将每一编号的钢筋制作一块料牌作为钢筋加工的依据，并在安装中作为区别各工程部位、构件和各种编号钢筋的标志，如图3-4所示。

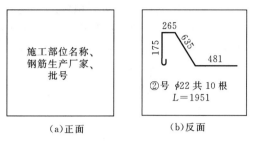

（a）正面　　　　（b）反面

图3-4　钢筋料牌

钢筋配料单和料牌应严格校核，必须准确无误，以免返工浪费。

（三）钢筋代换

钢筋加工时，由于工地现有钢筋的种类、钢号和直径与设计不符，应在不影响使用的条件下进行代换，但代换必须征得工程监理的同意。

1. 钢筋代换的基本原则

（1）等强度代换。不同种类的钢筋代换，按抗拉设计值相等的原则进行代换。

（2）等截面代换。相同种类和级别的钢筋代换，按截面相等的原则进行代换。

2. 钢筋代换方法

（1）等强度代换。如施工图中所用的钢筋设计强度为f_{y1}，钢筋总面积为A_{s1}，代换后的钢筋设计强度为f_{y2}，钢筋总面积为A_{s2}，则应使

$$A_{s1} f_{y1} \leqslant A_{s2} f_{y2} \tag{3-1}$$

即

$$\frac{n_1 \pi d_1^2 f_{y1}}{4} \leqslant \frac{n_2 \pi d_2^2 f_{y2}}{4}$$

$$n_2 \geqslant \frac{n_1 d_1^2 f_{y1}}{d_2^2 f_{y2}} \tag{3-2}$$

式中　n_1——施工图钢筋根数；

n_2——代换钢筋根数；

d_1——施工图钢筋直径；

d_2——代换钢筋直径。

（2）等截面代换。如代换后的钢筋与设计钢筋级别相同，则应使

$$A_{s1} \leqslant A_{s2} \tag{3-3}$$

则

$$n_2 \geqslant \frac{n_1 d_1^2}{d_2^2} \tag{3-4}$$

式中符号含义同上。

3. 钢筋代换注意事项

在水利水电工程施工中进行钢筋代换时，应注意以下事项：

（1）以一种钢号钢筋代替施工图中规定钢号的钢筋时，应按设计所用钢筋计算强度和实际使用的钢筋计算强度，经计算后对截面面积予以相应改变。

（2）某种直径的钢筋以钢号相同的另一种钢筋代替时，其直径变更范围不宜超过4mm，变更后的钢筋总截面面积较设计规定的总截面面积不得小于2%或超过3%。

（3）如用冷处理钢筋代替设计中的热轧钢筋时，宜采用改变钢筋直径的方法而不宜采用改变钢筋根数的方法来减少钢筋截面面积。

（4）以较粗钢筋代替较细钢筋时，部分构件（如预制构件、受弯构件等）应校核钢筋握裹力。

（5）要遵守钢筋代换的基本原则：①当构件受强度控制时，钢筋可按等强度代换；②当构件按最小配筋率配筋时，钢筋可按等截面代换；③当构件受裂缝宽度或挠度控制时，代换后应进行裂缝宽度或挠度验算。

（6）对一些重要构件，凡不宜用Ⅰ级光面钢筋代替其他钢筋的，不得轻易代用，以免受拉部位的裂缝开展过大。

（7）在钢筋代换中不允许改变构件的有效高度，否则就会降低构件的承载能力。

（8）对于在施工图中明确不能以其他钢筋进行代换的构件和结构的某些部位，均不得擅自进行代换。

（9）钢筋代换后，应满足钢筋构造要求，如钢筋的根数、间距、直径、锚固长度等。

二、钢筋场内加工

（一）钢筋的除锈

钢筋由于保管不善或存放时间过久，就会受潮生锈。在生锈初期，钢筋表面呈黄褐色，称水锈或色锈，这种水锈除在焊点附近必须清除外，一般可不处理；但是当钢筋锈蚀进一步发展，钢筋表面已形成一层锈皮，受锤击或碰撞可见其剥落，这种铁锈不能很好地和混凝土黏结，影响钢筋和混凝土的握裹力，并且在混凝土中继续发展，需要清除。除锈后的钢筋应尽快使用。

钢筋除锈方式有3种：一是手工除锈，如钢丝刷、砂堆、麻袋砂包、砂盘等擦锈；二是除锈机械除锈；三是在钢筋的其他加工工序的同时除锈，如在冷拉、调直过程中除锈。这里仅介绍机械除锈。

除锈机由小功率电动机作为动力，带动圆盘钢丝刷的转动来清除钢筋上的铁锈，钢丝刷可单向或双向旋转。除锈机有固定式和移动式两种。

图3-5所示为固定式除锈机，又分为封闭式和敞开式两种类型，它主要由小功率电动机和圆盘钢丝刷组成。圆盘钢丝刷由厂家供应成品，也可自行用钢丝绳废头拆开取丝编制，直径为25～35cm，厚度为5～15cm，转速一般为1000r/min。封闭式除锈机另加装一个封闭式的排尘罩和排尘管道。

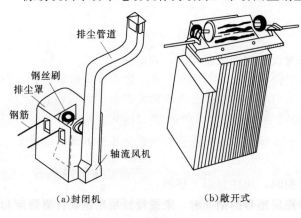

图3-5　固定式除锈机

操作除锈机时应注意以下事项：

（1）操作人员启动除锈机，将钢筋放平握紧，侧身送料，禁止在除锈机的正前方站人。钢筋与钢丝刷的松紧度要适当，过紧会使钢丝刷损坏，过松则影响除锈效果。

（2）钢丝刷转动时不可在附近清扫锈屑。

（3）严禁将已弯曲成型的钢筋在除锈机上除锈，弯度大的钢筋宜在基本调直后再进行除锈。在整根长的钢筋除锈时，一般要由两人进行操作，紧密配合，互相呼应。

（4）对于有起层锈片的钢筋，应先用小锤敲击，使锈片剥落干净再除锈。如钢筋表面的麻坑、斑点以及锈皮已减小钢筋的截面，则在使用前应鉴定是否降级使用或另行处理。

（5）使用前应特别注意检查电气设备的绝缘及接地是否良好，确保操作安全。

（6）应经常检查钢丝刷的固定螺丝有无松动，转动部分的润滑情况是否良好。

（7）检查封闭式防尘罩装置及排尘设备是否处于良好和有效状态，并按规定清扫防尘罩中的锈尘。

（二）钢筋调直

钢筋在使用前必须经过调直，否则会影响钢筋受力，甚至会使混凝土提前产生裂缝；未调直直接下料会影响钢筋的下料长度，并影响后续工序的质量。钢筋调直应符合下列要求：

（1）钢筋的表面应洁净，使用前应无表面油渍、漆皮、锈皮等。

（2）钢筋应平直，无局部弯曲，钢筋中心线同直线的偏差不超过全长的1‰。成盘的钢筋或弯曲的钢筋均应调直后才允许使用。调直钢筋不应出现冷弯，否则应剔除不用，钢筋调直后如有劈裂现象，应作为不合格品，并应重新鉴定该批钢筋质量。

（3）钢筋调直后其表面伤痕不得使钢筋截面积减少5％以上。

1）钢筋人工调直。如钢丝用蛇形管或夹轮牵引调直，直径在10mm以下的盘圆钢筋可用绞磨拉直，粗钢筋弯曲部位置于工作台的扳柱间，就势利用手工扳子将钢筋弯曲基本矫直（图3-6）；也可手持直段钢筋处作为力臂，直接将钢筋弯曲处放在扳柱间扳直，然后将基本矫直的钢筋放在铁砧上，用大锤敲直（图3-7）。

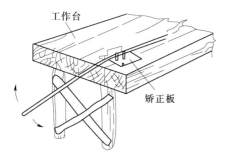

图3-6　人工矫直粗钢筋　　　　　　图3-7　人工敲直钢筋

2）钢筋的机械调直。有钢筋调直机、弯筋机、卷扬机等机械。

钢筋调直机用于圆钢筋的调直和切断，并可清除其表面的氧化皮和污迹。目前常用的钢筋调直机有GT16/4、GT3/8、GT6/12、GT10/16。

还有一种数控钢筋调直切断机，利用光电管进行调直、输送、切断、除锈等功能的自动控制。钢筋调直切断机主要由放盘架、调直筒、传动箱、牵引机构、切断机构、承料架、机架及电控箱等组成,其基本工作原理如图3-8所示。操作钢筋调直切断机应注意以下几点:

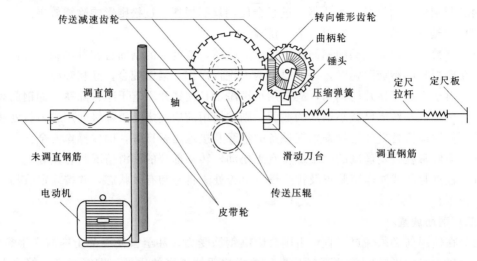

图3-8　钢筋调直切断机工作原理图

a. 按所需调直钢筋的直径选用适当的调直模、送料、牵引轮槽及操作速度,调直模的孔径应比钢筋直径大2~5mm,调直模的大口应面向钢筋进入的方向。

b. 必须注意调整调直模。调直筒内一般设有5个调直模,第1和第5两个调直模须放在中心线上,中间3个可偏离中心线。先使钢筋偏移3mm左右的偏移量,经过试调直,如钢筋仍有宏观弯曲,可逐渐加大偏移量;如钢筋存在微观弯曲,应逐渐减少偏移量,直到调直为止。

c. 切断3~4根钢筋后,停机检查其长度是否合适,如有偏差,可调整限位开关或定尺板。

d. 导向套前部应安装一根长度为1m左右的钢管。需调直的钢筋应先穿过该钢管,然后穿入导向套和调直筒,以防止每盘钢筋接近调直完毕时其端头弹出伤人。

e. 在调直过程中,不应任意调整传送压辊的水平装置,如调整不当、阻力增大时,会造成机内断筋,损坏设备。

f. 盘条要平稳放在放盘架上。放盘架与调直机之间应架设环形导向装置,避免断筋、乱筋时出现意外。

g. 已调直的钢筋应按级别、直径、长短、根数分别堆放。

(三) 钢筋切断

钢筋切断前应做好以下准备工作:

(1) 汇总当班所要切断的钢筋料牌,将同规格(同级别、同直径)的钢筋分别统计,按不同长度进行长短搭配,一般情况下先断长料,后断短料,以尽量减少短头,减少损耗。

(2) 检查测量长度所用工具或标志的准确性,在工作台上有量尺刻度线的,应事先检查定尺卡板的牢固性和可靠性(图3-9);在断料时应避免用短尺量长料,防止在量料中产生累计误差。

图 3-9 切断机工作台和定尺卡板

（3）对根数较多的批量切断任务，在正式操作前应试切 2～3 根，以检验长度的准确性。

钢筋切断有人工剪断、机械切断、氧气切割等 3 种方法。直径大于 40mm 的钢筋一般用氧气切割。

1. 手工切断

（1）断线钳。断线钳是定型产品，按其外形长度可分为 450mm、600mm、750mm、900mm、1050mm 等 5 种，最常用的是 600mm。断线钳用于切断 5mm 以下的钢丝。

（2）手动液压钢筋切断机。手动液压钢筋切断机构造如图 3-10 所示，由滑轨、刀片、压杆、柱塞、活塞、储油筒、回位弹簧及缸体等组成，能切断直径为 16mm 以下的钢筋、直径 25mm 以下的钢绞线。这种机具具有体积小、重量轻、操作简单、便于携带的特点。

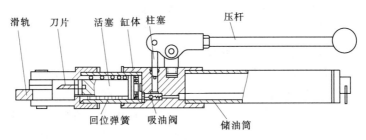

图 3-10 GJ5Y-16 型手动液压切断机

（3）手压切断器。手压切断器用于切断直径在 16mm 以下的 Ⅰ 级钢筋。

（4）克子切断器。克子切断器用于钢筋加工量少或缺乏切断设备的场合。使用时将下克插在铁砧的孔里，把钢筋放在下克槽里，上克边紧贴下克边，用大锤敲击上克使钢筋切断，如图 3-11 所示。

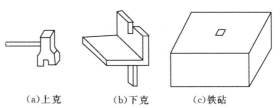

(a)上克　　　(b)下克　　　(c)铁砧

图 3-11 克子切断器

2. 机械切断

钢筋切断机是用来把钢筋原材料或已调直的钢筋切断，其主要类型有机械式、电动液压式和手动液压式钢筋切断机。机械式钢筋切断机有偏心轴立式（图 3-12）、凸轮式和曲柄连杆式（图 3-13）等型式。

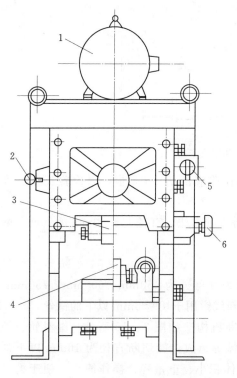

图 3-12　偏心轴立式钢筋切断机
1—电动机；2—离合器操纵杆；3—动刀片；
4—定刀片；5—电气开关；6—压料机构

偏心轴立式钢筋切断机由电动机、齿轮传动系统、偏心轴、压料系统、切断刀及机体部件等组成，一般用于钢筋加工生产线上。其切断原理是，由一台功率为 3kW 的电动机通过一对皮带轮驱动飞轮轴，再经三级齿轮减速后，通过转键离合器驱动偏心轴，实现动刀片往复运动与定刀片配合切断钢筋。

曲柄连杆式钢筋切断机又分为开式、半开式及封闭式 3 种，它主要由电动机、曲柄连杆机构、偏心轴、传动齿轮、减速齿轮及切断刀等组成，工作原理是由电动机驱动三角皮带轮，通过减速齿轮系统带动偏心轴旋转。偏心轴上的连杆带动滑块和活动刀片在机座的滑道中做往复运动，配合机座上的固定刀片切断钢筋。

操作钢筋切断机应注意被切钢筋应先调直后才能切断；在切断短料时，不用手扶的一端应用 1m 以上长度的钢管套压；切断钢筋时，操作者的手只准握在靠边一端的钢筋上，禁止使用两手分别握在钢筋的两端剪切。

向切断机送料时，要注意：①钢筋要摆直，不要将钢筋弯成弧形；②操作者要将钢筋握紧；③应在冲切刀片向后退时送进钢筋，如来不及送料，宁可等下一次退刀时再送料，否则可能发生人身安全或设备事故；④切断 30cm 以下的短钢筋时，不能用手直接送料，可用钳子将钢筋夹住送料；⑤机器运转时，不得进行任何修理、校正或取下防护罩，不得触及运转部位，严禁将手放在刀片切断位置，铁屑、铁末不得用手抹或嘴吹，一切清洁扫除应停机后进行；⑥禁止切断规定范围外的材料、烧红的钢筋及超过刀刃硬度的材料；⑦操作过程中如发现机械运转不正常，或有异常响声，或者刀片离合不好等情况，要立即停机，并进行检查、修理。

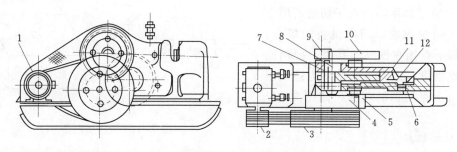

图 3-13　曲柄连杆式钢筋切断机
1—电动机；2、3—三角带轮；4、5、9、10—减速齿轮；6—固定刀片；
7—连杆；8—偏心轴；11—滑块；12—活动刀片

电动液压式钢筋切断机需注意：①检查油位及电动机旋转方向是否正确；②先松开放油阀，空载运转 2min，排掉缸体内空气，然后拧紧。手握钢筋稍微用力将活塞刀片拨动一下，给活塞以压力，即可进行剪切工作。

手动液压式钢筋切断机需注意：①使用前应将放油阀按顺时针方向旋紧，切断完毕后，立即按逆时针方向旋开；②在准备工作完毕后，拔出柱销，拉开滑轨，将钢筋放在滑轨圆槽中，合上滑轨，即可剪切。

（四）钢筋弯曲成型

将已切断、配好的钢筋弯曲成所规定的形状尺寸，是钢筋加工的一道主要工序。钢筋弯曲成型要求加工的钢筋形状正确，平面上没有翘曲不平的现象，便于绑扎安装。

钢筋弯曲成型有手工和机械弯曲成型两种方法。

1. 手工弯曲成型

（1）工作台。弯曲钢筋的工作台，台面尺寸约为 600cm×80cm（长×宽），高度为 80～90cm。工作台要求稳固牢靠，避免在工作时发生晃动。

（2）手摇扳。手摇扳是弯曲盘圆钢筋的主要工具，如图 3-14（a）所示。手摇扳甲用来弯制 12mm 以下的单根钢筋；手摇扳乙可弯制 8mm 以下的多根钢筋，一次可弯制 4～8 根，主要适宜弯制箍筋。

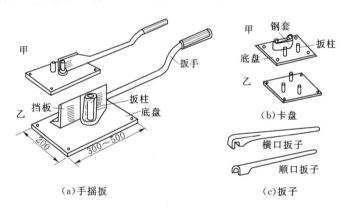

图 3-14 手工弯曲钢筋的工具

手摇扳为自制，它由一块钢板底盘和扳柱、扳手组成：扳手长度为 30～50cm，可根据弯制钢筋直径适当调节，扳手用直径 14～18mm 的钢筋制成；扳柱直径为 16～18mm；钢板底盘厚 4～6mm。操作时将底盘固定在工作台上，底盘面与台面相平。

如果使用钢制工作台，挡板、扳柱可直接固定在台面上。

（3）卡盘。卡盘是弯制粗钢筋的主要工具之一，它由一块钢板底盘和扳柱组成，如图 3-14（b）所示。底盘约厚 12mm，固定在工作台上；扳柱直径应根据所弯制钢筋来选择，一般为 20～25mm。

卡盘有两种型式：一种是在一块钢板上焊 4 个扳柱，水平方向净距为 100mm，垂直方向净距为 34mm，可弯制直径 32mm 以下的钢筋，但在弯制直径 28mm 以下的钢筋时，在后面两个扳柱上要加不同厚度的钢套；另一种是在一块钢板上焊 3 个扳柱，扳柱的两条斜边净距为 100mm，底边净距为 80mm，这种卡盘不需配备不同厚度的钢套。

（4）钢筋扳子。钢筋扳子有横口扳子和顺口扳子两种，它主要和卡盘配合使用，如图 3-14（c）所示。横口扳子又有平头和弯头两种，弯头横口扳子仅在绑扎钢筋时纠正某些钢筋形状或位置时使用，常用的是平头横口扳子。当弯制直径较粗的钢筋时，可在扳子柄上接上钢管，加长力臂省力。

钢筋扳子的扳口尺寸比弯制钢筋大 2mm 较为合适，过大会使弯制形状发生偏差。

2. 机械弯曲成型

钢筋弯曲机有机械钢筋弯曲机、液压钢筋弯曲机和钢筋弯箍机等几种型式。其中，机械式钢筋弯曲机按工作原理分为蜗轮蜗杆式及齿轮式钢筋弯曲机两种。

（1）蜗轮蜗杆式钢筋弯曲机由电动机、工作盘、插入座、蜗轮、蜗杆、皮带轮、齿轮及滚轴等组成，也可在底部装设行走轮，便于移动，其构造如图 3-15 所示。弯曲钢筋在工作盘上进行，工作盘的底面与蜗轮轴连在一起，盘面上有 9 个轴孔，中心的一个孔插中心轴，周围的 8 个孔插成型轴或轴套。工作盘外的插入孔上插有挡铁轴，它由电动机带动三角皮带轮旋转，皮带轮通过齿轮传动蜗轮蜗杆，再带动工作盘旋转。当工作盘旋转时，中心轴和成型轴都在转动，由于中心轴在圆心上，圆盘虽在转动，但中心轴位置并没有移动；而成型轴却围绕着中心轴做圆弧转动。如果钢筋一端被挡铁轴阻止自由活动，那么钢筋就被成型轴绕着中心轴进行弯曲。通过调整成型轴的位置，可将钢筋弯曲成所需的形状，改变中心轴的直径（16mm、20mm、25mm、35mm、45mm、60mm、75mm、85mm、100mm），即可产生不同直径钢筋所需的不同弯曲半径。

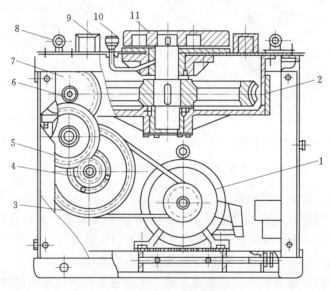

图 3-15　蜗轮蜗杆式钢筋弯曲机
1—电动机；2—蜗轮；3—带轮；4、5、7—齿轮；6—蜗杆；
8—滚轴；9—插入座；10—油杯；11—工作盘

（2）齿轮式钢筋弯曲机主要由电动机、齿轮减速箱、皮带轮、工作盘、滚轴、夹持器、转轴及控制配电箱等组成，其构造如图 3-16 所示。齿轮式钢筋弯曲机，由电动机通过三角皮带轮或直接驱动圆柱齿轮减速，带动工作盘旋转。工作盘左、右两个插入座可通过调节手轮进行无级调节，并与不同直径的成型轴及挡料轴配合，把钢筋弯曲成各种不同的规格和型式。当钢筋被弯曲到预先确定的角度时，限位销触到行程开关，电动机自动停机、反转、回位。

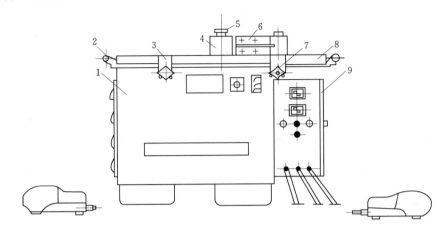

图 3-16　齿轮式钢筋弯曲机

1—机架；2—滚轴；3、7—调节手轮；4—转轴；5—紧固手柄；

6—夹持器；8—工作台；9—控制配电箱

操作钢筋弯曲机应注意以下几点：

（1）钢筋弯曲机要安装在坚实的地面上，放置要平稳，铁轮前后要用三角楔对称楔紧，设备周围要有足够的场地。非操作者不要进入工作区域，以免扳动钢筋时被碰伤。

（2）操作前要对机械各部件进行全面检查及试运转，并检查齿轮、轴套等备件是否齐全。

（3）要熟悉倒顺开关的使用方法以及所控制的工作盘的旋转方向，钢筋放置要和成型轴、工作盘旋转方向相配合，不要放反。变换工作盘旋转方向时，要按正转—停—倒转操作，不要直接按正—倒转或倒—正转操作。

（4）钢筋弯曲时，其圆弧直径是由中心轴直径决定的，因此要根据钢筋粗细和所要求的圆弧弯曲直径大小随时更换中心轴或轴套。

（5）严禁在机械运转过程中更换中心轴、成型轴、挡铁轴，或进行清扫、加油。如果需要更换，必须切断电源，当机器停止转动后才能更换。

（6）弯曲钢筋时，应使钢筋挡架上的挡板贴紧钢筋，以保证弯曲质量。

（7）弯曲较长的钢筋时，要有专人扶持钢筋。扶持人员应按操作人员的指挥进行工作，不能任意推拉。

（8）在运转过程中如发现卡盘、颤动、电动机温升超过规定值，均应停机检修。

（9）不直的钢筋，禁止在弯曲机上弯曲。

三、钢筋的安装

建基面终验清理完毕或施工缝处理完毕养护一定时间，混凝土强度达到 2.5MPa 后，即进行钢筋安装作业。

钢筋的安装方法有两种：一种是将钢筋骨架在加工厂制好，再运到现场安装，叫整装法；另一种是将加工好的散钢筋运到现场，再逐根安装，叫散装法。

根据 SL 677—2014 规定钢筋接头应遵守下列规定：

（1）设计有专门要求时，应接设计要求进行，纵向受力钢筋接头位置宜设置在构件受力较小处并错开。钢筋接头应优先采用焊接接头或机械连接接头；轴心受拉构件、小偏心受拉构件和承受振动的构件，纵向受力钢筋接头不应采用绑扎接头；双面配置受力钢筋的焊接骨架，不应采用绑扎接头；受拉钢筋直径大于 28mm 或受压钢筋直径大于 32mm 时，不宜采用绑扎接头。

（2）加工厂加工钢筋接头应采用闪光对焊。不能进行闪光对焊时，宜采用电弧焊（搭接焊、帮条焊、熔槽焊等）和机械连接（墩粗锥螺纹接头、墩粗直螺纹接头、剥肋滚压直螺纹接头等）。

（3）现场施工可采用绑扎搭接、手工电弧焊（搭接焊、帮条焊、熔槽焊、窄间隙焊）、气压焊和机械连接等。现场竖向或斜向（倾斜度在 1∶0.5 的范围内）钢筋的焊接，宜采用接触电渣焊。

（4）直径大于 28mm 的热轧钢筋接头，可采用熔槽焊、窄间隙焊或帮条焊连接。直径小子等于 28mm 的热轧钢筋接头，可采用于工电弧搭接焊和闪光对焊焊接（工厂加工）。

（5）直径为 20～40mm 的钢筋接头宜采用接触电渣焊（竖向）和气压焊连接，但直径大于 28mm 时，应经试验论证后使用。可焊性差的钢筋接头不宜采用接触电渣焊和气压焊。

（6）直径 16～40mm 的Ⅱ级、Ⅲ级钢筋接头，可采用机械连接。采用直螺纹连接时，相连两钢筋的螺纹旋入套筒的长度应相等。

（7）钢筋的交叉连接，宜采用接触点焊，不宜采用手工电弧焊。

（8）采用机械连接的钢筋接头的性能指标应达到Ⅰ级标准，经论证确认后，方可采用Ⅱ级、Ⅲ级接头。

1）Ⅰ级：接头的抗拉强度不小于被连接钢筋的实际拉断强度或不小于 1.1 倍抗拉强度标准值，残余变形小并具有高延性及反复拉压性能。

2）Ⅱ级：接头的抗拉强度不小于被连接钢筋的抗拉强度标准值，残余变形较小并具有高延性及反复拉压性能。

3）Ⅲ级：接头的抗拉强度不小于被连接钢筋屈服强度标准值的 1.25 倍，残余变形较小并具有一定的延性及反复拉压性能。

（9）当施工条件受限制，或经专门论证后，钢筋连接型式可根据现场条件确定。

（10）焊接钢筋前应将施焊范围内的浮锈、漆污、油渍等清除干净。

（11）负温下焊接钢筋应有防风、防雪措施。手工电弧焊应选用优质焊条，接头焊毕后避免立即接触冰、雪；在 −15℃ 以下施焊时，应采取专门保温防风措施；雨天进行露天焊接，应有可靠的防雨和安全措施；低于 −20℃ 时不宜焊接。

（12）焊接钢筋的工人应持证上岗。

钢筋接头有绑扎接头和焊接接头。

（1）绑扎接头：

1）受拉区域内光圆钢筋绑扎接头的末端应做弯钩。

2）梁、柱钢筋绑扎接头的搭接长度范围内应加密箍筋。绑扎接头为受拉钢筋时，箍筋间距不应大于 $5d$（d 为两搭接钢筋中较小的直径），且不大于 100mm；绑扎接头为受压钢筋时，其箍筋间距不应大于 $10d$，且不大于 200mm 箍筋直径不应小于较大搭接钢筋直径的 0.25 倍。

3）搭接长度不应小于规范规定的数值。纵向受拉钢筋搭接长度还应根据搭接接头连接区段接头面积百分率进行修正，修正长度满足 SL 191—2008 要求。

（2）焊接接头详见"四、钢筋的焊接"。

四、钢筋的焊接

焊接的目的是接长钢筋，成型网片。箍筋，以及连接构件（由铰接变固定端）。

焊接点位置不应处在最大弯矩处及弯折处（距弯折点不小于 $10d$）；在 $35d$ 和 500mm 范围内；受拉筋接头数不大于 50%。

钢筋焊接不宜用在框架梁端、柱端箍筋加密区内，也不宜用于直接承受动力荷载的结构构件中。影响钢筋焊接质量的因素：①与钢筋的化学成分有关，C、Mn、Si 含量增加则可焊性差，Ti 增加则可焊性好；②与原材料的力学性能有关，塑性越好，可焊性越好；③与焊接工艺及焊工的操作水平有关；④环境低于 −20℃ 不得焊接。钢筋常用的焊接方法有闪光对焊、电弧焊、电渣压力焊、埋弧压力焊、电阻点焊和气压焊等。

钢筋焊接接头质量检查与验收应满足下列规定：

（1）钢筋焊接接头或焊接制品（焊接骨架、焊接网）应按《钢筋焊接及验收规程》（JGJ 18—2012）的规定进行质量检查与验收。

（2）钢筋焊接接头或焊接制品应分批进行质量检查与验收。质量检查应包括外观检查和力学性能试验。

（3）外观检查首先应由焊工对所焊接头或制品进行自检，然后再由质量检查人员进行检验。

（4）力学性能试验应在外观检查合格后随机抽取试件进行试验。

（5）钢筋焊接接头或焊接制品质量检验报告单中应包括下列内容：①工程名称、取样部位；②批号、批量；③钢筋级别、规格；④力学性能试验结果；⑤施工单位。

1. 闪光对焊

闪光对焊的原理是，通电后两钢筋轻微接触，通过低电压的强电流产生高温，熔化后顶锻，形成镦粗结点，适用于 HPB235 级钢筋（直径 8～20mm），HRB335、HRB400 级钢筋（直径 6～40mm）以及 HRB500 级钢筋（直径 10～40mm）。

2. 电弧焊

电弧焊是利用弧焊机使焊条与焊件之间产生高温电弧，使焊条和电弧燃烧范围内的焊件熔化，待其凝固便形成焊缝或接头。

电弧焊广泛用于钢筋接头与钢筋骨架焊接、装配式结构接头焊接、钢筋与钢板焊接及各种钢结构焊接。弧焊机有直流与交流之分，常用的是交流弧焊机。

焊条的种类很多，根据钢材等级和焊接接头形式选择焊条，如结 420、结 500 等；焊接电流和焊条直径应根据钢筋级别、直径、接头形式和焊接位置进行选择。钢筋电弧焊的接头形式有 3 种，即搭接接头、帮条接头及坡口接头，如图 3-17 所示。搭接焊用于直径 10mm 以上的 235～400HRB 及直径 10～25mm 的 400RRB 级钢筋。

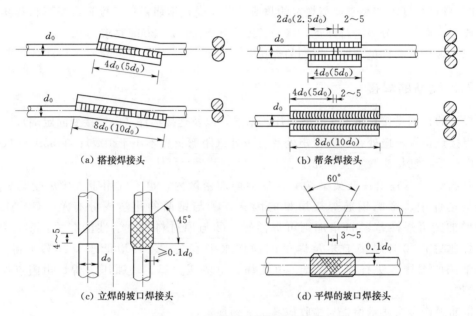

（a）搭接焊接头 （b）帮条接头 （c）立焊的坡口焊接头 （d）平焊的坡口焊接头

图 3-17 钢筋电弧焊的接头形式

3. 电渣压力焊

电渣压力焊的原理是，电弧熔化焊剂形成空穴，继而形成渣池，上部钢筋潜入渣池中，电弧熄灭，电渣形成的电阻热使钢筋全断面熔化，断电同时向下挤压，排除熔渣与熔化金属，形成结点。电渣压力焊适用于现场结构、构件中直径 14～32mm 的 235～400HRB 级竖向或斜向粗筋的接长，可节约钢筋，焊接速度快，成本低，质量高。

4. 埋弧压力焊

埋弧压力焊是利用焊剂层下的电弧，将两焊件相邻部位熔化，然后加压顶锻使两焊件焊合，具有焊后钢板变形小、抗拉强度高的特点。

5. 电阻点焊

适用于直径 8～16mm 的 HPB235、直径 6～16mm 的 HRB335、HRB400 级钢筋以及直径 4～5mm 的冷拔钢丝的交叉连接，以制作网片、骨架等。利用电阻热熔化钢筋接触点，加压形成结点，用到的机械为点焊机（分为单头、多头、悬挂式以及手提式）。现场用的电阻点焊的要求是焊点压入深度为较小筋直径的 25%～40%（45%）。

6. 钢筋气压焊

钢筋气压焊是利用乙炔、氧气混合气体燃烧的高温火焰加热钢筋结合端部，不待钢筋熔融使其高温下加压接合。气压焊的设备包括供气装置、加热器、加压器和压接器等，如图 3 - 18 所示。

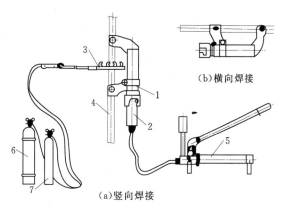

(b) 横向焊接

(a) 竖向焊接

图 3 - 18　气压焊装置系统
1—压接器；2—顶头油缸；3—加热器；4—钢筋；
5—加压器（手动）；6—氧气；7—乙炔

五、钢筋施工质量控制

按现行施工规范，水工钢筋混凝土工程中的钢筋安装质量应符合以下规定。

(1) 钢筋的安装位置、间距、保护层厚度及各部分钢筋的尺寸均应符合设计要求，其允许偏差见表 3 - 11。

表 3 - 11　　　　　　　　钢筋安装的允许偏差

项次	偏 差 名 称		允 许 偏 差
1	钢筋长度方向的偏差		1/2 净保护层厚
2	同一排受力钢筋间距的局部偏差	柱及梁	1/2d
		板、墙	1/10 倍间距
3	双排钢筋，其排与排间距的局部偏差		1/10 倍排距
4	梁与柱中钢箍间距的偏差		1/10 倍箍筋间距
5	保护层厚度的局部偏差		1/4 净保护层厚度

检查时先进行宏观检查，没发现有明显不合格处，即可进行抽样检查，对梁、板、柱等小型构件，总检测点数不少于 30 个，其余总检测点数一般不少于 50 个。

(2) 现场焊接或绑扎的钢筋网，其钢筋交叉的连接应按设计规定进行。如设计未作规定，且直径在 25mm 以下时，楼板和墙内靠近外围两行钢筋的交点应逐根扎牢，其余按每隔一个交叉点扎结一个进行绑扎。

(3) 钢筋安装中交叉点的绑扎，对于Ⅰ、Ⅱ级钢筋，直径在 16mm 以上且不损伤钢筋截面时，可用手工电弧焊进行点焊来代替，但必须采用细焊条、小电流进行焊接，并严加外观检查，钢筋不应有明显的咬边和裂纹出现。

(4) 板内双向受力钢筋网，应将钢筋全部交叉点全部扎牢。柱与梁的钢筋中，主筋与箍筋的交叉点在拐角处应全部扎牢，其中间部分可每隔一个交叉点扎一点。

(5) 安装后的钢筋应有足够的刚性和稳定性。整装的钢筋网可采用钢筋骨架，在运输和安装过程中应采取措施，以免变形、开焊或松脱。安装后的钢筋应避免错动和变形。

(6) 在混凝土浇筑施工中，应经常检查钢筋架立位置，如发现变动应及时纠正，严禁擅自移动或割除钢筋。

(7) 钢筋安装时应保证混凝土净保护层厚度满足 SL 191—2008 或设计文件规定的要

求。为了保证保护层的必要厚度，应在钢筋与模板之间设置强度不低于设计强度的混凝土垫块。垫块应埋设铁丝并与钢筋扎紧；垫块应互相错开，分散布置。在多排钢筋之间，应用短钢筋支撑以保证位置准确。

（8）柱中箍筋的弯钩，应设置在柱角处，且按垂直方向交错布置。除特殊情况下，所有箍筋应与主筋垂直。安装好的箍筋应将弯钩处点焊牢固。

（9）钢筋安装前应设架立筋，架立筋宜选用直径不小于 22mm 的钢筋。安装后的钢筋应有足够的刚性和稳定性。预制的绑扎和焊接钢筋网及钢筋骨架，在运输和安装过程中应采取措施防止变形、开焊及松脱。

（10）钢筋架设完毕应及时妥加保护，防止发生错动、变形和锈蚀，浇筑混凝土之前应详细检查，并填写检查记录；检查合格的钢筋如长期暴露，应在混凝土浇筑之前重新检查，合格后方可浇筑混凝土。

第三节　脚手架施工

一、概述

（一）脚手架的作用

脚手架是建筑施工中不可缺少的空中作业工具，无论是结构施工、室外装饰施工或是设备安装，都需要根据操作要求搭设脚手架，其主要作用如下：

（1）可以使施工作业人员在不同部位进行操作。

（2）能堆放及运输一定数量的建筑材料。

（3）保证施工作业人员在高空操作时的安全。

（二）脚手架的分类

脚手架是为建筑施工或安装施工而搭设的上料、堆料以及施工作业用的临时结构架。

按所用的材料，分为木脚手架、钢脚手架和软梯。

按是否可移动，分为移动脚手架和固定脚手架。

按施工的性质，分为建筑脚手架和安装脚手架。

按搭接形式和使用用途分为单排脚手架、双排脚手架、结构脚手架、装修脚手架、悬挑脚手架和模板支架。

（1）单排脚手架（单排架），只有一排立杆，横向水平杆的一端搁置在墙体上的脚手架。

（2）双排脚手架（双排架），由内外两排立杆和水平杆等构成的脚手架。

（3）结构脚手架，用于砌筑和结构工程施工作业的脚手架。

（4）装修脚手架，用于装修工程施工作业的脚手架。

（5）悬挑脚手架，用于设备安装或检修悬挑作业的脚手架。

（6）模板支架，用于支撑模板的、采用脚手架材料搭设的架子。

按遮挡面积大小分为敞开式脚手架、局部封闭脚手架、半封闭脚手架、全封闭脚手架、开口型脚手架和封圈型脚手架。

（1）敞开式脚手架，仅设有作业层栏杆和挡脚板，无其他遮挡设施。

（2）局部封闭脚手架，遮挡面积小于 30%。

（3）半封闭脚手架，遮挡面积占 30%～70%。

（4）全封闭脚手架，沿脚手架外侧全长和全高封闭。

（5）开口型脚手架，沿建筑周边非交圈设置。

（6）封圈型脚手架，沿建筑周边交圈设置。

其他脚手架类型如下：

（1）移动挂梯、挂篮：可以移动的固定梯子或挂篮，一般在顶部设挂钩或设滑道，挂在牢固的部位。

（2）软梯：横杆用短木棍或钢管，绳子绑在横杆上，使用时在顶部固定；催化大烟道、斜管、反应器、再生器等检修时常使用。

（三）脚手架的要求

1. 基本要求

（1）重要的脚手架必须制定施工方案，必要时制定安全保证措施。

（2）高度在 25m 以上的脚手架必须采用扣件式钢管脚手架，其单立杆脚手架高度宜控制在 50m 以内；高度超过 50m 的脚手架应采用双管立杆、钢丝绳斜拉、分段卸荷等有效措施，并另行专门设计。

（3）脚手架的设计须满足工程的需要，并标明其用途、最大静荷载、最大动荷载及水平受力等；所选定的设计参数和构配件，不得低于现行国家和行业相关安全技术规范标准。

（4）脚手架在施工中如需要改变原有结构、加高、加宽或改为他用，须经技术部门验证，并经审批。

2. 技术要求

钢管脚手架所用材料须符合下列要求：

（1）钢管外径应为 48～51mm，壁厚 3～3.5mm，长度以 2.1～2.8m 和 4～6.5m 为宜，有严重锈蚀、弯曲、裂纹、损坏的不得使用。

（2）扣件应有出厂合格证明，凡脆裂、变形、滑丝的不得使用。

（3）钢制脚手板应采用厚 2～3mm 的 3 号钢板，以长度 1.4～3.6m、宽度 23～25cm、肋高 5cm 为宜，两端应有连接装置，板面有防滑孔；凡有裂纹、扭曲的不得使用。

（4）脚手架的立杆、大小横杆的间距根据脚手架的使用情况具体确定，但横向立杆、纵向立杆、大横杆、小横杆、小横杆挑出的悬臂长分别不得超过 1.5m、2.0m、1.2m、1.5m、0.45m。

（5）斜道板、跳板的坡度不得大于 1:3，宽度不得小于 1.5m。

（6）木架杆：绑扎铁丝用 8 号。

3. 脚手架搭设要求

（1）坚固而确保安全。脚手架要有足够的强度、刚度和稳定性，施工期间在规定的天气条件和允许荷载作用下，脚手架应稳定，不倾斜、不摇晃、不倒塌，确保施工安全。

（2）满足使用要求。脚手架要有足够的作业面（如适当宽度、步架高度、离墙距离等），以保证施工人员操作、材料堆放和运输的需要。

（3）易搭设。脚手架的构造要简单，便于搭设和拆除，脚手架材料能多次周转使用。

二、扣件式钢管脚手架

扣件式钢管脚手架是由钢管和扣件组成，它塔拆方便、灵活，能适应建筑物中平立面的变化，强度高，坚固耐用，既可用于结构施工，又可用于装修工程施工，应用十分广泛。

（一）材料及构造

（1）杆件及构造。落地扣件式钢管脚手架，由立杆、纵向水平杆（大横杆或顺水杆）、横向水平杆（小横杆）、剪刀撑（十字盖）、横向斜撑、连墙杆等组成，如图 3-19 所示。

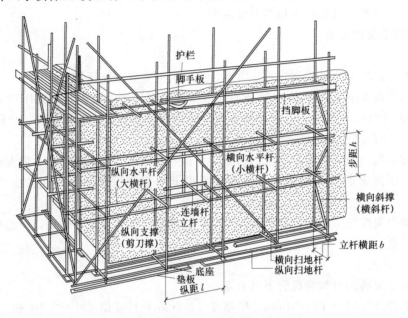

图 3-19 落地扣件式钢管脚手架构造

立杆（十字盖）垂直于地面的竖向杆件，是承受自重和施工荷载的主要杆件。纵向水平杆（又称大横杆），沿脚手架纵向（顺着墙面方向）连接各立杆的水平杆件，其作用是承受并传递施工荷载给立杆。横向水平杆（又称小横杆），沿脚手架横向（垂直墙面方向）连接内、外排立杆的水平杆件，其作用是承受并传递施工荷载给立杆。

扫地杆连接立杆下端和贴近地面的水平杆，其作用是约束立杆下端部的移动。剪刀撑是在脚手架外侧面设置的呈十字交叉的斜杆，可增强脚手架的稳定和整体刚度。横向斜撑是在脚手架的内、外立杆之间设置并与横向水平杆呈"之"字形相交的斜杆，可增强脚手架的稳定性和刚度。连墙杆连接脚手架与建筑物的杆件。主结点为立杆、纵向水平杆、横向水平杆三杆紧靠的扣接点；底座为立杆底部的垫座，垫板为底座下的支承板。

（2）底座。扣件式钢管脚手架的底座（图 3-20）是由套管和底板焊成的，套管一般用外径 57mm、壁厚 3.5mm 的钢管（或用外径 60mm、壁厚 3～4mm 的钢管），长为150mm；底板一般用边长（或直径）150mm、厚为 5mm 的钢板。

（3）扣件。扣件是用铸铁锻制而成，螺栓用 Q235 钢制成，其形式有三种（图 3-

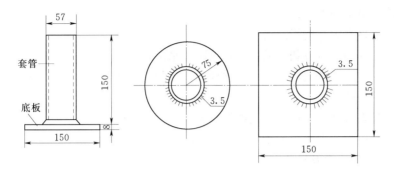

图 3-20 扣件式钢管脚手架的底座（单位：mm）

21）：①回转扣件，用于连接扣紧呈任意角度相交的杆件，如立杆与十字盖的连接；②直角扣件，又叫十字扣件，用于连接扣紧两根垂直相交的杆件，如立杆与顺水杆的连接；③对接扣件，又称一字扣件，用于两根杆件的对接接长，如立杆、顺水杆的接长。

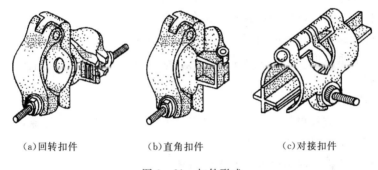

(a)回转扣件   (b)直角扣件   (c)对接扣件

图 3-21 扣件形式

（二）脚手架的搭设

脚手架搭设必须严格执行脚手架安全技术规范，采取切实可靠的安全措施，以保证安全可靠的施工。脚手架搭设前做好脚手架杆、配件的进场验收、施工技术交底、脚手架的地基处理、脚手架的放线定位、垫块的放置准备工作。

脚手架必须配合工程的施工进度进行搭设。脚手架一次搭设的高度不应超过相邻连墙杆以上两步。对脚手架每一次搭设高度进行限制，是为了保证脚手架搭设的稳定性。脚手架按形成基本构架单元的要求，逐排、逐跨、逐步地进行搭设。

矩形周边脚手架可在其中的一个角的两侧各搭设一个 1~2 根杆长和一根杆高的架子，并按规定要求设置剪刀撑或横向斜撑，以形成一个稳定的起始架子，然后向两边延伸，至全周边都搭设好后，再分步沿周边向上搭设。

在搭施脚手架时，各杆的搭设顺序为：①摆放纵向扫地杆→逐根树立杆（随即与纵向扫地杆扣紧）→安放横向扫地杆（与立杆或纵向扫地杆扣紧）→安装第一步纵向水平杆和横向水平杆→安装第二步纵向水平杆和横向水平杆→加设临时抛撑（上端与第二步纵向水平杆扣紧，在设置两道连墙杆后可拆除）→安装第三、四步纵向和横向水平杆；②设置连墙杆→安装横向斜撑→接立杆→加设剪刀撑；③铺脚手板→安装护身栏杆和挡脚板→立挂安全网。

扣件安装注意事项如下：

（1）扣件规格必须与钢管规格相同。

（2）对接扣件的开口应朝下或朝内，以防雨水进入。

（3）连接纵向（或横向）水平杆与立杆的直角扣件，其开口要朝上，以防止扣件螺栓滑丝时水平杆的脱落。

（4）各杆件端头伸出扣件盖板边缘的长度不应小于 100mm。

（5）扣件螺栓拧紧力矩应不小于 40N·m，同时不大于 60N·m。

（三）脚手架的检查及验收

脚手架搭到设计高度后，应对脚手架的质量进行检查、验收，经检查合格方可验收交付使用。脚手架进行质量检查、验收时，应重点检查下列项目，并需将检查结果记入验收报告：

（1）脚手架的架杆、配件设置和连接是否齐全，质量是否合格，构造是否符合要求，连接和挂扣是否紧固可靠。

（2）地基有无积水，基础是否平整、坚实，底座是否松动，立杆是否悬空。

（3）连墙杆的数量、位置和设置是否符合规定。

（4）安全网的张挂及扶手的设置是否符合规定要求。

（5）脚手架的垂直度与水平度的偏差是否符合要求。

（6）是否超载。

（四）脚手架的拆除

工程施工完毕，应经单位工程负责人检查验证，确认不再需要脚手架时方可拆除。拆除脚手架应制订方案，经工程负责人核准后方可进行。拆除脚手架应遵循下列规定：

（1）拆除脚手架前，应清除脚手架上的材料、工具和杂物。

（2）拆除脚手架时，应设置警戒区，设立警戒标志，并由专人负责警戒。

（3）脚手架的拆除，应按后装先拆的原则，按下列程序进行。

1）从跨边起先拆顶部扶手与栏杆柱，然后拆脚手板（或水平架）与扶梯段，再卸下水平杆加固杆和剪刀撑。

2）自顶层跨边开始拆卸交叉支撑，同步拆下顶撑连墙杆与顶层门架。

3）继续向下同步拆除第二步门架与配件。脚手架的自由悬臂高度不得超过 3 步；否则应加设临时拉结。

4）连续同步往下拆卸，连墙杆、长水平杆、剪刀撑必须在脚手架拆卸到相关跨门架后方可拆除。

5）拆除扫地杆、底层门架及封口杆。

6）拆除基座，运走垫板和垫块。

脚手架的拆卸必须遵守下列安全要求：

（1）工人必须站在临时设置的脚手板上进行拆除作业。

（2）拆除工作中严禁使用榔头等硬物击打、撬挖。拆下的连接部件应放入袋内，钢管应先传递至地面并放入室内堆存。

（3）拆卸连接部件时，应先将锁座上的锁板与搭钩上的锁片转至开启位置，然后开始拆卸，不准硬拉，严禁敲击。

（4）拆除的门架、钢管与配件，应成捆用机械吊运或井架传送至地面，防止碰撞，严禁抛掷。

小 结

本章主要学习了模板施工、钢筋施工、脚手架施工，要求掌握模板及脚手架的安装、拆除顺序和技术要点，以及钢筋质检项目、加工工序及加工方法，熟悉模板设计、钢筋下料长度计算和脚手架的构造及用途。

自 测 练 习 题

一、填空题

1. 模板按使用的方法可分为_____、_____、_____和_____。

2. 模板按制作材料分为_____、_____、_____等。

3. 作用在承重模板上的垂直荷载有_____、_____、_____、_____及_____。

4. 作用在侧模板上的基本水平荷载有_____和_____。

二、简答题

1. 模板施工有哪些要求？

2. 承重的梁板结构模板为什么要预留起拱高度？如何预留？

3. 模板拆卸时应注意什么？

4. 如何验收钢筋？为什么要进行钢筋下料长度计算？钢筋配料时应注意什么？

5. 钢筋加工的工序有哪些？如何控制钢筋施工质量？

6. 脚手架在施工中有什么作用？

7. 脚手架架设的要求是什么？

8. 扣件式脚手架的构造有哪些？如何安装？

第四章 土石坝施工

第一节 碾压土石坝施工

一、土石料料场规划

土石坝用料量很大，料场的合理规划与使用是土石坝施工中的关键问题之一，它不仅关系到坝体的施工质量、工期和工程投资，而且还会影响到工程的生态环境影响评价和国民经济其他部门。应根据料场勘察报告、可利用的枢纽建筑物开挖料的数量和质量以及坝料设计要求，结合现场施工实际进行料场复查与规划。

空间规划，系指对料场位置、高程的恰当选择，合理布置。土石料的上坝运距尽可能短些，高程上有利于重车下坡，减少运输机械功率的消耗。

时间规划，就是要考虑施工强度和坝体填筑部位的变化。随着季节及坝前蓄水情况的变化，料场的工作条件也在变化。在用料规划上应力求做到上坝强度高时用近料场，低时用较远的料场，使运输任务比较均衡。对近料和上游易淹的料场应先用，远料和下游不易淹的料场后用；含水量高的料场旱季用，含水量低的料场雨季用。

料场质与量的规划，是料场规划最基本的要求，也是决定料场取舍的重要因素。在选择和规划使用料场时，应对料场的地质成因、产状、埋深、储量以及各种物理力学指标进行全面勘探和试验。勘探精度应随设计深度加深而提高。

料场规划还应对主要料场和备用料场分别加以考虑。前者要求质好、量大、运距近，且有利于常年开采；后者通常在淹没区外，当前者被淹没或因库区水位抬高，土料含水量过大或其他原因中断使用时，则用备用料场保证坝体填筑不致中断。

在规划料场实际可开采总量时，应考虑料场查勘的精度、料场天然密度与坝体压实密度的差异，以及开挖运输、坝面清理、返工削坡等损失。料场规划与坝料填筑的数量比例：土料宜为 2.00～2.50，砂砾料宜为 1.50～2.00，水下砂砾料宜为 2.00～2.50，石料宜为 1.20～1.50；反滤料应根据筛后有效方量确定，一般不宜小于 3。另外，料场选择还应与施工总布置结合考虑，应根据运输方式、强度来研究运输线路的规划和装料面的布置。

二、土石料压实机械选择

（一）土料压实原理

通过对填筑土方进行压实，可以提高土体密度，提高土方承载能力，减小填方断面面积从而减少工程量和工程投资，加快工程进度，同时提高土方防渗性能，提高土坝或土堤的渗透稳定性。

土体是三相体，即由固相的土粒、液相的水和气相的空气所组成。通常土粒和水是不会被压缩的，土料压实的实质是将水包裹的土粒挤压填充到土粒间的空隙里，排走空气占有的空间，使土料的空隙率减少，密实度提高。所以，土料压实的过程实际上就是在外力作用下土料的三相重新组合的过程。

对于非黏性土，压实的主要阻力是颗粒间的摩擦力。由于土料颗粒较粗，单位土体的表面积比黏性土小得多，土体的空隙率小，可压缩性小，土体含水量对压实效果的影响也小，在外力及自重的作用下能迅速排水固结。黏性土颗粒细，孔隙率大，可压缩性也大，由于其透水性较差，所以排水固结速度慢，难以迅速压实。

因此，土料的性质、颗粒组成、颗粒级配、含水量以及外界压实功能对土料压实效果都有影响。

（二）压实机械类型

众所周知，不同土料的物理力学性质也不同，因此使之密实的作用外力也不同。压实机械根据其产生的压实作用外力不同，可分为碾压、振动和夯击3种基本类型。

常用的压实机具有以下几种。

1. 羊脚碾

羊脚碾的外形如图4-1所示，它适于黏性土料的压实。它与平碾不同，在碾压滚筒表面设有交错排列的截头圆锥体，状如羊脚。钢铁空心滚筒侧面设有加载孔，加载大小根据设计需要确定。加载物料有铸铁块和砂砾石等。碾滚的轴由框架支承，与牵引的拖拉机用杠辕相连。重型羊脚碾碾重可达30t，羊脚相应长40cm，拖拉机的牵引力随碾重增加而增加。

羊脚碾的羊脚插入土中，不仅使羊脚端部的土料受到压实，而且使侧向土料受到挤压，从而达到均匀压实的效果，如图4-2所示。在压实过程中，羊脚对表层土有翻松作用，无需刨毛就能保证土料良好的层间结合。

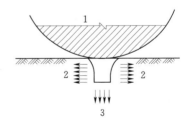

图4-1 羊脚碾外形
1—羊脚；2—加载孔；3—碾滚筒；4—杠辕框架

图4-2 羊脚对土料的正压力和侧压力
1—碾滚；2—侧压力；3—正压力

2. 振动碾

这是一种振动和碾压相结合的压实机械，如图4-3所示。

它是由柴油机带动与机身相连的附有偏心块的轴旋转，迫使碾滚产生高频振动。振动功能以压力波的形式传到土体内。非黏性土料在振动作用下，土粒间的内摩擦力迅速降低，同时由于颗粒大小不均匀，质量有差异，导致惯性力存在差异，从而产生相对位移，

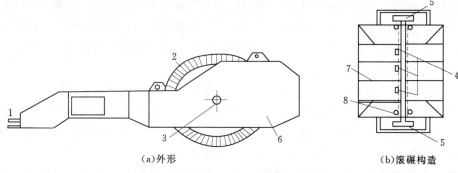

(a)外形　　　　　　　　　　　　(b)滚碾构造

图 4-3　SD-80-13.5 振动碾示意图

1—牵引挂钩；2—滚碾；3—轴；4—偏心块；5—皮带轮；6—车架侧壁；7—隔板；8—弹簧悬架

使细颗粒填入粗颗粒间的空隙而达到密实。振动碾结构简单，制作方便，成本低廉，生产率高，是压实非黏性土石料的高效压实机械。

3. 气胎碾

气胎碾有单轴和双轴之分。单轴的主要构造是由装载荷重的金属车厢和装在轴上的 4~6 个气胎组成。碾压时在金属车厢内加载，并同时将气胎充气至设计压力。为防止气胎损坏，停工时用千斤顶将金属车厢支托起来，并把胎内的气放掉，如图 4-4 所示。

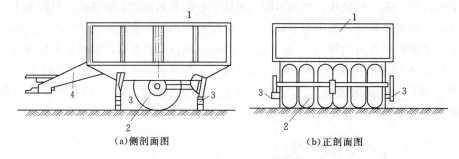

(a)侧剖面图　　　　　　　　　　(b)正剖面图

图 4-4　拖行单轴式气胎碾

1—金属车厢；2—充气轮胎；3—千斤顶；4—牵挂杠辕

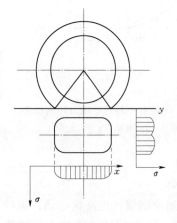

图 4-5　气胎碾压实应力分布

气胎碾在碾压土料时，气胎随土体的变形而变形。随着土体压实密度的增加，气胎的变形也相应增加，从而使气胎与土体的接触面积随之增大，始终能保持较为均匀的压实效果，如图 4-5 所示。它与刚性碾比较，气胎不仅对土体的接触压力分布均匀而且作用时间长，压实效果好，压实土料厚度大，生产效率高。

气胎碾可根据压实土料的特性调整其内压力，使气胎对土体的压力始终保持在土料的极限强度内，因此气胎碾朝重型高效方向发展。通常气胎的内压力，对黏性土以 $(5\sim6)\times10^5\mathrm{Pa}$、非黏性土以 $(2\sim4)\times10^5\mathrm{Pa}$ 最好。气胎碾既适宜于压实黏性土料，又适宜于压实非黏性土料，能做到一机多用，有利于防渗土料与坝壳土料平起同时上升，用途广泛。

4.夯板

夯板可以吊装在去掉土斗的挖掘机臂杆上，借助卷扬机操纵绳索系统使夯板上升。夯击土料时将索具放松，使夯板自由下落。夯实土料，其压实铺土厚度可达1m，生产效率较高。夯板工作时，为避免漏夯，夯迹与夯迹之间要套夯，其重叠宽度为10～15cm，夯迹排与排之间也要搭接相同的宽度。为充分发挥夯板的工作效率，避免前后排套压过多，夯板的工作转角以不大于 $80°～90°$ 为宜，如图4-6所示。

（三）压实机械的选择

各种碾压机械的适应性可归纳至表4-1。选择压实机械通常需考虑以下原则：

（1）与压实土料的物理力学性质相适应。

（2）能够满足设计压实标准。

（3）可能取得的设备类型。

（4）满足施工强度要求。

（5）设备类型、规格与工作面的大小、压实部位相适应。

（6）施工队伍现有装备和施工经验等。

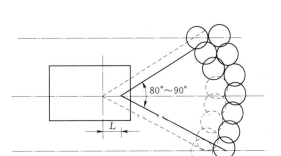

图4-6 夯板及其工作示意图
1—夯板；2—提升索；3—操纵索；4—机房；5—支杆

表4-1 各种碾压机械的适应情况

土料种类 碾压设备	堆石	砂、砂砾料		砾质土	黏性土	黏土		软弱风化土石混合料
		优良级配	均匀级配			低中强度黏土	高强度黏土	
5～10t 振动平碾	△	○	○	○	△	△	△	
10～15t 振动平碾	○	○	○	○	△	△	△	
振动凸块碾			△	△	○	○	△	
振动羊脚碾			△	△	○	○	△	
气胎碾		○	○	○	○	○	○	
羊脚碾			△	○	○	○	○	
夯板		○	○	○	○	△	△	
尖齿碾								○

注 ○表示不适用，△表示不可用。

三、碾压土石坝施工

碾压式土石坝的施工，包括准备作业、基本作业、辅助作业和附加作业。

准备作业包括平整场地、通车、通水、通电，架设通信线路，修建生产、生活、行政办公用房以及排水清基等项工作。

基本作业包括料场土石料开采，挖、装、运、卸以及坝面铺平、压实、质检等工作。

辅助作业是保证准备及基本作业顺利进行、创造良好工作条件的作业，包括清除施工场地及料场的覆盖，从上坝土料中剔除超径石块、杂物，坝面排水，层间刨毛和加水等。

附加作业是保证坝体长期安全运行的防护及修整工作，包括坝坡修整，铺砌护坡块石及铺植草皮等。

（一）清基与坝基处理

清基就是把坝基范围内的所有草皮、树木、坟墓、乱石、淤泥、有机质含量大于2%的表土、自然干密度小于1.48g/cm的细砂和极细砂清除掉，清除深度一般为0.3～0.8m。对于勘探坑，应把坑内积水与杂物全部清除，并用筑坝土料分层回填夯实。土坝坝体与两岸岸坡的结合部位是土坝施工的薄弱环节，处理不好会引起绕坝渗流和坝体裂缝。因此，岸坡与塑性心墙、斜墙或均质土坝的结合部位均应清至不透水层。对于岩石岸坡，清理坡度不应陡于1：0.75，并应挖成坡面，不得削成台阶和反坡，也不能有突出的变坡点；在回填前应涂3～5mm厚的黏土浆，以利结合。如有局部反坡而削坡方量又较大时，可采用混凝土或砌石补坡处理。对于黏土或湿陷性黄土岸坡，清理坡度不应陡于1：1.5。岸坡与坝体的非防渗体的结合部位，清理坡度不得陡于岸坡土在饱水状态下的稳定坡度，并不得有反坡。

对于河床基础，当覆盖层较浅时，一般采用截水墙（槽）处理。截水墙（槽）施工受地下水的影响较大，因此必须注意解决不同施工深度的排水问题，特别注意防止软弱地基的边坡受地下水影响引起的塌坡。对于施工区内的裂隙水或泉眼，在回填前必须认真处理。

对于截水墙（槽），施工前必须对其建基面进行处理，清除基面上已松动的岩块、石渣等，并用水冲洗干净。坝体土方回填工作应在地基处理和混凝土截水墙浇筑完毕并达到一定强度后进行，回填时只能用小型机具。截水墙两侧的填土应保持均衡上升，避免因受力不均而引起截水墙断裂。只有当回填土高出截水墙顶部0.5m后，才允许用羊脚碾压实。

（二）土石料开采与加工

1. 坝料开采

（1）坝料开采前准备工作包括：①划定料场范围；②设置排水系统；③按照施工组织设计要求修建施工道路；④分区清理覆盖层；⑤修建辅助设施，包括风、水、电系统以及坝料加工、堆（弃）料场、装料站台等。

（2）土石料开采。土料开采主要分为立面开采及平面开采，其施工特点及适用条件见

表 4-2。

表 4-2 **土 料 开 采 方 式**

施工条件	开 采 方 式	
	立 面 开 采	平 面 开 采
料场	土层较厚，料层分布不均	地形平坦，适应薄层开挖
含水率	损失小	损失大，适用于有降低含水率要求的土料
冬季施工	土温散失小	土温易散失，不宜在负温下施工
雨季施工	不利因素影响小	不利因素影响大
适用机械	正铲、反铲、装载机	推土机、铲运机或推土机配合装载机

（3）砂砾料开采。砂砾料（含反滤料）开采施工特点及适用条件见表 4-3。

表 4-3 **砂 砾 料 开 采 方 式**

施工条件	开 采 方 式	
	水 上 开 采	水下开采（含混合开采）
料场	阶地或水上砂砾料	水下砂砾料无坚硬胶结或太大的漂石
适用机型	正铲、反铲、推土机	采砂船，索铲，反铲
冬季施工	不影响	若结冰，不宜施工
雨季施工	一般不影响	要有安全措施，汛期一般停产

2. 坝料加工

（1）调整土料含水率。降低土料含水量的方法有挖装运卸中的自然蒸发、翻晒、掺料、烘烤等方法。提高土料含水量的方法有在料场加水，料堆加水，在开挖、装料、运输过程中加水。

（2）防渗掺合料加工。防渗掺合料最好是级配良好的砂砾料，也可用风化岩石，建筑物开挖石渣，其最大粒径不大于碾压层厚的 2/3（最大粒径可达 120～150mm）。

试验表明，当掺合料（$d>5mm$）含量在 40% 以下时，土料能充分包裹粗粒掺合料，这时掺合料尚未形成骨架，掺合料的物理力学性质与原土相近，当掺合料含量大于 60% 时，掺合料形成骨架，土料成为充填物，渗透系数将随掺量的增加而显著变大，一般认为防渗体的掺合料以 40%～50% 为宜。

掺料方法一般采用水平层铺料——立面（斜面）开采掺和法。土料和掺合料逐层相间铺料，各层料的铺层厚度一般以 40～70cm 为宜，立面或斜面开挖取料。

（3）超径料（颗粒）处理。砾质土中超径石含量不多时，常用装耙的推土机在料场中初步清除，然后在坝体填筑面上进行填筑平整时再作进一步清除；当超径石的含量较多时，可用料斗加设篦条筛（格筛）或其他简单筛分装置加以筛除，还可采用从高坡下料，造成粗细分离的方法清除粗粒料。

（4）反滤料加工。在进行反滤料、垫层料、过渡料等小区料的开采和加工时，若级配合适，可用砂砾石料直接开采上坝或经简易破碎筛分后上坝。若无砂砾石料可供使用，则可用开采碎石加工制备。对于粗粒径较大的过渡料宜直接采用控制爆破技术开采，对于较细且质量要求高的反滤料、垫层料，则可用破碎、筛分、掺和工艺加工。

如果其级配接近混凝土骨料级配，可考虑与混凝土骨料共同使用一个加工系统，必要时也可单独设置破碎筛分系统。

（三）挖运强度的确定

土石坝施工的挖运强度取决于土石坝的上坝强度，上坝强度又取决于施工中的气象水文条件、施工导流方式、施工分期、工作面的大小、劳动力、机械设备、燃料动力供应情况等因素。对于大、中型工程。平均日上坝强度通常为 1 万～3 万 m^3。高的达到 10 万 m^3 左右。在施工组织设计中，一般根据施工进度计划各个阶段要求完成的坝体方量来确定上坝和挖运强度。合理的施工组织管理应有利于实现均衡生产，避免生产大起大落，使人力、机械设备不能充分利用，造成不必要的浪费。

（1）上坝强度 Q_D（m^3/d）按式（4-1）计算，即

$$Q_D = \frac{V'}{T}\frac{K_a}{K_1}K \tag{4-1}$$

式中　V'——分期完成的坝体设计方量，以压实方计，m^3；

　　　K_a——坝体沉陷影响系数，可取 1.03～1.05；

　　　K——施工不均衡系数，可取 1.2～1.3；

　　　K_1——坝面作业土料损失系数，可取 0.90～0.95；

　　　T——施工分期时段的有效工作日数，等于该时段的总日数扣除法定节假日和因雨停工日数，d。

（2）运输强度 Q_T（m^3/d）根据上坝强度 Q_D 确定，即

$$Q_T = \frac{Q_D}{K_2}K_c \tag{4-2}$$

式中　K_c——压实影响系数，$K_c = \frac{r_0}{r_T}$；

　　　r_0——坝体设计干表观密度；

　　　r_T——土料运输的松散表观密度；

　　　K_2——运输损失系数，可取 0.95～0.99，因土料性质及运输方式而异。

（3）开挖强度 Q_c（m^3/d）仍根据上坝强度 Q_D 确定，即

$$Q_c = \frac{Q_D}{K_2 K_3}K_c' \tag{4-3}$$

式中　K_c'——压实系数，为坝体设计干表观密度 r_0 与料场土料天然表观密度 r_c 的比值；

　　　K_3——土料开挖损失系数，随土料特性和开挖方式而异，一般取 0.92～0.97。

（四）压实试验

现场的压实试验是土石坝施工中的一项技术措施，通过压实试验核实坝料设计填筑指标的合理性，作为选择施工参数的依据。

土料的压实试验，是根据已选定的压实机械来确定铺土厚度、压实遍数及相应的含水量，试验土料应选择有代表性料场的土料，当所选料场土性差异较大时，应分别进行碾压试验。

压实试验前，先通过理论计算并参照已建类似工程的经验，初选几种碾压机械和拟定

几组碾压参数,采用逐步收敛法(也称淘汰法)进行试验,即先以室内试验确定的最优含水量进行现场试验。逐步收敛法系指固定其他参数,变动一个参数,通过试验得到该参数的最优值。将优选的此参数和其他参数固定,再变动另一个参数,用试验确定其最优值。以此类推,得到每个参数的最优值。最后将这组最优参数再进行一次复核试验。若试验结果满足设计、施工要求,便可作为现场使用的施工碾压参数。试验中,碾压参数组合可参照表4-4确定。

表4-4 现场碾压试验设备及碾压参数组合

碾压机械 压实参数	平碾	羊脚碾	气胎碾	夯板	振动碾
机械参数	选择3种单宽压力或碾重	选择3种羊脚接触压力或碾重	气胎的内压力和碾重各选择3种	夯板的自重和直径各选择3种	对确定的一种机械,碾重为定值
施工参数	(1)选3种铺土厚度 (2)选3种碾压遍数 (3)选3种含水量	(1)选3种铺土厚度 (2)选3种碾压遍数 (3)选3种含水量	(1)选3种铺土厚度 (2)选3种碾压遍数 (3)选3种含水量	(1)选3种铺土厚度 (2)选3种夯实遍数 (3)选3种夯板落距 (4)选3种含水量	(1)选3种铺土厚度 (2)选3种碾压遍数 (3)充分洒水①
复核试验参数	按最优参数试验	按最优参数试验	按最优参数试验	按最优参数试验	按最优参数试验
全部试验组数	13	13	16	19	10
每个参数试验 场地大小 /(m×m)	3×10	6×10	6×10	8×8	10×20

① 堆石的洒水量为其体积的30%~50%,砂砾料为20%~40%。

(五)坝体填筑

1. 施工准备

坝面作业前的施工准备工作包括组织准备、技术准备、材料准备、现场准备、机械设备准备、劳动力准备和物资准备。

现场准备工作如下:

(1)施工现场测量。及时对监理工程师提供的桩点进行复核,并将复核结果上报监理工程师,经监理工程师批复后使用。组织测量人员进行导线点和水准点的加密和保护工作。保证相邻导线点互相通视,做好桩点记录,并将测量结果上报监理工程师批复,合格后使用。利用已知桩点进行原地面测量,并绘制成纵、横断面图,将测量结果上报监理工程师批复,并作为以后工程计量支付的依据。

(2)"三通一平"准备。按照施工总体布置的要求,做好路通、水通、电通和场地平整。

(3)临时设施的准备。临时设施包括现场施工人员的办公、生活用的临时房屋建筑和施工生产辅助企业及各类仓库。临时设施应按施工总布置的位置定位建造。

2. 坝面作业

土石坝坝面作业施工工序包括卸料、铺料、洒水、压实、质量检查等。坝面作业工作面狭窄、工种多、工序多、机械设备多，施工时需有妥善的施工组织规划。

为避免坝面施工中的干扰，延误施工进度，土石坝坝面作业宜采用分段流水作业施工。流水作业施工组织应先按施工工序数目对坝面分段，然后组织相应专业施工队依次进入各工段施工。各工段都有专业队固定的施工机具，从而保证施工过程中人、机、地三不闲，避免施工干扰，有利于坝面作业多、快、好、省、安全地进行。

卸料和铺料有 3 种方法，即进占法、后退法和综合法。一般采用进占法，厚层填筑也可采用综合法铺料，以减小铺料工作量。进占法铺料层厚易控制，表面容易平整，压实设备工作条件较好，一般采用推土机进行铺料作业；铺料应保证随卸随铺，设计的铺料厚度是保证压实质量的关键；采用带式运输机或自卸汽车上坝，卸料集中。为保证铺料均匀，需用推土机或平土机散料平整，国内不少工地采用"算方上料、定点卸料、随卸随平、定机定人、铺平把关、插杆检查"的措施，保证平料效果；铺填中不应使坝面起伏不平，避免降雨积水。

在坝面各料区的边界处，铺料会越界，通常规定其他材料不准进入防渗区边界线的内侧，边界外侧铺土距边界线的距离不能超过 50cm。

为配合碾压施工，防渗体土料铺筑应平行于坝轴线方向进行。坝体压实是填筑的最关键工序，压实设备应根据砂石土料性质选择。碾压遍数和碾压速度应根据碾压试验确定。碾压方法应便于施工，便于质量控制，避免或减少欠压和超压，一般采用进退错距法和转圈套压法，如图 4-7 所示。对因汽车上坝或压实机具压实后的土料表层形成的光面，必须进行刨毛处理，一般要求刨毛深度为 4~5cm。

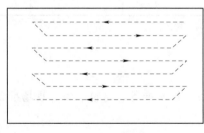 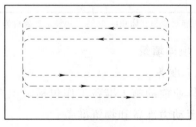

（a）进退错距法　　　　　　　　　　（b）转圈套压法

图 4-7　碾压机械开行方式

进退错距法操作简便，碾压、铺土和质检等工序协调，便于分段流水作业，压实质量容易保证，其开行方式如图 4-7（a）所示。转圈套压法要求开行的工作面较大，适合于多碾滚组合碾压，其优点是生产效率较高，但碾压中转弯套压交接处重压过多，易于超压，转弯半径小时容易引起土层扭曲，产生剪力破坏，且在转弯的四角容易漏压，质量难以保证，其开行方式如图 4-7（b）所示。

国内多采用进退错距法。采用这种开行方式时，为避免漏压，可在碾压带的两侧先往复压够遍数后再进行错距碾压。错距宽度 b 按式（4-4）计算，即

$$b=\frac{B}{n} \tag{4-4}$$

式中　B——碾滚净宽，m；

　　　n——设计碾压遍数。

3. 结合部位的施工

土石坝施工中，坝体的防渗土料不可避免地要与地基、岸坡、周围其他建筑的边界相结合；由于施工导流、施工方法、分期分段分层填筑等的要求，还必须设置纵横向的接坡、接缝。所有这些结合部位，都是影响坝体整体性和质量的关键部位，也是施工中的薄弱环节，质量不易控制；接坡、接缝过多还会影响到坝体填筑速度，特别是影响机械化施工。因此，结合部位施工必须采取可靠的技术措施，加强质量控制和管理，确保坝体的填筑质量满足设计要求。

（1）坝基结合面。基础部位的填土，一般用薄层、轻碾的方法，不允许用重型碾或重型夯，以免破坏基础，造成渗漏。

对黏性土、砾质土坝基，应将其表层含水量调节至施工含水量上限范围，用与防渗体土料相同的碾压参数压实，然后刨毛深 3～5cm，再铺土压实。非黏性土地基应先压实，再铺第一层土料，含水量为施工含水量的上限；采用轻型机械压实，压实干表观密度可略低于设计要求。

对于岩基，应首先把局部凹凸不平的岩石修理平整，封闭岩基表面节理、裂隙，防止渗水冲蚀防渗体。若岩基干燥可适当洒水，并使用含水量略高的土料，以便容易与岩基或混凝土紧密结合。碾压前，对岩基凹陷处，应用人工填土夯实。不论何种坝基，当填筑厚度达到 2m 以后，才可使用重型压实机械。

（2）与岸坡及混凝土建筑物结合处。填土前，先将结合面的污物冲洗干净，清除松动岩石，在结合面上洒水湿润，涂刷一层厚约 5mm 的浓黏土浆或浓水泥黏土浆或水泥砂浆，其目的是为了提高浆体凝固后的强度，防止产生危险的接触冲刷和渗透。涂刷浆体时，应边涂刷、边铺土、边碾压，涂刷高度与铺土厚度一致，注意涂刷层之间的搭接，避免漏涂。要严格防止泥浆干固（或凝固）后再铺土，因为它对结合非常不利。

防渗体与岸坡结合处，宽度 1.5～2.0m 范围内或边角处，不得使用羊脚碾、夯板等重型机具，应以轻型机具压实，并保证与坝体碾压搭接宽度在 1m 以上。混凝土齿墙或坝下埋管两侧及顶部 0.5m 范围内填土，必须用小型机具压实，其两侧填土应保持均衡上升。

岸坡、混凝土建筑物与砾质土、掺和土结合处，应填筑 1～2m 宽的塑性较高而透水性低的土料，避免直接与粗料接触。

（3）坝体纵横向接坡及接缝。土石坝施工中，坝体接坡具有高差较大、停歇时间长、要求坡身稳定的特点。对于允许接合坡度大小及高差大小有争论，尤其对防渗心墙与斜墙是否可设置纵横向接坡的争论更大。土石坝施工的实践经验证明，几乎在任何部位都可以适当设置纵横向接坡，关键在于有无必要和采取什么施工措施。一般情况下，填筑面应力争平起，斜墙及窄心墙不应留有纵向接缝，如临时度汛需要设置时应进行技术论证。防渗体及均质坝的横向接坡不应陡于 1：3，高差不超过 15m。均质坝（不包括高压缩性地基土的土坝）的纵向接缝，宜采用不同高度的斜坡和平台相间形式，坡度及平台宽度应根据施工要求确定，并满足稳定要求，平台高差不大于15m。坝体接坡面可用推土机自上而下削坡，适当留有保护层，配合填筑上升；逐层清至合格层，接合面削坡合格后，要控制其含水量为施工含水量范围的上限。

坝体施工临时设置的接缝相对接坡来讲，其高差较小，停置时间短，没有稳定问题，通常高差以不超过铺土厚度的1～2倍为宜，分缝在高程上应适当错开。

4. 反滤料过渡料的施工

反滤料、垫层料、过渡料一般方量不大，但其要求较高，铺料不能分离，一般与防渗体和一定宽度的大体积坝壳石料平起上升，压实标准高，分区线的误差有一定的控制范围。当铺填料宽度较宽时，铺料可采用装载机辅以人工进行。

填筑方法有削坡法、挡板法及土、砂松坡接触平起法三类。土、砂松坡接触平起法能适应机械化施工，填筑强度高，可以做到防渗体、反滤层与坝壳料平起填筑，均衡施工，是被广泛应用的施工方法。根据防渗体土料和反滤层填筑的次序、搭接形式的不同，又可分成先土后砂法和先砂后土法。

先土后砂法如图4-8（a）所示，先填2～3层土料，压实时边缘留30～50cm宽松土带，一次铺反滤料与黏土齐平，压实反滤料，并用气胎碾压实土砂接缝带。此法容易排除坝面积水；因填土料时无侧面限制，施工中有超坡，且接缝处土料不便压实。当反滤料上坝强度赶不上土料填筑时，可采用此法。

先砂后土法如图4-8（b）所示，先在反滤料设计线内用反滤料筑一小堤，再填筑2～3层土料与反滤料齐平，然后压实反滤料及土料接缝带。此法填土料时有反滤料作侧限，便于控制防渗土体边线，接缝处土料便于压实，宜优先采用此法。

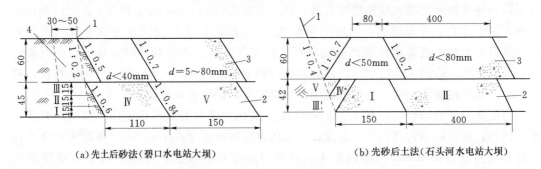

(a) 先土后砂法（碧口水电站大坝）　　　　　　(b) 先砂后土法（石头河水电站大坝）

图4-8　土、砂平起施工示意图（单位：cm）

1—心墙设计线；2—已压实层；3—未压实层；4—松土带；

Ⅰ～Ⅴ—填料次序；d—砂石料径

反滤料的压实，应包括接触带土料与反滤料的压实。当防渗体土料用气胎碾碾压时，反滤料铺土厚度可与黏土铺土厚度相同，并同时用气胎碾碾压，这是施工中压实接触带最好的方法。若防渗体土料采用羊脚碾碾压时，对于土压砂的情况，两者应同时平起，羊脚碾压到距土砂结合边0.3～0.5m为止，以免羊脚碾将土下的砂翻出来。然后用气胎碾碾压反滤层，其碾迹与羊脚碾碾迹至少应重叠0.5m以上［图4-9（a）］。若砂压土时，土、砂亦同时平起，同样先用羊脚碾压土料，且羊脚碾压到反滤料上至少0.5m宽，以便把反滤料下的土料压实，然后用气胎碾碾压反滤料，并压实到土料上的宽度至少为 0.5m［图 4-9（b）］。

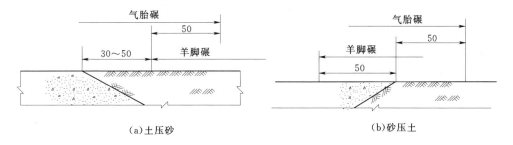

图 4-9 土、砂结合带的压实（单位：cm）

无论是先土后砂法或是先砂后土法，土砂之间必然出现犬牙交错的现象。反滤料的设计厚度不应将犬牙厚度计算在内，不允许过多削弱防渗体的有效断面，反滤料一般不应伸入心墙内，犬牙大小由各种材料的休止角决定，且犬牙交错带宽不得大于其每层铺土厚度的 1.5～2.0 倍。

在塑性心墙坝施工时，应注意心墙与坝壳的均衡上升，如心墙上升太快，易干裂而影响质量；若坝壳上升太快，则会造成施工困难。塑性斜墙坝施工，应待坝壳填筑到一定高度甚至达到设计高度后，再填筑斜墙土料，尽量使坝壳沉陷在防渗体施工前发生，从而避免防渗体在施工后出现裂缝。对于已筑好的斜墙，应立即在上游面铺好保护层，以防干裂。

（六）砌石护坡施工

1. 干砌石施工

干砌石是指不用任何胶凝材料把石块砌筑起来，包括干砌块（片）石、干砌卵石。一般用于土坝（堤）迎水面护坡、渠系建筑物进出口护坡及渠道衬砌、水闸上下游护坦、河道护岸等工程。砌筑前的准备工作如下：

（1）备料。在砌石施工中为缩短场内运距，避免停工待料，砌筑前应尽量按照工程部位及需要数量分片备料，并提前将石块的水锈、淤泥洗刷干净。

（2）基础清理。砌石前应将基础开挖至设计高程，淤泥、腐殖土以及混杂有建筑残渣应清除干净，必要时将坡面或底面夯实，然后才能进行铺砌。

（3）铺设反滤层。在干砌石砌筑前应铺设砂砾反滤层，其作用是将块石垫平，不致使砌体表面凹凸不平，减少其对水流的摩阻力；减少水流或降水对砌体基础土壤的冲刷；防止地下渗水逸出时带走基础土粒，避免砌筑面下陷变形。

反滤层的各层厚度、铺设位置、材料级配和粒径以及含泥量均应满足规范要求，铺设时应与砌石施工配合，自下而上，随铺随砌，接头处各层之间的连接要层次清楚，防止层间错动或混淆。

常采用的干砌块石的施工方法有两种，即花缝砌筑法和平缝砌筑法。

（1）花缝砌筑法。花缝砌筑法多用于干砌片（毛）石。砌筑时，依石块原有形状，使尖对拐、拐对尖，相互联系砌成。砌石不分层，一般多将大面向上，如图 4-10 所示。这种砌法的缺点是底部空虚，容易被水流淘刷变形，稳定性较差，且不能避免重缝、叠缝、翘口等毛病；但此法优点是表面比较平整，故可用于流速不大、不承受风浪淘刷的渠道护坡工程。

（2）平缝砌筑法。平缝砌筑法一般多适用于干砌块石的施工，如图 4-11 所示。砌筑时将石块宽面与坡面竖向垂直，与横向平行。砌筑前，安放一块石块必须先进行试放，不合适处应用小锤修整，使石缝紧密，最好不塞或少塞石子。这种砌法横向设有通缝，但竖向直缝必须错开；如砌缝底部或块石拐角处有空隙时，则应选用适当的片石塞满填紧，以防止底部砂砾垫层由缝隙淘出，造成坍塌。

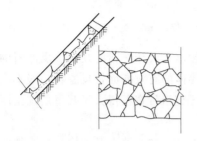
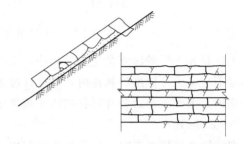

图 4-10 花缝砌筑法示意图　　　　　　　图 4-11 平缝砌筑法示意图

干砌块石是依靠块石之间的摩擦力来维持其整体稳定的，若砌体发生局部移动或变形，将会导致整体破坏。边口部位是最易损坏的地方，所以封边工作十分重要。对护坡水下部分的封边，常采用大块石单层或双层干砌封边，然后将边外部分用黏土回填夯实，有时也可采用浆砌石埂进行封边。对护坡水上部分的顶部封边，则常采用比较大的方正块石砌成 40cm 左右宽度的平台，平台后所留的空隙用黏土回填夯实，如图 4-12 所示。对于挡土墙、闸翼墙等重力式墙身顶部，一般用混凝土封闭。

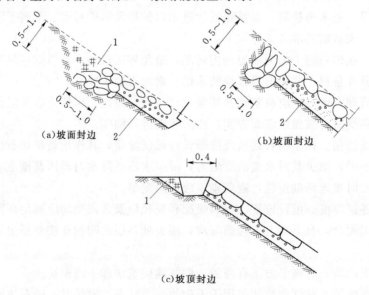

（a）坡面封边　　　　　　　（b）坡面封边

（c）坡顶封边

图 4-12 干砌块石封边（单位：m）

1—黏土夯实；2—垫层

干砌石施工必须注意以下问题：

（1）干砌石工程在施工前，应进行基础清理工作。

（2）凡受水流冲刷和浪击作用的干砌石工程中采用竖立砌法（即石块的长边与水平面或斜面呈垂直方向）砌筑，以使空隙最小。

（3）重力式挡土墙施工，严禁先砌好里、外砌石面而中间用乱石充填，留下空隙和蜂窝。

（4）干砌块石的墙体露出面必须设丁石（拉结石），丁石要均匀分布。同一层的丁石长度，如墙厚不大于 40cm 时，丁石长度应等于墙厚；如墙厚大于 40cm，则要求同一层内外的丁石相互交错搭接，搭接长度不小于 15cm，其中一块的长度不小于墙厚的 2/3。

（5）如用料石砌墙，则两层顺砌后应有一层丁砌，同一层采用丁顺组砌时，丁石间距不宜大于 2m。

（6）用干砌石作基础，一般下大上小，呈阶梯状，底层应选择比较方整的大块石，上层阶梯至少压住下层阶梯块石宽度的 1/3。

（7）大体积的干砌块石挡土墙或其他建筑物，在砌体每层转角和分段部位应采用大而平整的块石砌筑。

（8）护坡干砌石应自坡脚开始自下而上进行。

（9）砌体缝口要砌紧，空隙应用小石填塞紧密，防止砌体在受到水流冲刷或外力撞击时滑脱沉陷，以保持砌体的坚固性。一般规定干砌石砌体空隙率应不超过 30％～50％。

（10）干砌石护坡的每一块石顶面一般不应低于设计位置 5cm，也不高于设计位置 15cm。

造成干砌石施工缺陷的原因主要是砌筑技术不良、工作马虎、施工管理不善以及测量放样错漏等。干砌石缺陷主要有缝口不紧，底部空虚，鼓心凹肚，重缝，飞缝，飞口（即用很薄的边口未经砸掉便砌在坡上），翅口（上下两块都是一边厚一边薄，石料的薄口部分互相搭接），悬石（两石相接不是面的接触，而是点的接触），浮塞叠砌，严重蜂窝，以及轮廓尺寸走样等（图 4-13）。

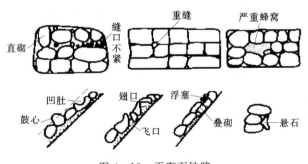

图 4-13　干砌石缺陷

2. 浆砌石施工

浆砌石是用胶结材料把单个的石块黏结在一起，使石块依靠胶结材料的黏结力、摩擦力和块石本身的重量结合成为新的整体，以保持建筑物的稳固，同时，胶结材料充填着石块间的空隙，堵塞了漏水通道。浆砌石具有良好的整体性、密实性和较高的强度，使用寿命更长，还具有较好的防止渗水和抵抗水流冲刷的能力。

浆砌石的砌筑要领可概括为"平、稳、满、错"4个字：平，同一层面大致砌平，相邻石块的高差宜小于 2～3cm；稳，单块石料的安砌务求自身稳定；满，灰缝饱满密实，严禁石块间直接接触；错，相邻石块应错缝砌筑，尤其不允许顺水流方向通缝。

浆砌石的砌筑工艺流程如图4－14所示。

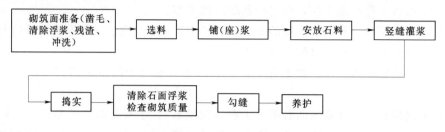

图4－14　浆砌石工艺流程

（1）铺筑面准备。对开挖成形的岩基面，在砌石开始之前应将表面已松散的岩块剔除，具有光滑表面的岩石须人工凿毛，并清除所有岩屑、碎片、泥沙等杂物。土壤地基按设计要求处理。对于水平施工缝，一般要求在新一层块石砌筑前凿去已凝固的浮浆，并进行清扫、冲洗，使新旧砌体紧密结合。对于临时施工缝，在恢复砌筑时，必须进行凿毛、冲洗处理。

（2）选料。砌筑所用石料，应是质地均匀，没有裂缝，没有明显风化迹象，不含杂质的坚硬石料。严寒地区使用的石料，还要求具有一定的抗冻性。

（3）铺（座）浆。对于块石砌体，由于砌筑面参差不齐，必须逐块座浆、逐块安砌，在操作时还须认真调整，务使座浆密实，以免形成空洞。座浆一般只宜比砌石超前0.5～1m，座浆应与砌筑相配合。

（4）安放石料。把洗净的湿润石料安放在座浆面上，用铁锤轻击石面，使座浆开始溢出为度。石料之间的砌缝宽度应严格控制，采用水泥砂浆砌筑时，块石的灰缝厚度一般为2～4cm，料石的灰缝厚度为0.5～2cm，采用小石混凝土砌筑时，一般为所用骨料最大粒径的2～2.5倍。安放石料时应注意，不能产生细石架空现象。

（5）竖缝灌浆。安放石料后，应及时进行竖缝灌浆。一般灌浆与石面齐平，水泥砂浆用捣插棒捣实，小石混凝土用插入式振捣器振捣，振实后缝面下沉，待上层摊铺座浆时一并填满。

（6）振捣。水泥砂浆常用捣棒人工插捣，小石混凝土一般采用插入式振动器振捣。应注意对角缝的振捣，防止重振或漏振。

（7）养护砌体完成后，须用麻袋或草袋覆盖，并应常洒水养护，保持表面潮湿。养护时间一般不少于5～7d，在砌体未达到要求的强度之前，不得在其上任意堆放重物或修凿石块，以免砌体受震动而破坏。每一层铺砌完24～36h后（视气温及水泥种类、胶结材料强度等级而定），即可冲洗，准备上一层的铺砌。砌完后，一般经过28d方可进行回填，最早不得小于12～14d。

（8）勾缝。石砌体表面进行勾缝的目的，主要是加强砌体整体性，同时还可增加砌体的抗渗能力，另外也美化外观。

勾缝按其形式可分为凹缝、平缝、凸缝等。凹缝又可分为半圆凹缝、平凹缝；凸缝可分为平凸缝、半圆凸缝、三角凸缝等。勾缝就是在砌体砂浆凝固前，先将缝内深度不大于2cm的疏松砂浆刮去，用水将缝内冲洗干净，待砌体达到一定强度后，再用强度等级较高而且较稠的砂浆填充进行勾缝。勾缝宽度一般不大于 3cm。勾缝形式有凸缝和平缝两种。在水工建筑物中，一般采用平缝。砌体后面与土壤接触面，通常不勾缝，如果为了防止渗水，则可用砂浆抹面。

（七）压实质量控制

施工质量的检查与控制是土石坝安全的重要保证，它贯穿于土石坝施工的各个环节和施工全过程。

1. 料场的质量检查和控制

对土料场应经常检查所取土料的土质情况、土块大小、杂质含量和含水量是否符合规范规定。其中含水量的检查和控制尤为重要。

若土料的含水量偏高，一方面应改善料场的排水条件和采取防雨措施；另一方面需将含水量偏高的土料进行翻晒处理，或采取轮换掌子面的办法，使土料含水量降低到规定范围再开挖。若以上方法仍难以满足要求，可以采用机械烘干法烘干。

当土料含水量不均匀时，应考虑堆筑"土牛"（大土堆），使含水量均匀后再外运。

料场加水的有效方法是采用：分块筑畦埂；灌水浸渍，轮换取土。地形高差大也可采用喷灌机喷洒，此法易于掌握，节约用水。无论哪种加水方式，均应进行现场试验。对非黏性土料可用洒水车在坝面喷洒加水，避免运输时从料场至坝上的水量损失。

对石料场应经常检查石质、风化程度、爆落块料大小、形状及级配等是否满足上坝要求，如发现不合要求，应查明原因，及时处理。

2. 坝面的质量检查与控制

在坝面作业中，应对铺土厚度、填土块度、含水量大小、压实后的干表观密度等进行检查，并提出质量控制措施。对黏性土含水量的检测是关键。根据地形、地质、坝料特性等因素，在施工特征部位和防渗体中，选定一些固定取样断面。沿坝高 5～10m，取代表性试样（总数不宜少于 30 个）进行室内物理力学性能试验，作为核对设计及工程管理的依据。此外，还须对坝面、坝基、削坡、坝肩接合部、与刚性建筑物连接处以及各种土料的过渡带进行检查。对土层层间结合处是否出现光面和剪力破坏应引起足够重视，认真检查。对施工中发现的可疑问题，如上坝土料的土质、含水量不合要求，漏压或碾压遍数不够，超压或碾压遍数过多，铺土厚度不均匀及坑洼部位等应进行重点抽查，不合格者返工。

反滤层、过渡层、坝壳等非黏性土的填筑，主要应控制压实参数，如不符合要求，施工人员应及时纠正。在填筑排水反滤层过程中，每层在 25m×25m 的面积内取样1～2 个；对条形反滤层，每隔 50m 设一取样断面，每个取样断面每层取样不得少于 4 个。均匀分布在断面的不同部位，且层间取样位置应彼此对应。对于反滤层铺填的厚度、是否混有杂物、填料的质量及颗粒级配等应全面检查。通过颗粒分析，查明反滤层的层间系数（D_{50}/d_{50}）和每层的颗粒不均匀系数（d_{60}/d_{10}）是否符合设计要求，如不符合要求，应重新筛选，重新铺填。堆石料，过滤料采用挖坑灌水（砂）法测密度，试坑直径不小于坝料直径的 2～3 倍，最大不超过 2.00m，试坑深度为碾压层厚。

土坝的堆石棱体与堆石体的质量检查大体相同，主要应检查上坝石料的质量、风化程度，石块的重量、尺寸、形状，堆筑过程有无离析架空现象发生等。对于堆石的级配、孔隙率大小，应分层分段取样，检查是否符合规范要求。随坝体的填筑应分层埋设沉降管，对施工过程中坝体的沉陷进行定期观测，并做出沉陷随时间的变化过程线。

对于填筑土料、反滤料、堆石等的质量检查记录，应及时整理，分别编号存档，编制数据库，既作为施工过程全面质量管理的依据，也作为坝体运行后进行长期观测和事故分析的佐证。

近年来，我国已研制成功一种装设在振动碾上的压实计，能向在碾压中的堆石层发射和接收其反射的震动波，可在仪器上显示出堆石体在碾压过程中的变形模量。这种装置使用方便，可随时获得所需资料，但其精度较低，只能作为量测变形模量的辅助措施。

四、土石坝的冬雨季施工

土石坝施工特点之一是大面积的露天作业，直接受外界气候环境的影响，尤其是对防渗土料影响更大。降雨会增大土料的含水量，冬季土料又会冻结成块，都会影响施工质量。因此，土石坝的冬雨季施工，常成为土石坝施工的障碍，它使施工的有效工作日大为减少，造成施工强度的不均匀，增加施工过程拦洪度汛的难度，甚至延误工期。为了保证坝体的施工进度，降低工程造价，必须解决好雨季和冬季的施工措施问题。

（一）土石坝的冬季施工

寒冬土料冻结会给施工造成极大困难，因此，当日最低气温在－10℃以下，或在0℃以下且风速大于10m/s时，应停止施工。

我国北方地区冬季时间长，如不能施工将给工程进度带来影响。因此，土石坝冬季施工也就成为北方地区需要解决的一个重要问题。

冬季施工的主要问题在于，土的冻结使强度增高，不易压实，而冻土的融化却使土体的强度和土坡的稳定性降低，处理不好，将使土体产生渗漏或塑流状滑动。

外界气温降低时，土料中水分开始结冰的温度低于0℃，即过冷现象。土料的过冷温度和过冷持续时间，与土料种类、含水量大小和冷却强度有关。当负温不是太低时，土料中的水分能长期处于过冷状态而不结冰。含水量低于塑限的土料及含水量低于4％～5％的砂砾料，由于水分子与颗粒的相互作用，土的过冷现象极为明显。土的过冷现象表明，当负气温不太低时，用具有正温的土料在露天填筑，只要控制好含水量，有可能在土料未冻结之前争取填筑完毕。

因此，土石坝冬季施工，只要采取防冻、保温、加热3个方面的技术措施，仍可保证施工质量，加快施工进度。

1. 负温下的土料填筑

负温下填筑要求黏性土含水量略低于塑限，防渗体土料含水量不应大于塑限的90％。不得加水和夹有冰雪、冻块。

铺料、碾压、取样等应快速作业，压实土料温度必须在－1℃以上，土料填筑应加大压实功能，宜采用重型碾压机械。

严禁在坝体分段结合处有冻土层、冰块存在，应将已填好的土层按规定削成斜坡相接，接坡处应做成梳齿形样槽，用不含冻土的暖料填筑。

2. 负温下的砂砾料填筑

砂砾料的含水量应小于 4％，不得加水，最好采用地下水位以上或较高气温季节堆存的砂砾料填筑，填筑时应基本上保持正温，冻料含量应在 10％ 以下，冻块粒径不超过 10cm，且分布均匀。

利用重型振动碾和夯板压实：采用夯板时，每层铺料厚度可减薄 1/4 左右；采用重型振动碾，一般可不减薄。

3. 暖棚法施工

当日最低气温低于 −10℃ 时，多采用简易结构暖棚和保温材料，将需要填筑的坝面临时封闭起来，在暖棚内采取蒸汽或火炉等升温措施，使之在正温条件下施工。暖棚法施工费用较高，如大伙房心墙坝冬季暖棚法与正温露天作业相比，其黏性土填筑增加费用 41.8％，砂砾料则增加费用 102％。

负温下土石坝施工，对料场也应采取防冻保温措施，如在料场可采取覆盖隔热材料或积雪、冰层保温，也可用松土保温等。一般说来，只要采料温度不低于 5～10℃，碾压时温度不低于 2℃，就能保证土料的压实效果。

（二）土石坝的雨季施工

土石坝防渗体土料在雨季施工，总的原则是"避开、适应和防护"，即一般情况下应尽量避免在雨季进行土料施工；选择对含水量不敏感的非黏性土料以适应雨季施工，争取小雨天施工，以增加施工天数；在雨天不太多、降雨强度大、花费不大的情况下，采取一般性的防护措施也常能奏效。

例如，某黏土心墙坝采用图 4 - 15（a）所示的施工程序，在雨季中的晴天，心墙两

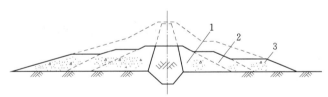

（a）心墙与坝壳雨季填筑平衡上升

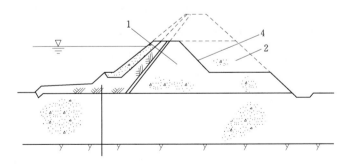

（b）斜墙坝临时拦洪断面

图 4 - 15　心、斜墙与坝壳雨季施工平衡上升图
1—心、斜墙及坝壳平衡上升部分；2—第二次填筑坝壳部分；
3—最后填筑坝壳部分；4—临时拦洪断面

侧仅填筑部分足以维持心墙稳定的护坡坝壳，其外坡一般不陡于 1：1.5～1：2.0；当下雨不能填土时，则集中力量填筑坝壳部分。对于斜墙坝，也应在晴天抢填土料，雨天或雨后填筑坝壳部分，彼此减少干扰，施工程序协调如图 4-15（b）所示。

雨季施工中，还应采取以下有效的施工技术及防护措施：

（1）快速压实表层松土，防止松土被小雨渗入，这是雨季施工中最有效的措施，具有省工、省费用、施工方便等优点。

（2）坝面填筑力争平起，保持填筑面平整，使填筑面微向上下游倾斜约 2% 的坡度，以利排水。对于砂砾料坝壳，需注意防止暴雨冲刷坝坡，可在距坝坡 2～3m 处用砂砾料筑起临时小埝，不使坝面雨水沿坡面下流，而使雨水下渗。

（3）雨前将施工机械撤出填筑面，停放在坝壳区，做好填土面的保护。下雨或雨后，尽量不要踩踏坝面，禁止机械通行，防止坝面形成稀泥。

（4）在坝面设防雨棚，用苫布、油布或简易防雨设备覆盖坝面，避免雨水渗入，缩短雨后停工时间，争取填筑工期。

（5）在雨季还应加强土料场的排水措施，及时排除雨水，土料场停工或下雨时，原则上不得留有松土。如必须储存一部分松土时，可堆成"土牛"并加以覆盖，四周做好排水。

（6）运输道路也是影响雨季施工的关键因素之一。一般的泥结碎石路面，当遇雨水浸泡时，路面容易破坏，即使天晴坝面可复工，但因道路影响运输而不能及时复工，不少工程有过此教训，所以，应加强雨季路面维护和排水措施，在多雨地区的主要运输道路可考虑采用混凝土路面。

第二节　混凝土面板堆石坝施工

一、混凝土面板堆石坝分区

混凝土面板坝的防渗系统由基础防渗工程、趾板、面板组成，其特点是堆石坝体能直接挡水或过水，简化了施工导流与度汛，枢纽布置紧凑，能充分利用当地材料。面板坝可以分期施工，便于机械化施工，施工受气候条件的影响较小。

面板堆石坝上游面有薄层面板，面板可以是刚性钢筋混凝土的，也可以是柔性沥青混凝土的。坝身主要是堆石结构，良好的堆石材料可尽量减少堆石体的变形，为面板正常工作创造条件，是坝体安全运行的基础。

坝体部位不同，受力状况不同，对填筑材料的要求也不同，所以应对坝体进行分区（图 4-16）。

面板下垫层区的主要作用在于为面板提供平整、密实的基础，将面板承受的水压力均匀传递给主堆石体。过渡区位于垫层区与主堆石区之间，其主要作用是保护垫层区在高水头作用下不致破坏，其粒径、级配要求符合垫层料与主堆石料间的反滤要求。主堆石区是坝体维持稳定的主体，其石质好坏、密度、沉降量大小，直接影响面板的安危。次堆石区起保护主堆石体及下游边坡稳定的作用，要求采用较大石料填筑，由于该区的沉降变形对

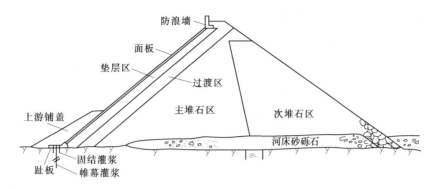

图 4-16 混凝土面板堆石坝的坝体分区剖面图

面板已影响甚微，故对石质及密度要求有所放宽，但 150m 以上高坝不宜降低。

一般面板坝的施工程序：岸坡坝基开挖清理→趾板基础及坝基开挖→趾板混凝土浇筑→基础灌浆→分期分块填筑主堆石料。垫层料必须与部分主堆石料平起上升，填至分期高度时用滑模浇筑面板，同时填筑下期坝体，再浇混凝土面板，直到坝顶。

堆石坝填筑的施工设备、工艺和压实参数的确定，和常规土石坝非黏性土料施工没有本质区别。

二、填筑施工方案制定

堆石坝施工前要进行坝体填筑方案规划，主要内容如下：

（1）根据合同要求的总工期目标、导流度汛方式及其设计标准确定施工分期方案、施工进度及施工方法。

（2）根据施工分期方案确定各阶段的坝体填筑断面及各坝区料的工程量。

（3）确定填筑料的来源，选定填筑料的生产、加工及运输方式。

（4）根据施工进度各阶段坝体填筑的起止时间，计算施工强度。

（5）根据碾压试验确定坝体填筑的压实机械、压实方法、压实参数，如铺层厚度、碾压遍数、加水量等。

（6）根据施工强度计算所需施工机械设备和人员数量及组合。

（7）确定坝区施工道路的布置。

道路布置应考虑地形条件、枢纽布置、工程量大小、填筑强度、运输车辆规格型号等因素。

按路面宽度不同，主要有双车道和环形单车道两种线路。双车道的特点：路面较宽，错车频繁，在转弯处不安全；进出各料场、坝区时，车辆穿插干扰较大，影响施工效率。环形单车道的特点：施工期间，随着坝体上升，可在坝坡或坝体内部灵活地设置"之"字形上坝道路，以便最大限度地减少坝体外的上坝道路，对岸坡陡峭、修建道路困难的地方意义更大。堆石体内部的上坝道路需根据填筑施工的需要随时变换。

如果料场布置在坝址上游，筑坝道路要跨过趾板，必须对趾板、止水设施及垫层进行保护。保护方式可以在趾板上堆渣，也可以用临时钢梁架桥跨越。在岸坡陡峭的峡谷内，沿岸坡修路困难，工程量大，还涉及高边坡问题。有的工程根据地形条件，用交通洞通向坝区或竖井卸料连接不同高程的道路，也有较好的效果。

三、趾板混凝土施工

河床段趾板应在基岩开挖完毕后立即进行浇筑，在大坝填筑之前浇筑完毕。岸坡部位的趾板必须在填筑之前一个月内完成。为减少工序干扰和加快施工进度，可随趾板基岩开挖出一段之后，立即由顶部自上而下分段进行施工。如工期和工序不受约束，也可在趾板基岩全部开挖完以后再进行趾板施工。

（一）施工工艺流程

趾板及高趾墙混凝土浇筑施工工艺流程为：基础清理→测量放线→钻锚筋孔→安装锚筋→钢筋制安→止水安装→模板安装→灌浆预埋件布设→仓面验收→浇筑混凝土→拆模、混凝土养护→止水设施保护。

（二）仓面准备

（1）基础找平。趾板混凝土浇筑前均应找平基础（采用与趾板同等级的混凝土回填）。对砂砾石基础先开挖到设计高程，并用大功率碾压设备进行碾压，碾压后的基础若存在局部不平整，应选择同质量、同级配的砂砾料填平并重新碾压，然后浇筑趾板。

（2）锚筋施工。在开挖结束的基岩面或回填混凝土面上，用手风钻凿锚筋孔。孔位、孔深、孔向应符合要求，钻孔验收合格后采用先注浆后插筋的施工工艺安装锚筋。

（3）模板设计与安装。趾板混凝土厚度薄，侧压力小，侧模板结构简单。常规浇筑方法侧向模板选用标准钢模板或木模板拼装而成。滑模浇筑方法应选用能承受滑模架运行的钢模板。模板安装必须定位准确，支撑牢固，接缝紧密，确保浇筑时不变形、不位移、不露浆。

（三）趾板混凝土浇筑

趾板因坝高、地形条件不同，混凝土入仓有多种方式：岸坡较缓、坝高较低、道路通畅时采用溜槽入仓；局部较陡峻、溜槽入仓不便的部位采用吊灌入仓；两种方法都不能满足要求的地形条件可采用泵送入仓。

四、堆石填筑及垫层料施工

（一）施工准备填筑料生产

1. 料场规划

（1）堆石材料的质量要求：

1）主要部位的石料抗压强度不低于 78MPa，次要部位石料抗压强度应在 50～60MPa 之间。

2）石料硬度不应低于莫氏硬度表中的第三级，其韧性不应低于 $2kg/cm^2$。

3）石料的天然密度不应低于 $2.29g/cm^3$。

4）石料应具有抗风化能力，其软化系数水上不低于 0.8，水下不低于 0.85。

（2）面板堆石坝的坝体分区。根据面板堆石坝不同部位的受力情况，将坝体进行分区。

1）垫层区。垫层区的主要作用是为面板提供平整、密实的基础，将面板承受的水压力均匀传递给主堆石体，要求用石质新鲜、级配良好的碎石料填筑。

2）过渡区。过渡区的主要作用是保护垫层区在高水头作用下不产生破坏，填筑料粒径、级配要求符合垫层料与主堆石料间的反滤要求，一般最大粒径不超过 350～400mm。

3）主堆石区。主堆石的区主要作用是维持坝体稳定，要求石质坚硬，级配良好，允许存在少量分散的风化料，该区粒径一般为 600～800mm。

4）次堆石区。次堆石区的主要作用是保护主堆石体和下游边坡的稳定，要求采用较大石料填筑，允许有少量分散的风化石料，粒径一般为 1000～1200mm。由于该区的沉陷对面板的影响很小，故对填筑石料的要求可放宽一些。

为保证料源的质量和储量，施工单位在进入现场后，应对设计给工程提出的料场进行复查，确定料场的质量和储量是否满足施工要求，并在料场复查和设计资料的基础上，依据工程施工总进度的安排，做好料场开采规划，如料场开采顺序，梯段开采高度，掌子面分块分段长度，堆、弃料场地，风、水、电设施，火工材料库，运输道路，排水系统的布置，以及钻爆、挖、运设备的配备等。

2. 坝料开采与加工

面板坝主堆石料及过渡料，由于粒径较大，常由料石场直接开采，为获得较好级配坝料及较大的开采强度，绝大部分已建和在建面板坝工程，采用了深孔梯段微差挤压爆破技术，采用 100 型钻机，梯段高度为 12～15m。

垫层料颗粒设计较粗时，如经爆破试验可以满足垫层料设计级配要求，可以由采石场直接开采，可以使造价大幅度降低。

砂砾石料场大多分布在河床附近，施工受河水及地下水影响较大。对寒冷地区，冬季冻深较大，而冻结后的砂砾石料会使机械开采困难。因此，为保证冬季正常施工，必须储备足够的坝料，以降低砂砾石的含水量，供冬季坝体填筑使用。

可用料的开挖应按照坝料的要求进行，并满足级配要求。

料场开采结束后，不稳定的边坡和危岩应及时处理，减少事故隐患。料场的开采破坏了周围的农田和植被，因此，为保护周围环境，防止水土流失，也应采取一些环保措施予以处理；即使在库内淹没线以下的料场，进行适当处理也将有利于养殖业生产。

3. 道路与运输

在现代土石坝施工中，自卸汽车运输占主导地位，国内 90% 以上的土石坝施工，均采用了正铲装车、自卸汽车运输的方式。堆石料以采用较大吨位自卸汽车为宜；砂砾石料既可用自卸汽车也可用皮带运输机，但宜经过技术经济比较后选定。

布置运输线路应重视以下问题：优先考虑单向循环线路，使轻型、重型汽车互不干扰；同时，还需合理确定路面等级，尽量降低纵坡坡率，以提高行车速度。

面板坝坝址常位于河流的中上游，由于山谷狭窄，公路大都顺河流走向修建，如把防洪标准定得过高，势必抬高路面、加大桥涵，使筑路费用加大。另外，临时公路即使遭到损坏，恢复也较容易，因此，防洪标准可以较低。根据国内外建坝经验，其防洪标准以不低于 5 年一遇为宜。

一般山区公路的标准较低，大都不能满足大型施工运输机械的运行要求，因此，施工队伍进场后，应对可利用的永久公路路段进行安全复校，施工道路技术参数要求应按照 SL 667—2014 的规定执行。

在面板坝施工中，运输线路难免跨越趾板和垫层区，需要采取保护措施：有的采用钢栈桥跨越，但大多数工程是采取在趾板上垫以一定厚度的石渣来保护的，位于垫层区或其他部位的坝内道路，要求按坝体规定的物料填筑并进行压实，不允许以浮渣筑路。

（二）坝体填筑

1. 坝体填筑技术要求

（1）为保证堆石坝体的填筑质量，保证坝基、坝头岸坡处理以及趾板浇筑的质量，避免大坝填筑和趾板施工交叉进行，尽力在堆石填筑开始之前完成全部趾板施工，以利施工安全。交叉施工在西北口工程中已有教训：当时左岸坝基处理未结束，河床段趾板正施工，而大坝填筑已进行，为了留出邻近趾板的填筑工作面，大坝填筑不得已采用了先填主堆石区，后填过渡层、垫层区的做法，结果形成了大坝上游低、下游高的"梯田式"填筑，梯田台阶层次最多达6层，大大影响了填筑质量与施工效率。

然而，当坝底较宽、较长，或有专门施工安排时，经过周密规划、组织，也允许坝体填筑在相应部位的趾板完成后提前进行。此种安排，有时也是保证安全度汛或缩短工期所必需的。

（2）堆石的填筑与碾压是控制施工质量的关键工序，也是加快工程进度的重要环节。由于每一工程的规模、坝体设计要求、填筑坝料的性质、施工单位的技术装备和技术水平等各不相同，填筑与压实的参数也有差别，因此，在堆石坝填筑开始之前应对坝料进行碾压试验，其目的在于根据工地具体条件，对设计提出的压实标准进行复核，选择合适的施工机械和确定合理的施工参数（铺料厚度、碾压遍数、加水量等），并提出完善的施工工艺和措施。

对于大型、重要或特殊情况（如高地震区等）的工程，都应进行碾压试验；而对于中小型工程或坝不高的情况，则可根据压实机械、工程经验采用类比法选定压实参数，并结合施工在坝的下游部位进行检验性试验。

（3）坝体填筑平起、均衡上升，是一般土石坝施工的总要求，对于面板堆石坝来说，垫层、过渡层与相邻主堆石区的填筑尤应如此。坝面的平起、均衡填筑指有计划的，各分区、各部位相互呼应的连续填筑，并非一定是全断面的平起填筑，特别是在坝的底部或坝较高、断面较大时。在后一情况下，除抢筑临时断面的安排外，允许在下游部位预先填筑堆石以争取进度。但是，绝不能形成"梯田式"或"鱼背式"的填筑坝面。按照国外经验，面板下游30m以内的坝面应保证连续平起、均衡上升，垫层、过渡层、主堆石区之间的填筑面高差，规定层差不超过一层，其目的在于保证各分区之间的良好结合，以及面板下游一定范围内的堆石体达到较高的密实度。

（4）观测仪器、设施的埋设是坝体施工的组成部分，特别需要注意观测设施的施工保护。

（5）垫层料、过渡料、主堆石料，其各个颗粒间只有单纯的接触联系，不同粒径与质量的颗粒，在卸料、铺筑、推平过程中，由于重力的作用，会产生不同程度的颗粒分离。这是迄今面板堆石坝施工中普遍存在的问题。然而垫层与过渡层对面板的变形以至渗流性质至关重要，不允许在填筑过程中产生严重的颗粒分离。为了减少颗粒分离现象，一般有两个途径可循，即改善材料的级配和采取相应的有效施工方法。级配改善主要是增加细颗粒的成分，使其起一种包裹、挟持的作用，以阻滞较大颗粒的分选、集中。根据 J. 谢拉德（J. Sherard）1985 年的研究成果，当小于 5mm 的颗粒含量少于 20％时，施工时不可能避免分离，但如增加到 40％或更多，则有可能避免分离。从施工角度来说，为了减少颗粒分离可采用以下方法：

1）跳堆法，即在已压实的坝面上，按铺筑一层料需要的数量，跳隔一定距离卸料，然后推平成连续层的方法。

2）润湿坝料法，即使材料在运输车内润湿，以增加颗粒之间的团聚力，阻滞颗粒彼此分离。

3）掺混法，即对已分离集中的大颗粒区掺混较细坝料的方法。国外曾用此法。

（6）为保证碾压后的上游坡面满足设计要求。坝体填筑时要有一定的超填宽度，关于超填宽度，巴坦艾（Batang Ai）坝为 10cm，特劳湖（Terror Lake）坝为 15cm。国外较多的工程，规定碾压前的坡面不平整度为 0～15cm 或 5～15cm，结合国内情况，一般取其较大值。

（7）堆石坝填筑时要加水碾压，目的在于使材料浸湿，软化细粒并降低粗粒的抗压强度，以提高压实密度和效率，减少竣工后的后期沉降。加水的作用效果与堆石母岩的岩性与岩质、堆石的粒径与形状等因素有关。一般来说，新鲜、坚质、浑圆形的堆石、砂卵石，加水对其压实的效果不明显，这方面已有不少实例和试验资料，如奥罗维尔（Oroville）、首取川、横山坝等；但对于湿单轴抗压强度显著降低的岩石、砂粒和细粒含量较高的堆石，其加水效果较好。堆石的加水量，一般依堆石料的类型、性质、填筑部位、坝的高度等条件并通过碾压试验分析确定。

（8）面板堆石坝主要的设计原则是控制堆石坝体的变形，尽量使堆石坝料碾压密实，根据规定坝料必须采用振动碾碾压，因为只有振动压实才能保证堆石的高密度。

（9）由于堆石填筑包括卸料、铺料、洒水、压实等多道工序，在垫层坡面上还需要进行修整、斜坡碾压和堆石保护。由于工序较多，为避免混乱和出现安全事故，坝面填筑应分区分段进行，宜适当划分工作面，在各填筑块上依次完成各道工序。

（10）振动碾的减振轮胎压力、振动轮的转数等，会随振动碾的工作而逐渐降低或衰减，从而影响其工作功能与效率，因而必须定时检查，及时调整、处理。为了确保压实质量，应保持振动碾的规定工作参数。

2. 垫层坡面碾压与防护技术

垫层为堆石体坡面最上游部分，可用人工碎石料或级配良好的砂砾料填筑。为减少面板混凝土超浇量，改善面板的应力条件，对上游垫层坡面必须修整和压实。一般水平填筑时向外超填 15～30cm，斜坡长度达到 10～15m 时修整、压实一次。在多雨地区，尤其当垫层料为砂卵石时，尚应缩短这一填筑与防护的周期。

修整可采用人工或激光制导反铲（天生桥一级水电站面板堆石坝采用）进行。修整后的坡面不平整度，国内尚无资料，国外一些工程的规定则不甚相同：塞沙那（Cethana）、比曼（Pieman）为 5～15cm，高兰（Khao Laem）为 0～15cm，温尼克（Winneke）为 0～15cm。参照这些规定，结合我国的施工情况，从偏严的方面考虑，垫层坡面不高于设计线 5～10cm。

当垫层材料为砂卵（砾）石时，由于此种材料较易受雨水冲蚀，应采用较薄的填筑层，以便及时进行坡面碾压与防护。对于较重要的工程或雨水较大时，也可采用加设细铁丝网表层防护法，即随垫层填筑随时在其坡面铺设细铁丝网进行防护。

坡面碾压，是由于已压实合格的垫层，其上游邻坡边缘带（含超填部分）无法进行平面碾压，为使混凝土面板有一个坚实的支撑面，而在垫层上游坡面上进行的专门碾压，这也是面板堆石坝特有的碾压工序。在坡面修整后即进行斜坡碾压，一般可利用为填筑坝顶布置的索吊牵引振动碾上下往返运行，也可使用平板式振动压实器进行斜坡压实。

未浇筑面板之前的上游坡面，尽管经斜坡碾压后具有较高的密实度，但其抗冲蚀和抗人为因素破坏的性能很差，一般须进行垫层坡面的防护处理。垫层坡面的防护，是在面板浇筑之前的临时措施。防护的作用，一是防止雨水冲刷垫层坡面，二是为面板混凝土施工提供良好的工作面，三是利用堆石坝体挡水或过水时垫层护面可起临时防渗和保护作用。垫层防护一般采用喷洒乳化沥青、喷射混凝土或摊铺和碾压水泥砂浆。混凝土面板或面板浇筑前的垫层料，施工期不允许承受反向水压力。

防护层的敷设，调整、补偿了垫层坡面的表面不平整度与材料分布的不均一程度。但防护层的表面仍然不可能十分平整，因而从施工上讲，仍需有不平整度的规定。对于水泥砂浆层，在 5m 范围内的起伏差不应高于设计线 5cm，低于设计线 8cm；对于喷射混凝土层，与设计线偏差不大于 5cm。对于阳离子乳化沥青层，由于层厚很薄，可通过试验确定。

3. 混凝土挤压边墙

垫层面处理近年来也采用混凝土挤压边墙的方法。挤压式混凝土边墙位于大坝上游过渡层与混凝土面板之间，图 4-17 所示为某混凝土挤压边墙施工示意图。

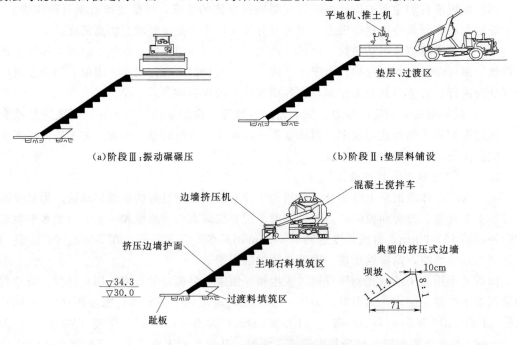

（a）阶段Ⅲ：振动碾碾压　　　　　（b）阶段Ⅱ：垫层料铺设

（c）阶段Ⅰ：挤压式边墙成型

图 4-17　某混凝土挤压边墙施工示意图

面板堆石坝在每填筑一层过渡料之前，用挤压式边墙机制作出一个半透水的混凝土墙（挤压墙施工根据混凝土运料车所走路线从左岸往右岸施工），然后在其内侧按设计铺填坝料，碾压合格后再制作上层边墙，重复以上工序。

混凝土挤压式边墙护坡技术是混凝土面板堆石坝上游坡面施工的新方法，相对于其他施工方法来说，有以下优点：

（1）简化了垫层料的施工工序；保证和提高了垫层的施工质量；降低了施工成本。

（2）施工简单方便，各工序衔接比较紧密，加快了施工进度，确保了坝体的安全度汛。

（3）避免了填筑过程中上游边坡滚石和斜坡碾压高边坡作业，提高了施工安全性。

4．混凝土面板施工

钢筋混凝土面板是刚性面板堆石坝的主要防渗结构，厚度薄、面积大，在满足抗渗性和耐久性条件下，要求具有一定的柔性，以适应堆石体的变形。

面板浇筑一般在堆石坝体填筑完成或至某一高度后，气温适当的季节内集中进行，由于汛期限制，工期往往很紧。面板由起始板及主面板组成。起始板可以采用固定模板或翻转模板浇筑，也可用滑模浇筑。当起始板不采用滑模浇筑时，应尽量在坝体填筑时创造条件提前浇筑。中等高度以下的坝，面板混凝土不宜设置水平缝，高坝和要求施工期蓄水的坝，面板可以设1～2条水平工作缝，分期浇筑。垂直缝分缝宽度应根据滑模结构，以易于操作、便于仓面组织等原则确定，一般为12～16m。面板混凝土浇筑应保持连续性，如特殊原因中止浇筑且超过允许间歇时间，应按施工缝处理。超过允许间歇时间的混凝土拌和物应按废料处理，不得强行加水重新拌和入仓，混凝土浇筑允许间歇时间应通过试验确定。

钢筋混凝土面板一般采用滑模法施工，滑模分有轨滑模和无轨滑模两种。滑模利用两侧的轨道、侧模或已浇完的面板来支撑、导向和控制混凝土面板的浇注厚度。在浇注过程中，混凝土的浮拖力由模板自重和附加配重来克服，振捣密实的混凝土由滑动模板或抹面平台压抹成形。无轨滑模是近几年来在面板坝施工实践中提出来的，它克服了有轨滑模的缺点，减轻了滑动模板自身重量，提高了工效，节约了投资，在国内广泛使用。滑模上升速度一般为1～2.5m/h，最高可达6m/h。

混凝土场外运输主要采用混凝土搅拌运输车、自卸汽车等，坝面输送主要采用溜槽和混凝土泵。

钢筋的架设一般采用现场绑扎、焊接或预制钢筋网片和现场拼接的方法，用人工或钢筋台车将钢筋送至坡面，高坝宜采用钢筋台车运送钢筋，以节省人工。台车由坝顶卷扬机牵引。

金属止水片的成型主要有冷挤压成型、热加工成型或手工成型。一般成型后应进行退火处理。现场拼接方式有搭接、咬接、对接；对接一般用在止水接头异型处，应在加工厂内施焊，以保证质量。止水带安装应确保中线与缝中线重合，允许偏差应为±10mm，安装完毕后，经验收合格，才可进行下道工序施工。

混凝土施工时，由于侧模不仅要承担混凝土的侧压力，而且又要作为滑模的支承和滑移轨道，因此，侧模的设计、安装必须牢固、安全且能保证所浇筑的混凝土外形几何尺寸符合设计要求。滑模牵引设备一般采用卷扬机牵引提升滑模，卷扬机的锚固采用预埋地锚的方法，当坝体填筑接近坝顶面时，将地锚埋入坝体内。

小　结

本章主要学习了碾压土石坝施工、混凝土面板堆石坝施工，要求掌握碾压式土石坝坝体填筑施工工艺及各工序施工技术要点，土石坝反滤层施工方法，面板堆石坝挤压边墙施工，熟悉料场规划和开采、土石坝砌石护坡施工、面板堆石坝坝体分区及各区功能和材料要求、混凝土面板施工。

自 测 练 习 题

一、填空题

1. 碾压式土石坝施工包括＿＿＿＿＿作业、＿＿＿＿＿作业、＿＿＿＿＿作业和＿＿＿＿＿作业。

2. 土石坝施工需对料场从＿＿＿＿、＿＿＿＿、＿＿＿＿与＿＿＿＿等方面进行全面规划。

3. 压实机具按作用力分为＿＿＿＿、＿＿＿＿、＿＿＿＿三种基本类型。

4. 碾压机械的开行方式有＿＿＿＿和＿＿＿＿。

5. 黏性土的压实参数包括＿＿＿＿、＿＿＿＿及＿＿＿＿。

6. 非黏性土的压实参数包括＿＿＿＿及＿＿＿＿。

7. 土石坝冬季施工，可采用＿＿＿＿、＿＿＿＿、＿＿＿＿三方面的措施。

8. 土石坝雨季施工大体可以采用＿＿＿＿、＿＿＿＿、＿＿＿＿等措施。

二、判断题（你认为正确的，在题干后画"√"，反之画"×"）

1. 正向铲挖掘机适于挖掘停机面以下的土方和水下土方。　　　　　　　　　（　　）

2. 土石坝施工中，因挖、运、填是配套的，所以开挖强度、运输强度均与上坝强度数值相等。　　　　　　　　　　　　　　　　　　　　　　　　　　　（　　）

3. 耗费最大的压实功能、达到最大的压料密度的土料含水量称为最优含水量。
　　　　　　　　　　　　　　　　　　　　　　　　　　　　　　　　（　　）

4. 气胎碾适用于黏性土与非黏性土的压实。　　　　　　　　　　　　　　（　　）

5. 羊脚碾只能用于压实黏性土，振动碾最适于压实非黏性土。　　　　　　（　　）

6. 压实砂砾石坝壳时，砂石料的含水量必须保持为最优含水量。　　　　　（　　）

三、简答题

1. 碾压式土石坝施工的基本作业包括哪些？

2. 土石坝施工料场规划中，如何体现"料尽其用"的原则？

3. 简述碾压机械开行方式中进退错距法与转圈套压法的适用条件及优、缺点。

4. 面板堆石坝如何进行分区？各区筑坝材料有什么要求？

5. 堆石坝的钢筋混凝土面板通常如何浇筑？

6. 混凝土挤压式边墙护坡技术与其他施工方法相比有什么优点？

7. 干砌石的施工方法有哪些？

8. 浆砌石砌筑的技术要领是什么？浆砌石施工工艺流程是什么？

9. 浆砌石施工中为什么要进行勾缝？如何勾缝？

第五章 混凝土坝施工

第一节 混凝土生产与运输

一、砂石骨料生产

(一) 砂石料料源的分类

水利水电工程砂石料料源有天然砂砾石骨料、人工骨料与工程开挖利用料，部分规模小、部位分散、距离长（如堤防工程、调水工程）的工程也可结合当地商品砂石料生产情况直接采购成品骨料。一般情况下，各种料源均可生产粗细骨料，但根据料源骨料品质的不同，有的料源则只能用于生产粗骨料（或细骨料），采用何种骨料，一般决定于对料源的物理、化学试验结果。

(二) 骨料生产流程

毛料都不能直接用于拌制混凝土，在骨料加工厂需要通过破碎、筛分、冲洗等加工过程，制成符合级配要求、除去杂质的各级粗、细骨料。

1. 破碎

为了将开采的石料破碎到规定的粒径，往往需要经过几次破碎才能完成，因此，通常将骨料破碎过程分为粗碎（将原石料破碎到 300～70mm）、中碎（破碎到 70～20mm）和细碎（破碎到 20～1mm）。

骨料用碎石机进行破碎。碎石机的类型有颚式碎石机、锥式碎石机、辊式碎石机和锤式碎石机等。

2. 筛分与冲洗

筛分是将天然或人工的混合砂石料按粒径大小进行分级，冲洗是在筛分过程中清除骨料中夹杂的泥土。骨料筛分作业的方法有机械和人工两种。大、中型工程一般采用机械筛分，常用筛分机械有偏心轴振动筛、惯性振动筛、自定中心筛。

大、中型工程常设置筛分楼，利用楼内安装的 2～4 套筛、洗机械，专门对骨料进行筛分和冲洗的联合作业，其设备布置和工艺流程如图 5-1 所示。

进入筛分楼的砂石混合料，首先经过预筛分，剔出粒径大于 150mm（或 120mm）的超径石。经过预筛分运来的砂石混合料，由皮带机输送至筛分楼，再经过两台筛分机筛分和冲洗，四层筛网（一台筛分机设有两层不同筛孔的筛网）筛出了 5 种粒径不同的骨料，即特大石、大石、中石、小石、砂子，其中特大石在最上一层筛网上不能过筛，首先被筛分出，砂子、淤泥和冲洗水则通过最下一层筛网进入沉砂箱，砂子落入洗砂机中，经淘洗后可得到清洁的砂。

经过筛分的各级骨料，分别由皮带机运送到净料堆储存，以供混凝土制备的需要。

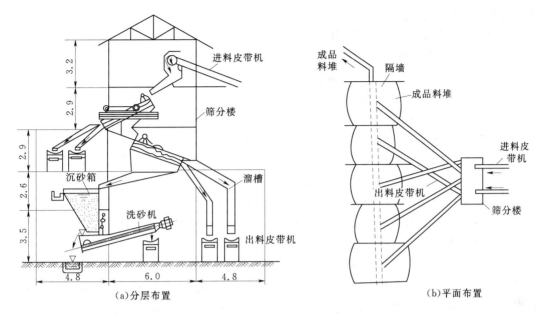

（a）分层布置　　　　　　　　　　（b）平面布置

图 5-1　筛分楼布置示意图（单位：m）

二、常态混凝土生产

混凝土生产系统（又称混凝土工厂）一般由拌和楼（站）及与其配套的辅助设施组成，包括混凝土原材料储运、二次筛分和冷却（或加热）等设施组成。

（一）混凝土生产系统的规划

1. 混凝土生产系统的设置

根据工程规模、施工组织的不同，水利水电工程可集中设置一个混凝土生产系统，也可设置两个或两个以上的混凝土生产系统，分别按各自预定的供料对象和范围供应混凝土。

（1）混凝土生产系统集中设置。混凝土生产系统集中设置，一般用于混凝土建筑物较集中、混凝土运输线路短而流畅、河床一次截流的水利水电工程中。对一般中、小型水利水电工程，设置一个混凝土生产系统为工程所需混凝土集中生产和供料，可减少占地面积和土建工程量，节省工程投资，降低运行费用。

（2）分期设厂。在河流流量大而宽阔的河段上筑坝，通常采用分期导流，分期施工方式。根据施工场地布置、骨料来源、混凝土运输、混凝土施工等具体情况，一般按施工阶段分期设置混凝土生产系统。

（3）分标段设置。有些建设单位将相对独立的水工建筑物单独招标，并在招标文件中要求中标单位规划建设相应混凝土生产系统，为本标段供应混凝土。混凝土生产系统在不同标段分别设置，有利于混凝土施工管理。

2. 混凝土生产系统生产能力的确定

按高峰月混凝土浇筑强度计算，在工程施工阶段，混凝土生产系统生产能力一般根据施工组织安排的高峰月浇筑强度，计算混凝土生产系统小时生产能力：

$$P = Q_m / (mnK_h) \tag{5-1}$$

式中 P——混凝土生产系统小时生产能力，m^3/h；

Q_m——高峰月混凝土浇筑强度，$m^3/$月；

m——月工作日数，一般取 25d；

n——日工作小时数，一般取 20h；

K_h——小时不均匀系数，一般取 1.5。

3. 混凝土生产系统的组成

根据混凝土施工和质量控制要求，设置混凝土生产系统车间。通常混凝土生产系统由拌和楼（站）、骨料储运设施、胶凝材料储运设施、外加剂车间、冲洗筛分车间、预冷预热车间、空压站、实验室及其他辅助车间等组成。

（1）拌和楼。拌和楼是混凝土生产系统的主要部分，也是影响混凝土生产系统布置的关键设备。一般根据混凝土质量要求、浇筑强度、混凝土骨料最大粒径、混凝土品种和混凝土运输等要求选择拌和楼。

（2）骨料储运设施。骨料储运设施包括骨料输送和储存设施，按拌和楼生产要求，向拌和楼供应各种满足质量要求的粗细骨料。拌和楼一般采用轮换上料，净骨料（包括细骨料）供料点至拌和楼的输送距离宜在 300m 以内，当大于 300m 时，应在混凝土生产系统设置骨料调节堆（仓）。

（3）胶凝材料储运设施。混凝土生产系统胶凝材料储运设施一般包括水泥和粉煤灰两部分，距拌和楼距离不宜大于 200m。目前，大、中型水利水电工程一般不采用袋装水泥，混凝土生产系统应设置一定数量的散装水泥罐，采用气力输送。

（4）二次冲洗筛分。粗骨料在长距离运输和多次转储过程中，常常发生破碎和二次污染，为了满足骨料质量要求，一般在混凝土生产系统设置二次冲洗筛分设施，控制骨料超逊径含量，排除石渣石屑。

（5）实验室。混凝土生产系统应设置混凝土实验室，承担混凝土材料、混凝土拌和质量控制和检验。混凝土生产系统实验室建筑面积可按混凝土工程量来计算，每 1 万 m^3 混凝土实验室建筑面积不宜小于 $1m^2$（包括监理单位现场实验室），且不宜小于 $250m^2$。

（6）外加剂车间。目前，水利水电工程外加剂成品一般以浓缩液或固体形状运到工地，再配成液剂使用。固体浓缩外加剂在工地一般设置拆包、溶解、稀释、匀化稳定和输送几道工序。外加剂溶解后不能自流时，用提升泵输送至拌和楼，拌和楼外加剂储液灌应设置回液管至外加剂车间。

（7）其他辅助车间。根据工程需要，混凝土生产系统还设有汽车停车场（如使用铁路运输时还应设机车场和机车线）、冲洗间、修理间、仓库、油库、调度控制室、配电所等，承担系统辅助生产任务。

（二）混凝土制备

混凝土制备的过程包括储料、供料、配料和拌和，其中配料和拌和是主要生产环节，也是质量控制的关键，要求品种无误、配料准确、拌和充分，应严格遵守签发的混凝土配料单，不应擅自更改。

混凝土配料用到的设备有给料设备、混凝土称量设备，称量的设备有简易称量（地磅）、电动磅秤、自动配料杠杆秤、电子秤、配水箱及定量水表。混凝土组成材料的配料量均应以质量计，计量单位为 kg。

1. 混凝土搅拌机

用搅拌机拌和混凝土较广泛，能提高拌和质量和生产率。拌和机械有自落式和强制式两种。自落式搅拌机是通过筒身旋转，带动搅拌叶片将物料提高，在重力作用下物料自由坠下，反复进行，互相穿插、翻拌、混合使混凝土各组分搅拌均匀。强制式混凝土搅拌机一般筒身固定，搅拌机片旋转，对物料施加剪切、挤压、翻滚、滑动、混合使混凝土各组分搅拌均匀。

搅拌机安装时，按施工组织设计确定的搅拌机安放位置，根据施工季节情况搭设搅拌机工作棚，棚外应挖有排除清洗搅拌机废水的排水沟，能保持操作场地的整洁。

搅拌机使用前应按照"十字作业法"（清洁、润滑、调整、紧固、防腐）的要求检查离合器、制动器、钢丝绳等各个系统和部位是否机件齐全、机构灵活、运转正常，搅拌机正常运转的技术条件及搅拌前的检查项目见表 5-1、表 5-2。

表 5-1　　　　　　　　　搅拌机正常运转的技术条件

序号	项目	技 术 条 件
1	安装	撑脚应均匀受力，轮胎应架空。如预计使用时间较长时，可改用枕木或砌体支承。固定式的搅拌机，应装在固定基础上，安装时按规定找平
2	供水	放水时间应小于搅拌时间全程的 50%
3	上料系统	(1) 料斗载重时，卷扬机能在任何位置上可靠制动。 (2) 料斗及溜槽无材料滞留。 (3) 料斗滚轮与上料轨道密合，行走顺畅。 (4) 上止点有限位开关及挡车。 (5) 钢丝绳无破损，表面有润滑脂
4	搅拌系统	(1) 传动系统运转灵活，无异常声响，轴承不发热。 (2) 液压部件及减速箱不漏油。 (3) 鼓筒、出浆门、搅拌轴轴端不得有明显的漏浆。 (4) 搅拌筒内、搅拌叶无浆渣堆积。 (5) 经常检查配水系统
5	出浆系统	每次拌和出浆的残留量不大于出料量的 5%
6	紧固件	完整、齐全、不松动
7	电路	线头搭接紧密，有接地装置、漏电开关

表 5-2　　　　　　　　　混凝土搅拌前对设备的检查

序号	设备名称	检 查 项 目
1	送料装置	(1) 散装水泥管道及气动吹送装置。 (2) 送料拉铲、皮带、链斗、抓斗及其配件。 (3) 上述设备间的相互配合
2	计量装置	(1) 水泥、砂、石子、水、外加剂等计量装置的灵活性和准确性。 (2) 称量设备有无阻塞。 (3) 盛料容器是否黏附残渣，卸料后有无滞留。 (4) 下料时冲量的调整

续表

序号	设备名称	检 查 项 目
3	搅拌机	（1）进料系统和卸料系统的顺畅性。 （2）传动系统是否紧凑。 （3）筒体内有无积浆残渣，衬板是否完整。 （4）搅拌叶片的完整和牢靠程度

搅拌机在操作中应注意以下几个问题：

（1）使用前清洗搅拌筒，筒内加清水搅拌 3min，然后将水放出，再可投料搅拌。

（2）开盘搅拌（开盘操作），为不改变混凝土设计配合比，补偿黏附在筒壁、叶片上的砂浆，第一盘应减少石子约 30%，或多加水泥、砂各 15%。

（3）普通混凝土一般采用一次投料法或两次投料法。一次投料法是按砂（石子）、水泥、石子（砂）的次序投料，并在搅拌的同时加入全部拌和水进行搅拌；二次投料法是先将石子投入拌和筒并加入部分拌和用水进行搅拌，清除前一盘拌和料黏附在筒壁上的残余，然后再将砂、水泥及剩余的拌和用水投入搅拌筒内继续拌和。

（4）混凝土应拌和均匀，颜色一致；拌和时间应通过试验确定，且不宜小于表 5-3 中所列最小拌和时间。

（5）搅拌机操作要点见表 5-4。

表 5-3　　　　　　　　　　　　　混凝土最少拌和时间

拌和机容量 Q/m^3	最大骨料粒径 /mm	最小拌和时间/s	
		自落式拌和机	强制式拌和机
$0.75 \leqslant Q \leqslant 1$	80	90	60
$1 \leqslant Q \leqslant 3$	150	120	75
$Q > 3$	150	150	90

注　1. 入机拌和量在拌和机额定容量的 110% 以内。
　　2. 掺加掺合料、外加剂和加冰时建议延长拌和时间，出机口的混凝土拌和物中不要有冰块。
　　3. 掺纤维、硅粉的混凝土其拌和时间根据试验确定。

表 5-4　　　　　　　　　　　　　搅拌机操作要点

序号	项目	操 作 要 点
1	进料	（1）应防止砂、石落入运转机构。 （2）进料容量不得超载。 （3）进料时避免水泥先进，避免水泥黏结机体
2	运行	（1）注意声响，如有异常应立即检查。 （2）运行中经常检查紧固件及搅拌叶，防止松动或变形
3	安全	（1）上料斗升降区严禁任何人通过或停留。检修或清理该场地时，用链条或锁闩将上料斗扣牢。 （2）进料手柄在非工作时或工作人员暂时离开时，必须用保险环扣紧。 （3）出浆时操作人员应手不离开操作手柄，防止手柄自动回弹伤人（强制式机更要重视）。 （4）出浆后，上料前，应将出浆手柄用安全钩扣牢，方可上料搅拌。 （5）停机下班，应将电源拉断，关好开关箱。 （6）冬季施工下班，应将水箱、管道内的存水排清

序号	项目	操 作 要 点
4	停电或机械故障	(1) 快硬、早强、高强混凝土，及时将机内拌和物掏清。 (2) 普通混凝土，在停拌 45min 内将拌和物掏清。 (3) 缓凝混凝土，根据缓凝时间，在初凝前将拌和物掏清。 (4) 掏料时，应将电源拉断，防止突然来电

（6）混凝土拌和物的搅拌质量应经常检查，混凝土拌和物颜色要均匀一致，无明显的砂粒、砂团及水泥团，石子完全被砂浆所包裹，说明其搅拌质量较好。

每班作业后应对搅拌机进行全面清洗，并在搅拌筒内放入清水及石子运转 10～15min 后放出，再用竹扫帚洗刷外壁。搅拌筒内不得有积水，以免筒壁及叶片生锈，如遇冰冻季节应放尽水箱及水泵中的存水，以防冻裂。

每天工作完毕后，搅拌机料斗应放至最低位置，不准悬于半空。电源必须切断，锁好电闸箱，保证各机构处于空位。

2. 混凝土拌和楼（站）生产

在水利水电工程混凝土生产系统设计中，应根据混凝土生产要求选择类型适宜、能力匹配的拌和楼。一个混凝土生产系统拌和楼不宜超过 3 座，也不宜超过两种楼型。

（1）拌和楼生产能力的选取。拌和楼的生产能力在不同程度上受到骨料冷却（或加热）、掺合料、混凝土坍落度、级配标号变换、机械电气设备的运行维修、控制系统等因素的影响。在确定拌和楼生产能力时，应按铭牌生产能力，根据使用条件进行核算，类比国内外相同楼型，相似使用条件下拌和楼实际达到的生产能力，最终确定所选拌和楼的生产能力。

（2）拌和楼形式的选择。拌和楼根据结构布置型式可分为直立式、二阶式、移动式等3 种，根据搅拌机配置可分为自落式、强制式及涡流式拌和楼。

1）直立式拌和楼。直立式混凝土拌和楼是将骨料、胶凝材料、料仓、称量、拌和、混凝土出料等各工艺环节由上而下垂直布置在一座楼内，物料只提升一次，这种楼型在国内外广泛采用，用于混凝土工程量大、使用周期长、施工场地狭小的水利水电工程。

2）二阶式拌和楼。二阶式混凝土拌和楼是将直立式拌和楼分成两大部分：一部分是骨料进料、料仓及称量；另一部分是胶凝材料、拌和、混凝土出料和控制等。两部分中间一般用胶带，配好的骨料送入搅拌机，骨料分两次提升，两个部分一般布置在同一个高程上，也可根据地形高差布置在两个高程。这种结构和布置形式的拌和楼安装拆迁方便、机动灵活、时间短。小浪底工程混凝土生产系统 $4 \times 3m^3$ 拌和楼就采用这种结构型式。

3）移动式拌和楼。移动式混凝土拌和楼一般用于小型水利水电工程，混凝土骨料粒径在 80mm 以下混凝土。混凝土拌和船是建造在浮动船舶上的拌和站，主要用于石油、海湾港口码头、河防、桥梁工程等。

三、混凝土运输

混凝土运输是整个混凝土施工中的一个重要环节，对工程质量和施工进度影响较大。混凝土料在运输过程中应满足下列基本要求：

（1）运输设备应不吸水、不漏浆，运输过程中不发生混凝土拌和物分离、严重泌水及坍落度降低过多，并减少温度回升。

（2）同时运输两种以上强度等级的混凝土时，应在运输设备上设置明显标志，以免混淆。

（3）尽量缩短运输时间、减少转运次数，运输时间不得超过表5－5的规定。因故停歇过久，混凝土产生初凝时，应做废料处理。在任何情况下严禁中途加水后运入仓内。

表5－5　　　　　　　　　　　　　　混凝土允许运输时间

气温/℃	混凝土允许运输时间/min	气温/℃	混凝土允许运输时间/min
20～30	30	5～10	60
10～20	45		

注　本表数值未考虑外加剂、混合料及其他特殊施工措施的影响。

（4）运输道路基本平坦，避免拌和物振动、离析、分层。

（5）混凝土运输工具及浇筑地点，必要时应有遮盖或保温设施，以避免因日晒、雨淋、受冻而影响混凝土的质量。

（6）混凝土拌和物自由下落高度以不大于2m为宜，超过此界限时应采用缓降措施，防止骨料分离。

混凝土运输包括两个过程：一是从拌和机前到浇筑仓前，主要是水平运输；二是从浇筑仓前到仓内，主要是垂直运输。混凝土运输方案的选用应保证混凝土质量，并根据混凝土浇筑方案、施工特点、地形条件及施工总布置，通过技术经济比较后确定。

（一）混凝土水平运输

水利水电工程中常用的混凝土水平运输方案如下。

1. 自卸汽车运输

（1）自卸汽车—栈桥—溜筒。如图5－2所示，用组合钢筋柱或预制混凝土柱作立柱，用钢轨梁和模板作桥面构成栈桥，下挂溜筒，自卸汽车通过溜筒入仓。它要求坝体能比较均匀地上升，浇筑块之间高差不大。这种方式可从拌和楼一直运至栈桥卸料，生产率高。

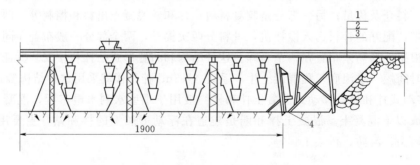

图5－2　自卸汽车—栈桥—溜筒入仓（单位：cm）
1—护轮木；2—木板；3—钢轨；4—模板

（2）自卸汽车—履带式起重机。自卸汽车自拌和楼受料运至基坑后转至混凝土卧罐，再用履带式起重机吊运入仓。履带式起重机可利用土石方机械改装。

（3）自卸汽车—溜槽（溜筒）。自卸汽车转溜槽（溜筒）入仓适用于狭窄、深塘混凝土回填，斜溜槽的坡度一般在1∶1左右，混凝土的坍落度一般为6cm左右，每道溜槽控制的浇筑宽度为5～6m（图5-3）。

（4）自卸汽车直接入仓。

1）端进法。端进法是在刚捣实的混凝土面上铺厚6～8mm的钢垫板，自卸汽车在其上驶入仓内卸料浇筑，浇筑层厚度不超过

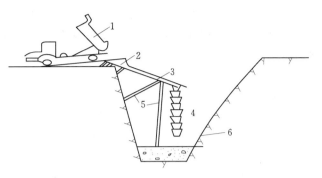

图5-3 自卸汽车—溜槽（溜筒）入仓
1—自卸汽车；2—储料斗；3—斜溜槽；4—溜筒
（漏斗）；5—支撑；6—基岩面

1.5m（图5-4）。端进法要求混凝土坍落度小于3～4cm，最好是干硬性混凝土。

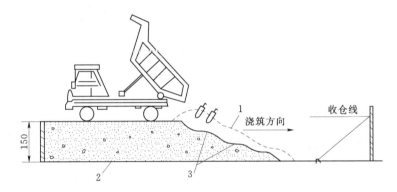

图5-4 端进法示意图（单位：cm）
1—新入仓混凝土；2—老混凝土面；3—振捣后的台阶

2）端退法。自卸汽车在仓内已有一定强度的老混凝土面上行驶。汽车铺料与平仓振捣互不干扰，且因汽车卸料定点准确，平仓工作量也较小，如图5-5所示。老混凝土的龄期应依据施工条件通过试验确定。

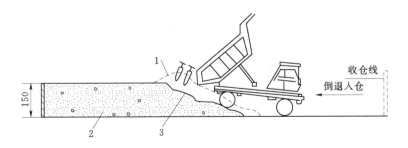

图5-5 端退法示意图（单位：cm）
1—新入仓混凝土；2—老混凝土；3—振捣后的台阶

115

用汽车运输混凝土时，应遵守下列技术规定：装载混凝土的厚度不应小于 40cm，车厢应严密平滑，砂浆损失应控制在 1％以内；每次卸料，应将所载混凝土卸净，并应及时清洗车厢，以免混凝土黏附；以汽车运输混凝土直接入仓时，应有确保混凝土质量的措施。

2. 皮带机运输

皮带机运送混凝土有固定式和移动式两种。

固定式皮带机是用钢筋柱（或预制混凝土排架）支撑皮带机通过仓面，每台皮带机控制浇筑宽度 5～6m，这种布置方式每次浇筑高度约 10m。为使混凝土比较均匀地分料入仓，每台皮带机上每间隔 6m 装置一个固定式或移动式刮板，混凝土经溜槽或溜筒入仓。

移动式皮带机用布料机与仓面上的一条固定皮带机正交布置，混凝土通过布料机接溜筒入仓。在三峡等大型工程还有将皮带机和塔机结合的塔带机，它从拌和楼受料用皮带送至仓面附近，再通过布料杆将混凝土直接送至浇筑仓面。

3. 混凝土搅拌运输车

混凝土搅拌运输车如图 5-6 所示，它是运送混凝土的专用设备。它的特点是在运量大、运距远的情况下，能保证混凝土的质量均匀，一般在混凝土制备点（商品混凝土站）与浇筑点距离较远时使用。

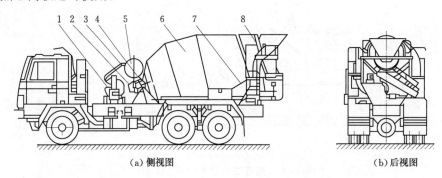

（a）侧视图　　　　　　　　　　　（b）后视图

图 5-6　搅拌运输车外形

1—泵连接组件；2—减速机总成；3—液压系统；4—机架；5—供水系统；
6—搅拌筒；7—操纵系统；8—进出料装置

（二）混凝土垂直运输

1. 履带式起重机

履带式起重机多由开挖石方的挖掘机改装而成，直接在地面上开行，无需轨道。它的提升高度不大，控制范围比门机小，但起重量大、转移灵活、适应工地狭窄的地形，在开工初期能及早投入使用，生产率高。该机适用于浇筑高程较低的部位。

2. 门式起重机

门式起重机（门机）是一种大型移动式起重设备。它的下部为一钢结构门架，门架底部装有车轮，可沿轨道移动。门架下有足够的净空，能并列通行两列运输混凝土的平台列车。该机运行灵活、移动方便，起重臂能在负荷下水平转动，但不能在负荷下变幅，变幅是在非工作时利用钢索滑轮组使起重臂改变倾角来完成。图 5-7 所示为常用的 10t 丰满门机。图5-8所示为高架门机，起重高度可达60～70m。

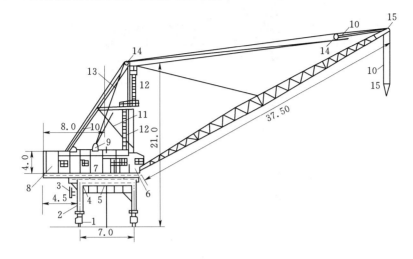

图5-7　丰满门机（单位：m）

1—车轮；2—门架；3—电缆卷筒；4—回转机构；5—转盘；6—操纵室；

7—机器间；8—平衡重；9、14、15—滑轮；10—起重索；

11—支架；12—梯；13—臂架升降索

3. 塔式起重机

塔式起重机（简称塔机）是在门架上装置高达数十米的钢架塔身，用以增加起吊高度。其起重臂多是水平的，起重小车钩可沿起重臂水平移动，用以改变起重幅度，如图5-9所示。

为增加门、塔机的控制范围和增大浇筑高度，为混凝土起重运输提供开行线路，使之与浇筑工作面分开，常需布置栈桥。大坝施工栈桥的布置方式如图5-10所示。

栈桥桥墩结构有混凝土墩、钢结构墩、预制混凝土墩块（用后拆除）等，如图5-11所示。

为节约材料，常把起重机安放在已浇筑的坝身混凝土，即所谓"蹲块"上来代替栈桥。随着坝体上升，分次倒换位置或预先浇好混凝土墩作为栈桥墩。

4. 缆式起重机

缆式起重机（简称缆机）由一套凌空架设的缆索系统、起重小车、主塔架、副塔架等组成，如图5-12所示。主塔内设有机房

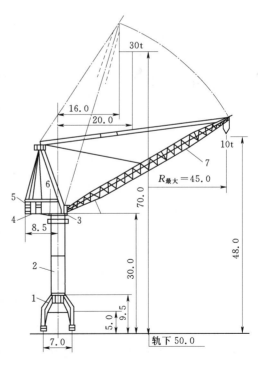

图5-8　10/30t高架门机（单位：m）

1—门架；2—圆筒形高架塔身；3—回转盘；4—机房；

5—平衡重；6—操纵台；7—起重臂

117

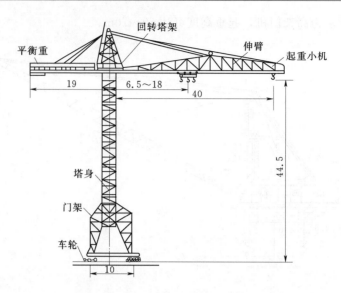

图 5-9 10/25 型塔式起重机（单位：m）

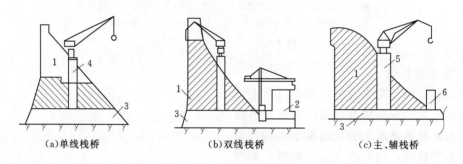

图 5-10 栈桥布置方式

1—坝体；2—厂房；3—由辅助浇筑方案完成的部位；4—分两次
升高的栈桥；5—主栈桥；6—辅助栈桥

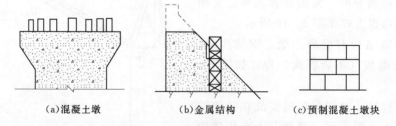

图 5-11 栈桥桥墩结构型式

和操纵室。缆索系统包括承重索、起重索、牵引索和各种辅助索。承重索两端系在主塔和副塔的顶部，承受很大的拉力，通常用高强钢丝束制成，是缆索系统中的主起重索，垂直方向设置升降起重钩，牵引起重小车沿承重索移动。塔架为三角形空间结构，分别布置在两岸缆机平台上。

缆机的类型，一般按主、副塔的移动情况划分，有固定式、平移式和辐射式 3 种。

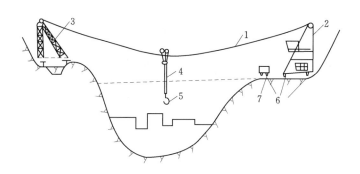

图 5-12 缆式起重机简图

1—承重索；2—主塔；3—副塔；4—起重索；5—吊钩；

6—起重机轨道；7—混凝土列车

缆机适用于狭窄河床的混凝土坝浇筑，如图 5-13 所示。它不仅具有控制范围大、起重量大、生产率高的特点，而且能提前安装和使用，使用期长，不受河流水文条件和坝体升高的影响，对加快主体工程施工具有明显的作用。

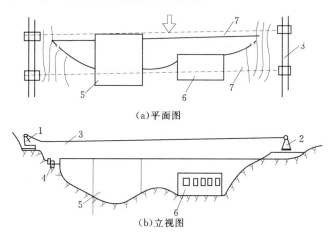

(a)平面图

(b)立视图

图 5-13 平行式缆机用于浇筑重力坝

1—主塔；2—副塔；3—轨道；4—混凝土列车；

5—溢流坝；6—厂房；7—控制范围

第二节 坝体混凝土浇筑

一、混凝土坝分缝分块

混凝土坝施工，由于受到温度应力混凝土浇筑能力的限制，不可能使整个坝段连续不断地一次浇筑完毕。因此，需要用垂直于坝轴线的横缝和平行于坝轴线的纵缝及水平缝，将坝体划分为许多浇筑块进行浇筑。分缝方式有垂直纵缝法、错缝法、斜缝法、通仓浇筑法等，如图 5-14、图 5-15 所示。

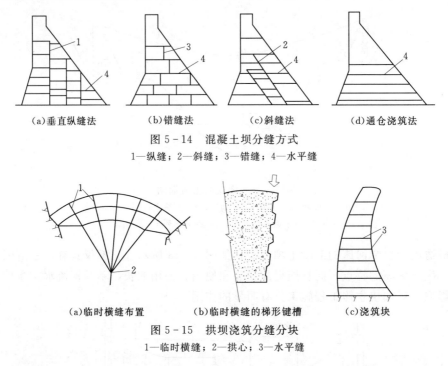

（a）垂直纵缝法　　　（b）错缝法　　　（c）斜缝法　　　（d）通仓浇筑法

图 5-14　混凝土坝分缝方式

1—纵缝；2—斜缝；3—错缝；4—水平缝

（a）临时横缝布置　　　（b）临时横缝的梯形键槽　　　（c）浇筑块

图 5-15　拱坝浇筑分缝分块

1—临时横缝；2—拱心；3—水平缝

1. 纵缝法

用垂直纵缝把坝段分成独立的柱状体，因此又叫柱状分块。它的优点是温度控制容易，混凝土浇筑工艺较简单，各柱状块可分别上升，彼此干扰小，施工安排灵活，但为保证坝体的整体性，必须进行接缝灌浆；模板工作量大，施工复杂。纵缝间距一般为20～40m，以便降温后接缝有一定的张开度，便于接缝灌浆。

为了传递剪应力的需要，在纵缝面上设置键槽，并需要在坝体到达稳定温度后进行接缝灌浆，以增加其传递剪应力的能力，提高坝体的整体性和刚度。

2. 错缝分块法

错缝法又称砌砖法。分块时将块间纵缝错开，互不贯通，故坝的整体性好，进行纵缝灌浆。但由于浇筑块相互搭接，施工干扰很大，施工进度较慢，同时在端部因应力集中容易开裂。

3. 斜缝法

斜缝一般沿平行于坝体第二主应力方向设置，缝面剪应力很小，只要设置缝面键槽不必进行接缝灌浆，斜缝法往往是为了便于坝内埋管的安装，或利用斜缝形成临时挡洪面采用的。但斜缝法施工干扰大，斜缝顶并缝处容易产生应力集中，斜缝前后浇筑块的高差和温差需严格控制；否则会产生很大的温度应力。

4. 通缝法

通缝法即通仓浇筑法，它不设纵缝，混凝土浇筑按整个坝段分层进行；一般不需埋设冷却水管。同时由于浇筑仓面大，便于大规模机械化施工，简化了施工程序，特别是大量减少模板作业工作量，施工速度快，但因其浇筑块长度大，容易产生温度裂缝，所以温度控制要求比较严格。

二、混凝土浇筑

(一) 混凝土浇筑前准备

混凝土施工准备工作的主要项目有基础处理、施工缝处理、设置卸料入仓的辅助设备、模板、钢筋的架设、预埋件及观测设备的埋设、施工人员的组织、浇筑设备及其辅助设施的布置、浇筑前的检查验收等。

1. 基础处理

土基应先将开挖基础时预留下来的保护层挖除,并清除杂物,然后用碎石垫底,盖上湿砂,再进行压实,浇 8～12cm 厚的素混凝土垫层。砂砾地基应清除杂物,整平基础面,并浇筑 10～20cm 厚素混凝土垫层。

对于岩基,一般要求清除到质地坚硬的新鲜岩面,然后进行整修。整修是用铁锹等工具去掉表面松软岩石、棱角和反坡,并用高压水冲洗,压缩空气吹扫。若岩面上有油污、灰浆及其黏结的杂物,还应采用钢丝刷反复刷洗,直至岩面清洁为止。清洗后的岩基在混凝土浇筑前应保持洁净和湿润。

当有地下水时,要认真处理;否则会影响混凝土的质量。处理方法是:做截水墙,拦截渗水,引入集水井排出;对基岩进行必要的固结灌浆,以封堵裂缝,阻止渗水;沿周边打排水孔,导出地下水,在浇筑混凝土时埋管,用水泵抽出孔内积水,直至混凝土初凝,7d 后灌浆封孔;将底层砂浆和混凝土的水灰比适当降低。

2. 施工缝处理

施工缝是指浇筑块之间新老混凝土之间的结合面。为了保证建筑物的整体性,在新混凝土浇筑前,必须将老混凝土表面的水泥膜(又称乳皮)清除干净,并使其表面新鲜整洁、有石子半露的麻面,以利于新老混凝土的紧密结合。但对于要进行接缝灌浆处理的纵缝面,可不凿毛,只需冲洗干净即可。

施工缝的处理方法有以下几种:

(1) 风砂枪喷毛。将经过筛选的粗砂和水装入密封的砂箱,并通入压缩空气,高压空气混合水砂,经喷砂喷出,把混凝土表面喷毛。一般在混凝土浇后 24～48h 开始喷毛,视气温和混凝土强度增长情况而定。如能在混凝土表层喷洒缓凝剂,则可减少喷毛的难度。

(2) 高压水冲毛。在混凝土凝结后但尚未完全硬化以前,用高压水(压力 0.1～0.25MPa)冲刷混凝土表面,形成毛面,对龄期稍长的可用压力更高的水(压力 0.4～0.6MPa),有时配以钢丝刷刷毛。高压水冲毛的关键是掌握冲毛时机,过早会使混凝土表面松散和冲去表面混凝土;过迟则混凝土变硬,不仅增加工作困难,而且不能保证质量。冲毛的时间,春秋季节一般在浇筑完毕后 10～16h 进行,夏季 6～10h,冬季则在 18～24h 后进行,如在新浇混凝土表面洒刷缓凝剂,则延迟冲毛时间。

(3) 刷毛机刷毛。在大而平坦的仓面上,可用刷毛机刷毛,它装有旋转的粗钢丝刷和吸收浮渣的装置,利用粗钢丝刷的旋转刷毛并利用吸渣装置吸收浮渣。

喷毛、冲毛和刷毛适用于尚未完全凝固混凝土水平缝面的处理。全部处理完后,需用高压水清洗干净,要求缝面无尘无渣,然后再盖上麻袋或草袋进行养护。

(4) 风镐凿毛或人工凿毛。已经凝固的混凝土利用风镐凿毛或石工工具凿毛,凿深为

1～2cm，然后用压力水冲净。凿毛多用于垂直缝。

仓面清扫应在即将浇筑前进行，以清除施工缝上的垃圾、浮渣和灰尘，并用压力水冲洗干净。

3. 仓面准备

浇筑仓面的准备工作，包括机具设备和劳动力组合、照明、风水电供应、混凝土原材料准备等，应事先安排就绪，仓面施工的脚手架、工作平台、安全网、安全标识等应检查是否牢固，电源开关、动力线路是否符合安全规定。

仓位的浇筑高程、上升速度、特殊部位的浇筑方法和质量要求等技术问题，须事先进行技术交底。

地基或施工缝处理完毕并养护一定时间，已浇好的混凝土强度达到 2.5MPa 后即可在仓面进行放线，安装模板、钢筋和预埋件，架设脚手架等作业。

4. 模板、钢筋及预埋件检查

开仓浇筑前，必须按照设计图纸和施工规范的要求，对仓面安设的模板、钢筋及预埋件进行全面检查验收，签发合格证。

（1）模板检查。主要检查模板的架立位置与尺寸是否准确，模板及其支架是否牢固稳定，固定模板用的拉条是否弯曲等。模板板面要求洁净、密缝并涂刷脱模剂。

（2）钢筋检查。主要检查钢筋的数量、规格、间距、保护层、接头位置与搭接长度是否符合设计要求。要求焊接或绑扎接头必须牢固，安装后的钢筋网应有足够的刚度和稳定性，钢筋表面应清洁。

（3）预埋件检查。对预埋管道、止水片、止浆片、预埋铁件、冷却水管和预埋观测仪器等，主要检查其数量、安装位置和牢固程度，要求在混凝土浇筑过程中不应移位或松动。

（二）混凝土浇筑方式确定

混凝土坝的浇筑块是用垂直于坝轴线的横缝和平行于坝轴线的纵缝以及水平缝划分而来的，分缝方式有垂直纵缝法、错缝法、斜缝法、通仓浇筑法等。

（三）入仓铺料

开始浇筑前，要在岩面或老混凝土面上先铺一层 2～3cm 厚的水泥砂浆（接缝砂浆），或同等强度的小级配混凝土或富砂浆混凝土，以保证新混凝土与基岩或老混凝土结合良好。砂浆的水灰比应较混凝土水灰比减少0.03～0.05。混凝土的浇筑，应按一定厚度、次序、方向分层推进。

铺料厚度应根据拌和能力、运输距离、浇筑速度、气温及振捣器的性能等因素确定。一般情况下，浇筑层的允许最大厚度不应超过表 5-6 规定的数值，如采用低塑性混凝土及大型强力振捣设备时，其浇筑层厚度应根据试验确定。

表 5-6   混凝土浇筑坯层的允许最大铺料厚度

项次	振捣设备类型		浇筑层的允许最大铺料厚度
1	插入式	电动硬轴振捣器	振捣棒（头）工作长度的 0.8 倍
		软轴振捣器	振捣棒（头）工作长度的 1.25 倍
		振捣机	振捣棒（头）工作长度的 1.0 倍
2	表面式	平板式振捣器	200mm

常用的浇筑方法有平层浇筑法、斜层浇筑法和台阶浇筑法。

1. 平层浇筑法

平层浇筑法是混凝土按水平层连续逐层铺填，第一层浇完后再浇第二层，依次类推直至达到设计高度，如图 5-16（a）所示。平层浇筑法，因浇筑层之间的接触面积大（等于整个仓面面积），应注意防止出现冷缝（即铺填上层混凝土时，下层混凝土已经初凝）。

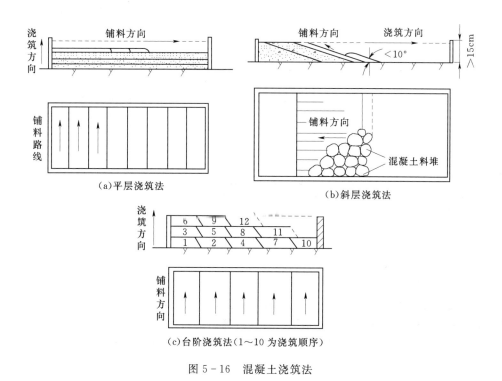

图 5-16　混凝土浇筑法

平层铺料法实际应用较多，有以下特点：

（1）铺料的接头明显，混凝土便于振捣，不易漏振。

（2）平层铺料法能较好地保持老混凝土面的清洁，保证新老混凝土之间的结合质量。

（3）适用于不同坍落度的混凝土。

（4）适用于有廊道、竖井、钢管等结构的混凝土。

2. 斜层浇筑法

当浇筑仓面面积较大，而混凝土拌和、运输能力有限时，采用平层浇筑法容易产生冷缝时，可用斜层浇筑法和台阶浇筑法。

斜层浇筑法是在浇筑仓面从一端向另一端推进，推进中及时覆盖，以免发生冷缝。斜层坡度不超过10°，否则在平仓振捣时易使砂浆流动、骨料分离，下层已捣实的混凝土也可能产生错动，如图 5-16（b）所示，浇筑块高度一般限制在 1.5m 左右。当浇筑块较薄且对混凝土采取预冷措施时，斜层浇筑法是较常见的方法，因浇筑过程中混凝土冷量损失较小。

3. 台阶浇筑法

台阶浇筑法是从块体短边一端向另一端铺料，边前进、边加高，逐步向前推进并形成明显的台阶，直至把整个仓位浇到收仓高程 ［图 5－16（c）］。浇筑坝体迎水面仓位时，应顺坝轴线方向铺料。

应该指出，不管采用上述何种方法，铺筑相邻两层混凝土的间歇时间不允许超过混凝土浇筑允许间隔时间，即指自混凝土拌和机出料口到初凝前覆盖上层混凝土为止的这一段时间，它与气温、太阳辐射、风速、混凝土入仓温度、水泥品种、掺外加剂品种等条件有关，见表 5－7。

表 5－7　　　　　　　　　　　　　混凝土浇筑允许间隔时间

混凝土浇筑时的气温/℃	允许间隔时间/min	
	普通硅酸盐水泥、中热硅酸盐水泥、硅酸盐水泥	低热矿渣硅酸盐水泥、矿渣硅酸盐水泥、火山灰质硅酸盐水泥
20～30	90	120
10～20	135	180
5～10	195	—

注　本表数值未考虑外加剂、混合料及其他特殊施工措施的影响。

（四）平仓

平仓是把卸入仓内成堆的混凝土摊平到要求的均匀厚度。平仓不好会造成离析，使骨料架空，严重影响混凝土质量。

1. 人工平仓

人工平仓用铁锹，平仓距离不超过 3m。只适用以下场合：

（1）在靠近模板和钢筋较密的地方，用人工平仓，使石子分布均匀。

（2）水平止水、止浆片底部要用人工送料填满，严禁料罐直接下料，以免止水、止浆片卷曲和底部混凝土架空。

（3）门槽、机组预埋件等空间狭小的二期混凝土。

（4）预埋件、观测设备周围用人工平仓，防止位移和损坏。

2. 振捣器平仓

振捣器平仓时应将振捣器斜插入混凝土料堆下部，使混凝土向操作者位置移动，然后一次一次地插向料堆上部，直至混凝土摊平到规定的厚度为止。如将振捣器垂直插入料堆顶部，平仓工效固然较高，但易造成粗骨料沿锥体四周下滑，砂浆则集中在中间形成砂浆窝，影响混凝土匀质性。经过振动摊平的混凝土表面可能已经泛出砂浆，但内部并未完全捣实，切不可将平仓和振捣合二为一，影响浇筑质量。

（五）振捣

振捣是振动捣实的简称，它是保证混凝土浇筑质量的关键工序。振捣的目的是尽可能减少混凝土中的空隙，以清除混凝土内部的孔洞，并使混凝土与模板、钢筋及预埋件紧密结合，从而保证混凝土的最大密实度，提高混凝土质量。

当结构钢筋较密，振捣器难以施工，或混凝土内有预埋件、观测设备，周围混凝土振捣力不宜过大时采用人工振捣。人工振捣要求混凝土拌和物坍落度大于 5cm，铺料层厚度小于 20cm。人工振捣工具有捣固锤、捣固杆和捣固铲，如图 5-17 所示。

混凝土振捣主要采用振捣器进行，振捣器产生小振幅、高频率的振动，使混凝土在其振动的作用下，内摩擦力和黏结力大大降低，使干稠的混凝土获得了流动性，在重力的作用下骨料互相滑动而紧密排列，空隙由砂浆所填满，空气被排出，从而使混凝土密实，并填满模板内部空间，且与钢筋紧密结合。

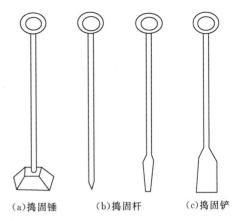

(a)捣固锤　　(b)捣固杆　　(c)捣固铲

图 5-17　人工捣固工具

1. 混凝土振捣器

混凝土振捣器的分类见表 5-8、图 5-18。

表 5-8　　　　　　　　混凝土振捣器分类

序号	分类法	名称	说明
1	按振动频率分	低频振捣器	频率为 2000～5000r/min
		中频振捣器	频率为 5000～8000r/min
		高频振捣器	频率为 8000～20000r/min
2	按动力来源分	电动式振捣器	在工程中使用较多
		风动式振捣器	适用于无电源工程
		内燃机式振捣器	适用于无电源工地
3	按传振方式分	插入式振捣器	又称内部振捣器
		外部振捣器	多用于混凝土板、柱结构物
		振动台	适用于实验室

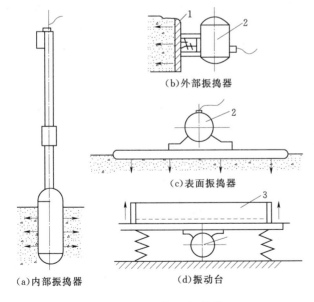

图 5-18　混凝土振捣器
1—模板；2—振捣器；3—振动台

(a)内部振捣器
(b)外部振捣器
(c)表面振捣器
(d)振动台

2. 插入式振捣器的使用

振捣在平仓之后立即进行，此时混凝土流动性好，振捣容易，捣实质量好。振捣器的选用，对于素混凝土或钢筋稀疏的部位，宜用大直径的振捣棒；坍落度小的干硬性混凝土，宜选用高频和振幅较大的振捣器。振捣作业路线保持一致，并按顺序依次进行，以防漏振。振捣棒尽可能垂直地插入混凝土中，如振捣棒较长或把手位置较高，垂直插入感到操作不便时，也可略带倾斜，但与水平面夹角不宜小于 45°，且每次倾斜方向应保持一致，否则下部混凝土将会发生漏振，这时作用轴线应平行，如不平行也会出现漏振点，如图 5-19 所示。

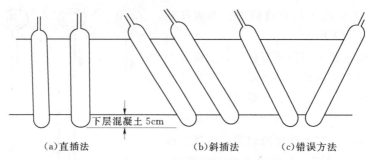

（a）直插法　　　　（b）斜插法　　　　（c）错误方法

图 5-19　插入式振捣器操作示意图

振捣棒应快插、慢拔，插入过慢，上部混凝土先捣实，就会阻止下部混凝土中的空气和多余的水分向上逸出；拔得过快，周围混凝土来不及填铺振捣棒留下的孔洞，将在每一层混凝土的上半部留下只有砂浆而无骨料的砂浆柱，影响混凝土的强度。为使上下层混凝土振捣密实均匀，可将振捣棒上下抽动，抽动幅度为 5～10cm。振捣棒的插入深度，在振捣第一层混凝土时，以振捣器头部不碰到基岩或老混凝土面，但相距不超过 5cm 为宜；振捣上层混凝土时，则应插入下层混凝土 5cm 左右，使上下两层结合良好。在斜坡上浇筑混凝土时，振捣棒仍应垂直插入，并且应先振低处，再振高处；否则在振捣低处的混凝土时，已捣实的高处混凝土会自行向下流动，致使密实性受到破坏。软轴振捣棒插入深度为棒长的 3/4，过深软轴和振捣棒结合处容易损坏。

振捣棒在每一孔位的振捣时间，以混凝土不再显著下沉、水分和气泡不再逸出并开始泛浆为准。振捣时间和混凝土坍落度、石子类型及最大粒径、振捣器的性能等因素有关，一般为 30s。振捣时间过长，不但降低工效，且使砂浆上浮过多，石子集中于下部，混凝土产生离析，严重时，整个浇筑层呈"千层饼"状态。

振捣器的插入间距控制在振捣器有效作用半径的 1.5 倍以内，实际操作时也可根据振捣后在混凝土表面留下的圆形泛浆区域能否在正方形排列（直线行列移动）的 4 个振捣孔径的中点，如图 5-20（a）中的 A、B、C、D 点，或三角形排列（交错行列移动）的 3 个振捣孔位的中点，如图 5-20（b）中的 A、B、C、D、E、F 点相互衔接来判断。在模板边、预埋件周围、布置有钢筋的部位以及两罐（或两车）混凝土卸料的交界处，宜适当减少插入间距，以加强振捣，但不宜小于振捣棒有效作用半径的 1/2，并注意不能触及钢筋、模板及预埋件。

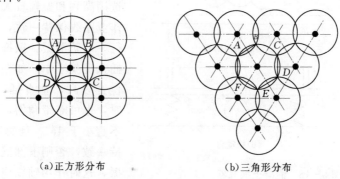

（a）正方形分布　　　　　　（b）三角形分布

图 5-20　振捣孔位布置

为提高工效，振捣棒插入孔位尽可能呈三角形分布。据计算，三角形分布较正方形分布工效可提高 30%。此外，将几个振捣器排成一排，同时插入混凝土中进行振捣。这时两台振捣器之间的混凝土可同时接收到这两台振捣器传来的振动，振捣时间可因此缩短，振动作用半径也即加大。

振捣时出现砂浆窝时应将砂浆铲出，用脚或振捣棒从旁边将混凝土压送至该处填补，不可将别处石子移来（重新出现砂浆窝）。如出现石子窝，按同样方法将松散石子铲出同样填补。振捣中发现泌水现象时，应经常保持仓面平整，使泌水自动流向集水地点，并用人工淘除。泌水未引走或淘除前，不得继续铺料、振捣。集水地点不能固定在一处，应逐层变换淘水位置，以防弱点集中在一处，也不得在模板上开洞引水自流或将泌水表层砂浆排出仓外。

振捣器的电缆线应注意保护，不要被混凝土压住，万一压住时不要硬拉，可用振捣棒振动其附近的混凝土，使其液化，然后将电缆线慢慢拔出。

软轴式振捣器的软轴不应弯曲过大，弯曲半径一般不宜小于 50cm，也不能多于两弯，电动直连偏心式振捣器因内装电动机，较易发热，主要依靠棒壳周围混凝土进行冷却，不要让它在空气中连续空载运转。

工作时，一旦发现有软轴保护套管橡胶开裂、电缆线表皮损伤、振捣棒声响不正常或频率下降等现象时，应立即停机处理或送修拆检。

（六）混凝土养护

混凝土浇筑完毕后，在一个相当长的时间内，应保持其适当的温度和足够的湿度，以造成混凝土良好的硬化条件，这就是混凝土的养护工作。混凝土表面水分不断蒸发，如不设法防止水分损失，水化作用未能充分进行，混凝土的强度将受到影响，还可能产生干缩裂缝。因此，混凝土养护的目的，一是创造有利条件，使水泥充分水化，加速混凝土的硬化；二是防止混凝土成形后因曝晒、风吹、干燥等自然因素影响，出现不正常的收缩、裂缝等现象。

混凝土的养护方法分为自然养护和热养护两类（表 5-9），养护时间取决于当地气温、水泥品种和结构物的重要性（表 5-10）。

表 5-9　　　　　　　　　　　　　混 凝 土 的 养 护

类别	名　称	说　　明
自然养护	洒水（喷雾）养护	在混凝土面不断洒水（喷雾），保持其表面湿润
	覆盖浇水养护	在混凝土面覆盖湿麻袋、草袋、湿砂、锯末等，不断洒水保持其表面湿润
	围水养护	四周围成土埂，将水蓄在混凝土表面
	铺膜养护	在混凝土表面铺上薄膜，阻止水分蒸发
	喷膜养护	在混凝土表面喷上薄膜，阻止水分蒸发
热养护	蒸汽养护	利用热蒸汽对混凝土进行湿热养护
	热水（热油）养护	将水或油加热，将构件搁置在其上养护
	电热养护	对模板加热或微波加热养护
	太阳能养护	利用各种罩、窑、集热箱等封闭装置对构件进行养护

表 5-10	混凝土养护时间	
水 泥 种 类		养护时间/d
硅酸盐水泥、普通硅酸盐水泥		14
火山灰质硅酸盐水泥、矿渣硅酸盐水泥、粉煤灰硅酸盐水泥、硅酸盐大坝水泥		21

注 重要部位和利用后期强度的混凝土，养护时间不少于28d。夏季和冬季施工的混凝土以及有温度控制要求的混凝土养护时间按设计要求进行。

（七）混凝土冬季施工

1. 混凝土冬季施工的一般要求

现行施工规范规定：日平均气温连续5天稳定在5℃以下或最低气温连续5天稳定在−3℃以下时，应按低温季节施工，避免混凝土受到冻害。

混凝土在低温条件下，水化凝固速度大为降低，强度增长受到阻碍。当气温在−2℃时，混凝土内部水分结冰，不仅水化作用完全停止，而且结冰后由于水的体积膨胀，使混凝土结构受到损害，当冰融化后，水化作用虽将恢复，混凝土强度也可继续增长，但最终强度必然降低。试验资料表明，混凝土受冻越早，最终强度降低越大：如在浇筑后3～6h受冻，最终强度至少降低50％以上；如在浇筑后2～3d受冻，最终强度降低只有15％～20％；如混凝土强度达到设计强度的50％以上（在常温下养护3～5d）时再受冻，最终强度则降低极小，甚至不受影响。因此，低温季节混凝土施工，首先要防止混凝土早期受冻。

2. 冬季施工措施

低温季节混凝土施工可以采用人工加热、保温蓄热及加速凝固等措施，使混凝土入仓浇筑温度不低于5℃；同时保证混凝土浇筑后的正温养护条件，在未达到允许受冻临界强度以前不遭受冻结。

（1）调整配合比和掺外加剂。

1）对非大体积混凝土，采用发热量较高的快凝水泥。

2）提高混凝土的配制强度。

3）掺早强剂或早强剂减水剂。其中氯盐的掺量应按有关规定严格控制，并不适于钢筋混凝土结构。

4）采用较低的水灰比。

5）掺加气剂可减缓混凝土冻结时在其内部水结冰时产生的静水压力，从而提高混凝土的早期抗冻性能，但含气量应限制在3％～5％，因为混凝土中含气量每增加1％，会使强度损失5％，为弥补由于加气剂招致的强度损失，最好与减水剂并用。

（2）原材料加热法。当日平均气温为−2～−5℃时，应加热水拌和；当气温再低时，可考虑加热骨料。水泥不能加热，但应保持正温。

水的加热温度不能超过80℃，并且要先将水和骨料拌和后，这时水不超过60℃，拌和水温一旦超过60℃时，水泥颗粒表面将会形成一层薄的硬壳，水泥产生假凝现象，水泥假凝会使水泥后期强度降低，使混凝土和易性变差。

砂石加热的最高温度不能超过100℃，平均温度不宜超过65℃，并力求加热均匀。对大中型工程，常用蒸汽直接加热骨料，即直接将蒸汽通入需要加热的砂、石料堆中，料堆表面用帆布盖好，防止热量损失。

（3）蓄热法。蓄热法是将浇筑法的混凝土在养护期间用保温材料加以覆盖，尽可能把混凝土在浇筑时所包含的热量和凝固过程中产生的水化热蓄积起来，以延缓混凝土的冷却速度，使混凝土在达到抗冰冻强度以前始终保持正温。

（4）加热养护法。当采用蓄热法不能满足要求时可以采用加热养护法，即利用外部热源对混凝土加热养护，包括暖棚法、蒸汽加热法和电热法等。大体积混凝土多采用暖棚法，蒸汽加热法多用于混凝土预制构件的养护。

1）暖棚法。即在混凝土结构周围用保温材料搭成暖棚，在棚内安设热风机、蒸汽排管、电炉或火炉进行采暖，使棚内温度保持在 15～20℃ 以上，保证混凝土浇筑和养护处于正温条件下。暖棚法费用较高，但暖棚为混凝土硬化和施工人员的工作创造了良好的条件。此法适用于寒冷地区的混凝土施工。

2）蒸汽加热法。利用蒸汽加热养护混凝土，不仅使新浇混凝土得到较高的温度，而且还可以得到足够的湿度，促进水化凝固作用，使混凝土强度迅速增长。

3）电热法。它是用钢筋或薄铁片作为电极，插入混凝土内部或贴附于混凝土表面，利用新浇混凝土的导电性和电阻大的特点，通以 50～100V 的低压电，直接对混凝土加热，使其尽快达到抗冻强度。由于耗电量大，大体积混凝土较少采用。

上述几种施工措施，在严寒地区往往是同时采用，并要求在拌和、运输、浇筑过程中尽量减少热量损失。

3. 冬季施工注意事项

（1）砂石骨料宜在进入低温季节前筛洗完毕。成品料堆应有足够的储备和堆高，并进行覆盖，以防冰雪和冻结。

（2）拌和混凝土前，应用热水或蒸汽冲洗搅拌机，并将水或冰排除。

（3）混凝土的拌和时间应比常温季节适当延长。延长时间应通过试验确定。

（4）在岩石基础或老混凝土面上浇筑混凝土前，应检查其温度。如为负温，应将其加热成正温。加热深度不小于10cm，并经验证合格方可浇筑混凝土。仓面清理宜采用喷洒温水配合热风枪，寒冷期间也可采用蒸汽枪，不宜采用水枪或风水枪。在软基上浇筑第一层混凝土时，必须防止与地基接触的混凝土遭受冻害和地基受冻变形。

（5）混凝土搅拌机应设在搅拌棚内并设有采暖设备，棚内温度应高于5℃。混凝土运输容器应有保温装置。

（6）浇筑混凝土前和浇筑过程中，应注意清除钢筋、模板和浇筑设施上附着的冰雪和冻块，严禁将冻雪冻块带入仓内。

（7）在低温季节施工的模板，一般在整个低温期间都不宜拆除。如果需要拆除，要求做到以下几点：

1）混凝土强度必须大于允许受冻的临界强度。

2）具体拆模时间及拆模后的要求，应满足温控防裂要求。当预计拆模后混凝土表面降温可能超过 6～9℃ 时，应推迟拆模时间，如必须拆模时，应在拆模后采取保护措施。

（8）低温季节施工期间，应特别注意温度检查。

（9）低温季节施工，尤其在严寒和寒冷地区，施工部位不宜分散。

（10）混凝土采用蒸汽加热或电热法施工时，应按专项技术要求进行。

（八）混凝土雨季施工

混凝土工程在雨季施工时，应做好以下准备工作：

（1）砂石料场的排水设施应畅通无阻。

（2）浇筑仓面宜有防雨设施。

（3）运输工具应有防雨及防滑设施。

（4）加强骨料含水量的测定工作，注意调整拌和用水量。

混凝土在无防雨棚仓面小雨中进行浇筑时，应采取以下技术措施：

（1）减少混凝土拌和用水量。

（2）加强仓面积水的排除工作。

（3）做好新浇混凝土面的保持工作。

（4）防止周围雨水流入仓面。

无防雨棚的仓面，在浇筑过程中，如遇大雨、暴雨，应立即停止浇筑，并遮盖混凝土表面。雨后必须先行排除仓内积水，受雨水冲刷的部位应立即处理。如停止浇筑的混凝土尚未超出允许间歇时间或还能重塑时，应加砂浆继续浇筑；否则应按施工缝处理。对抗冲、耐磨、需要抹面部位及其他高强度混凝土不允许在雨下施工。

（九）混凝土夏季施工

现行施工规范规定：当昼夜平均气温高于 30℃时，就需要对原材料、运输设备、模板等采取相应的防晒保温措施。

1. 高温环境对新拌及刚成型混凝土的影响

（1）拌制时，水泥容易出现假凝现象。

（2）运输时，坍落度损失大，捣固或泵送困难。

（3）成型后直接曝晒或干热风影响，混凝土面层急剧干燥，外硬内软，出现塑性裂缝。

（4）昼夜温差较大，易出现温差裂缝。

2. 夏季高温期混凝土施工的技术措施

（1）原材料：

1）掺用外加剂（缓凝剂、减水剂）。

2）用水化热低的水泥。

3）供水管埋入水中，储水池加盖，避免太阳直接曝晒。

4）当天用的砂、石用防晒棚遮蔽。

5）用深井冷水或冰水拌和，但不能直接加入冰块。

（2）搅拌运输：

1）送料装置及搅拌机不宜直接曝晒，应有荫棚。

2）搅拌系统尽量靠近浇筑地点。

3）将运输设备就地遮盖。

（3）模板：

1）因干缩出现的模板裂缝，应及时填塞。

2）浇筑前充分将模板淋湿。

（4）浇筑：

1）适当减小浇筑层厚度，从而减少内部温差。

2）浇筑后立即用薄膜覆盖，不使水分外逸。

3）露天预制场宜设置可移动荫棚，避免制品直接曝晒。

三、混凝土施工质量控制

混凝土工程质量包括结构外观质量和内在质量，前者指结构的尺寸、位置、高程等，后者则指混凝土原材料、设计配合比、配料、拌和、运输、浇捣等方面。

（一）原材料的控制检查

1．水泥

水泥是混凝土主要胶凝材料，水泥质量直接影响混凝土的强度及其性质的稳定性。运至工地的水泥应有生产厂家品质试验报告，工地试验室外必须进行复验，必要时还要进行化学分析。进场水泥每 200～500t 同品种、同标号的水泥作一取样单位，如不足 200t 也可作为一取样单位。可采用机械连续取样，混合均匀后作为样品，其总量不少于 10kg。检查的项目有水泥标号、凝结时间、体积安定性。必要时应增加稠度、细度、密度和水化热试验。

2．粉煤灰

粉煤灰每天至少检查一次细度和需水量比。

3．砂石骨料

（1）在筛分场每班检查一次各级骨料超逊径、含泥量、砂子的细度模数。

（2）在拌和厂检查砂子、小石的含水量、砂子的细度模数以及骨料的含泥量、超逊径。

4．外加剂

外加剂应有出厂合格证，并经试验认可。

5．混凝土拌和物

拌制混凝土时，必须严格遵守试验室签发的配料单进行称量配料，严禁擅自更改。控制检查的项目有以下几个：

（1）衡器的准确性。各种称量设备应经常检查，确保称量准确。

（2）拌和时间。每班至少抽查两次拌和时间，保证混凝土充分拌和，拌和时间符合要求。

（3）拌和物的均匀性。混凝土拌和物应均匀，经常检查其均匀性。

（4）坍落度。现场混凝土坍落度每班在机口应检查 4 次。

（5）取样检查。按规定在现场取混凝土试样做抗压试验，检查混凝土的强度。

（二）混凝土浇捣质量的控制检查

1．混凝土质量检查内容

混凝土外观质量主要检查表面平整度（有表面平整要求的部位）、麻面、蜂窝、空洞、露筋、碰损掉角、表面裂缝等。重要工程还要检查内部质量缺陷，如用回弹仪检查混凝土表面强度、用超声仪检查裂缝、钻孔取芯检查各项力学指标等。

2. 混凝土质量缺陷及防治

（1）麻面。麻面是指混凝土表面呈现出无数绿豆大小的不规则的小凹点。

1）混凝土麻面产生的原因有：①模板表面粗糙、不平滑；②浇筑前没有在模板上洒水湿润，湿润不足，浇筑时混凝土的水分被模板吸去；③涂在钢模板上的油质脱模剂过厚，液体残留在模板上；④使用旧模板，板面残浆未清理或清理不彻底；⑤新拌混凝土浇灌入模后，停留时间过长，振捣时已有部分凝结；⑥混凝土振捣不足，气泡未完全排出，有部分留在模板表面；⑦模板拼缝漏浆，构件表面浆少，或成为凹点，或成为若断若续的凹线。

2）混凝土麻面的预防措施有：①模板表面应平滑；②浇筑前，不论是哪种模型，均需浇水湿润，但不得积水；③脱模剂涂擦要均匀，模板有凹陷时，注意将积水拭干；④旧模板残浆必须清理干净；⑤新拌混凝土必须按水泥或外加剂的性质，在初凝前振捣；⑥尽量将气泡排出；⑦浇筑前先检查模板拼缝，对可能漏浆的缝设法封嵌。

3）混凝土麻面的修补。混凝土表面的麻点，如对结构无大影响，可不做处理，如需处理，方法如下：①用稀草酸溶液将该处脱模剂油点，或污点用毛刷洗净，在修补前用水湿透；②修补用的水泥品种必须与原混凝土一致，砂子为细砂，粒径最大不宜超过 1mm；③水泥砂浆配合比为 1∶（2～2.5），由于数量不多，可用人工在小灰桶中拌匀，随拌随用；④按照漆工刮腻子的方法，将砂浆用刮刀大力压入麻点内，随即刮平；⑤修补完成后，即用草帘或草席进行保湿养护。

（2）蜂窝。蜂窝是指混凝土表面无水泥浆，形成蜂窝状的孔洞，形状不规则，分布不均匀，露出石子深度大于 5mm，不露主筋，但有时可能露箍筋。

1）混凝土蜂窝产生的原因有：①配合比不准确，砂浆少，石子多；②搅拌用水过少；③混凝土搅拌时间不足，新拌混凝土未拌匀；④运输工具漏浆；⑤使用干硬性混凝土，但振捣不足；⑥模板漏浆，加上振捣过度。

2）混凝土蜂窝的预防方法是：①砂率不宜过小；②计量器具应定期检查；③用水量如少于标准，应掺用减水剂；④计量器具应定期检查；⑤搅拌时间应足够；⑥注意运输工具的完好性，及时修理；⑦捣振工具的性能必须与混凝土的坍落度相适应；⑧浇筑前必须检查和嵌填模板拼缝，并浇水湿润；⑨浇筑过程中有专人巡视模板。

3）混凝土蜂窝修补如系小蜂窝，可按麻面方法修补。如系较大蜂窝，按以下方法修补：①将修补部分的软弱部分凿去，用高压水及钢丝刷将基层冲洗干净；②修补用的水泥应与原混凝土的一致；砂子用中粗砂；③水泥砂浆的配合比为 1∶2～1∶3，应搅拌均匀；④按照抹灰工的操作方法，用抹子大力将砂浆压入蜂窝内刮平；在棱角部位用靠尺将棱角取直；⑤修补完成后即用草帘或草席进行保湿养护。

（3）混凝土露筋、空洞。主筋没有被混凝土包裹而外露，或在混凝土孔洞中外露的缺陷称为露筋。混凝土表面有超过保护层厚度但不超过截面尺寸 1/3 的缺陷，称为空洞。

1）混凝土出现露筋、空洞的原因有：①漏放保护层垫块或垫块位移；②浇灌混凝土时投料距离过高过远，又没有采取防止离析的有效措施；③搅拌机卸料入吊斗或小车时，或运输过程中有离析，运至现场又未重新搅拌；④钢筋较密集，粗骨料被卡在钢筋上，加上振捣不足或漏振；⑤采用干硬性混凝土而又振捣不足。

2）露筋、空洞的预防措施有：①浇筑混凝土前应检查垫块情况；②应采用合适的混凝土保护层垫块；③浇筑高度不宜超过2m；④浇灌前检查吊斗或小车内混凝土有无离析；⑤搅拌站要按配合比规定的规格使用粗骨料；⑥如为较大构件，振捣时专人在模板外用木槌敲打，协助振捣；⑦构件的结点、柱的牛腿、桩尖或桩顶、有抗剪筋的吊环等处钢筋较密，应特别注意捣实；⑧加强振捣；⑨模板四周用人工协助捣实，如为预制构件，在钢模周边用抹子插捣。

3）混凝土露筋、空洞的处理措施：①将修补部位的软弱部分及突出部分凿去，上部向外倾斜，下部水平；②用高压水及钢丝刷将基层冲洗干净。修补前用湿麻袋或湿棉纱头填满，使旧混凝土内表面充分湿润；③修补用的水泥品种应与原混凝土的一致，小石混凝土强度等级应比原设计高一级；④如条件许可，可用喷射混凝土修补；⑤安装模板浇筑；⑥混凝土可加微量膨胀剂；⑦浇筑时外部应比修补部位稍高；⑧修补部分达到结构设计强度时凿除外倾面。

（4）混凝土施工裂缝。

1）混凝土施工裂缝产生的原因：①曝晒或风大，水分蒸发过快，出现的塑性收缩裂缝；②混凝土塑性过大，成形后发生沉陷不均匀，出现的塑性沉陷裂缝；③配合比设计不当引起的干缩裂缝；④骨料级配不良，又未及时养护引起的干缩裂缝；⑤模板支撑刚度不足，或拆模工作不慎，外力撞击的裂缝。

2）预防方法：①成形后立即进行覆盖养护，表面要求光滑，可采用架空措施进行覆盖养护；②配合比设计时，水灰比不宜过大；搅拌时，严格控制用水量；③水灰比不宜过大，水泥用量不宜过多，灰骨比不宜过大；④骨料级配中，细颗粒不宜偏多；⑤浇筑过程应有专人检查模板及支撑；⑥注意及时养护；⑦拆模时，尤其是使用吊车拆大模板时，必须按顺序进行，不能强拆。

3）混凝土施工裂缝的修补：

a. 混凝土微细裂缝修补：①用注射器将环氧树脂溶液黏结剂或甲凝溶液黏结剂注入裂缝内；②注射时宜在干燥、有阳光的时候进行；裂缝部位应干燥，可用喷灯或电风筒吹干；在缝内湿气逸出后进行；③注射时，从裂缝的下端开始，针头应插入缝内，缓慢注入；使缝内空气向上逸出，黏结剂在缝内向上填充。

b. 混凝土浅裂缝的修补：①顺裂缝走向用小凿刀将裂缝外部扩凿成 V 形，宽 5～6mm，深度等于原裂缝；②用毛刷将 V 形槽内颗粒及粉尘清除，用喷灯为或电风筒吹干；③用漆工刮刀或抹灰工小抹刀将环氧树脂胶泥压填在 V 形槽上，反复搓动，务使紧密黏结；④缝面按需要做成与结构面齐平，或稍微突出呈弧形。

c. 混凝土深裂缝的修补。做法是将微细缝和浅缝两种措施合并使用：①先将裂缝面凿成 V 形或凹形槽；②按上述办法进行清理、吹干；③先用微细裂缝的修补方法向深缝内注入环氧或甲凝黏结剂，填补深裂缝；④上部开凿的槽坑按浅裂缝修补方法压填环氧胶泥黏结剂。

（5）混凝土空鼓。混凝土空鼓常发生在预埋钢板下面。产生的原因是浇灌预埋钢板混凝土时，钢板底部未饱满或振捣不足。

预防方法：①如预埋钢板不大，浇灌时用钢棒将混凝土尽量压入钢板底部；浇筑后用敲击法检查；②如预埋钢板较大，可在钢板上开几个小孔排除空气，也可作观察孔。

混凝土空鼓的修补：①在板外挖小槽坑，将混凝土压入，直至饱满，无空鼓声为止；②如钢板较大或估计空鼓较严重，可在钢板上钻孔，用灌浆法将混凝土压入。

（6）混凝土强度不足。混凝土强度不足产生的原因：①配合比计算错误；②水泥出厂期过长，或受潮变质，或袋装重量不足；③粗骨料针片状较多，粗、细骨料级配不良或含泥量较多；④外加剂质量不稳定；⑤搅拌机内残浆过多，或传动带打滑，影响转速；⑥搅拌时间不足；⑦用水量过大，或砂、石含水率未调整，或水箱计量装置失灵；⑧秤具或称量斗损坏，不准确；⑨运输工具灌浆，或经过运输后严重离析；⑩振捣不够密实。

混凝土强度不足是质量上的大事故。处理方案由设计单位决定。通常处理方法有以下几种：

（1）强度相差不大时，先降级使用，待龄期增加，混凝土强度发展后，再按原标准使用。

（2）强度相差较大时，经论证后采用水泥灌浆或化学灌浆补强。

（3）强度相差较大而影响较大时，拆除返工。

四、混凝土坝接缝灌浆

混凝土坝用纵缝分块进行浇筑，有利于坝体温度控制和浇筑块分别上升，但为了坝的整体性，必须对纵缝进行接缝灌浆，纵缝属于临时施工缝。坝体横缝是否进行灌浆视坝型和设计要求而异。重力坝的横缝一般为永久温度沉陷缝；拱坝和重力拱坝的横缝属于临时施工缝。临时施工的横缝要进行接缝灌浆。

（一）接缝灌浆管路埋设

混凝土坝的接缝灌浆，需要在缝面上预埋灌浆系统。根据缝的面积大小，将缝面以上划分为若干灌浆区。每一灌浆区高 10～15m、面积 200～300m²，四周用止浆片盘自成一套灌浆系统。灌浆时利用预埋在坝体内的进浆管、回浆管、支管及出浆盒向缝送水泥浆，迫使缝中空气（包括缝面上的部分水泥浆）从排气槽、排气管排出，直至灌满设计稠度的水泥浆为止。图 5-21 为接缝灌浆布置示意图。

接缝灌浆的设备有拌浆筒、灌浆机及压力表等，一般布置在灌浆廊道之内。预埋的灌浆系统主要包含以下几个部分：

（1）止浆片。沿每一灌浆区四周埋设，一般用镀锌铁皮或塑料止水片跨过接缝埋入混凝土中，防止浆液外溢。

（2）灌浆管路。包括进浆管、回浆管、支管、出浆盒等，支管间距 2m，支管上每 1～3m 有一孔洞，其上安装出浆盒。出浆盒由喇叭形出浆孔（采用木制圆锥或铁皮制成）和盒盖（采用

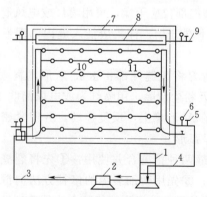

图 5-21　接缝灌浆布置示意图
1—拌浆筒；2—灌浆机；3—进浆管；4—回浆管；
5—阀门；6—压力表；7—止浆片；8—排气槽；
9—排气管；10—支管；11—出浆盒

预制砂浆盖板或铁皮制成）组成，分别位于缝面两侧浇筑块中（图5-22），在进行后浇块施工时，盒盖要盖紧出浆孔，并在孔边钉上铁钉，以防止浇筑时堵塞。后接缝张开，盒盖也相应张开以保证出浆。

（3）排气槽和排气管。排气槽断面为三角形，水平设于每一灌浆区的顶端，并通过排气管和灌浆廊道相通，其作用是在灌浆过程中排出缝中气体，排出部分缝面浆液，据以判断接缝灌浆情况，保证灌浆质量。

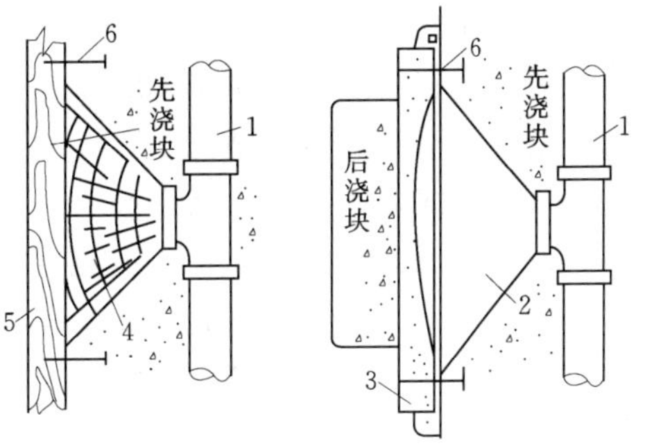

(a)先浇块浇筑时　　　(b)后浇块浇筑时

图5-22　出浆盒的构造与安装
1—升浆管；2—出浆口；3—预制砂浆盒盖；
4—喇叭形出浆孔；5—模板；6—铁钉

接缝灌浆的次序如下：

（1）同一接缝的灌区，应自基础灌区开始，逐层向上灌注。上层灌区的灌浆，应待下层和下层相邻灌区灌好后才能进行。

（2）为了避免各坝块沿一个方向灌注形成累加变形，影响后灌接缝的张开度，横缝灌浆应自河床中部向两岸进展，或自两岸向河床中部进展。纵缝灌浆宜自下游向上游推进。主要是考虑到接缝灌浆的附加应力与坝体蓄水后的应力叠加，不致造成下游坝趾出现较大的压应力，同时还可抵消一部分上游坝踵在蓄水后的拉应力。但有时也可先灌上游纵缝，然后再自上游向下游顺次灌注，预先改善上游坝踵应力状态。

（3）当条件可能时，同一坝段、同一高程的纵缝，或相邻坝段同一高程的横缝最好同时进行灌注。此外，对已查明张开度较小的接缝，最好先行灌注。

（4）在同一坝段或同一坝块中，如同时有接触灌浆、纵缝及横缝灌浆，应先进行接触灌浆。其好处是可以提高坝块的稳定性，对于陡峭岩坡的接触灌浆，则宜安排在相邻纵缝或横缝灌浆后进行，以利于提高接触灌浆时坝块的稳定性。

（5）纵缝及横缝灌浆的先后顺序一般是先灌横缝、后灌纵缝，但也有的工程考虑到坝块的侧向稳定，先灌纵缝、后灌横缝。

（6）同一接缝的上、下层灌区的间歇时间不应少于14d，并要求下层灌浆后的水泥结石具有70%的强度，才能进行上层灌区的灌浆。同一高程的相邻纵缝或横缝的间歇日应不少于7d。同一坝块同一高程的纵、横缝间歇时间，如果属于水平键槽的纵直缝崩浆，须待14d后方可灌注横缝。

（7）在靠近基础的接触灌区，如基础有中、高压帷幕灌浆，接缝灌浆最好是在帷幕灌浆之前进行。此外，如接触灌区两侧的坝块存在架空、冷缝或裂缝等缺陷时，应先处理缺陷，然后再进行接触灌浆。

（二）接缝灌浆施工

1. 通水检查

通水检查主要目的是查明灌浆管道及缝面的通畅情况，以及灌区是否外漏，从而为浆前的事故处理方法提供依据，其步骤及要求如下：

（1）单开式通水检查。分别从两进浆管进水，随即将其他管口关闭，依次有一个管口开放，在进水管口达设计压力的情况下，测定各个管口的单开出水率，其通畅标准是进水率大于 70L/min，单开出水率大于 50L/min。若管口出水率大于 50L/min，可结束单开式通水检查；若管口出水率小于 50L/min，则应从该管口进水，测定其余管口出水量和关闭压力，以便查清管和缝面情况。

（2）封闭式通水检查。从一通畅进浆管口进水，其他管口关闭，待排水管口达到设计压力（或设计压力 70%）时，测定各项漏水量，并观察外漏部位，灌区封闭标准为稳定漏水率小于 15L/min（不是集中渗漏），串层漏水率及串块漏水率分别小于 5L/min。

（3）缝面充水浸泡及冲洗。每一接缝灌浆前应对缝面进行浸泡，浸泡时间一般不少于 24h，然后用风水轮换洗各管道及缝面，直至排气管回清水，当水质清洁无悬浮或沉淀物时方能灌浆。

（4）灌浆前预习性压水检查。采用灌浆压力压水检查，其目的是选择与缝面排气管较为通畅的进浆管与回浆管环线路，核实接缝容积、各管口单开出水量与压力以及漏水量等数值，同时检查灌浆运行可靠性。

2. 接缝灌浆的程序和方法步骤

接缝灌浆的整个施工程序是，缝面冲洗、压水检查、灌浆区事故处理、灌浆、进浆结束。其中灌浆工序本身，是由稠度较稀的初始浆液（水灰比 3∶1）开灌，经中级浆液（水灰比 1∶1）变换为最终浆液（水灰比 0.6∶1），直到进浆结束。

初始浆液稠度较稀，主要是润湿管路及缝面，并排出缝中大部分空气；中级浆液主要起过渡作用，但也可以充填一些较细的裂缝；最终浆液用来最后充填接缝，保证设计要求的稠度。在灌浆过程中，各级浆液的变换可由排气管口控制。开灌时，最先灌入初始浆液，当排气管口出浆 3~5min 后，即可改换中级浆液；当排气管口出浆稠度与注入浆液稠度接近时，即可改换最终浆液。由此可知，排气管间断放浆是为了变换浆液的需要，即排出空气和稀浆，并保持缝面畅通。在此阶段，还应适当地采取沉淀措施，即暂时关闭进浆阀门，停止向缝内进浆 5~30min，使缝内浆液变浓，并消除可能形成的气泡。这种沉淀措施在施工中又称为间断进浆。

灌浆转入结束阶段的标准是排气管出浆稠度达到最终浆液稠度、排气管口压力达到设计压力以及缝面吸浆率小于 0.4L/min，达到这 3 项标准后，即可持续灌浆 30min 后结束（或关闭全部管口进行缝内进浆 30min，或从排气管倒灌 30min 结束）。

接缝灌浆的压力必须慎重选择，过小不易保证灌浆质量，过大可能影响坝的安全，一般采用的控制标准是：进浆管压力 $(3.5~4.5) \times 10^5$ kPa，回浆管压力 $(2~2.5) \times 10^5$ kPa。

（三）灌区事故及其处理

经过通水检查，可基本判明灌区事故部位及事故类型，灌区事故类型及处理方法分述如下。

1. 灌浆管道不通的处理

（1）进、回浆管道不通的处理。处理前，先将灌区充分浸泡 7d 左右，再用风和水轮换冲洗，风压限制为 0.2MPa，水压不超过 0.8MPa（逐级加压，每 0.05MPa 为一级），风和水轮换冲洗时，应将所有管口敞开，以免一旦疏通后缝面压力骤增。如堵塞部位距表面较近，可凿开混凝土，割除管道堵塞段，恢复进、回浆管。当上述措施无效时，可视具体情况采用骑缝钻孔或斜穿钻孔代替进、回浆管。

（2）排气系统不通的处理。当排气管不互通，或排气管与进、回浆管不互通时，可初步判断为排气系统不通（也存在缝面不通的可能性），如经疏通无效，一般采用风钻孔或机钻孔穿过灌区顶层代替原管道，一侧排气管至少布置 3 个风钻孔或一个机钻孔，机钻孔单孔出水率大于 50L/min，风钻孔单孔出水率大于 25L/min 时，可认为畅通。

2. 缝面不通的处理

当进、回浆管互通，排气管本身也互通，但进、回浆管与排气管之间不互通时，可判断为缝面不通。缝面不通的原因有 3 种可能，即缝面被杂物堵塞、压缝或细缝。如缝面被杂物堵塞，可以用反复浸泡、风和水轮换冲洗的办法；如为压缝，则可打风钻孔或机钻孔代替出浆盒，用联孔形成新的灌浆系统；如为细缝，则只能采取细缝灌浆措施。

3. 止浆片失效引起外漏的处理

一般采用嵌缝堵漏的方法，根据外漏部位及漏量大小，可先沿外漏接缝凿槽，再用水泥砂浆、环氧砂浆或棉絮等材料嵌堵，能比较有效地阻止浆液外漏。

4. 特殊情况的灌浆方法

（1）灌浆区与混凝土内部架空区串漏时，由于漏量大，灌浆时间必然延续较长，若管道及缝面又不太通畅，则不宜采取降压沉淀的方法，否则，缝面由下至上泌水，阻力增大，最终可能导致堵塞。通常在变换至最终级浓浆，缝面起压正常后，保持 50%～70% 的设计压力灌注，当吸浆量急剧下降时，再升到设计压力灌注，直至达到正常标准时结束。

（2）止浆片失效引起外漏，一般先嵌缝堵漏，再进行灌浆。当灌浆过程中发现外漏严重时，如缝面处于充填初级浆液阶段，可及时冲掉，嵌缝再灌；如缝面处于充填中级或终级浆液时，可边嵌边灌，同时在灌浆工艺上采取间歇沉淀或降压循环的措施，迅速增大缝面浆液黏度，促使缝面尽早形成塑性状态，当吸浆率明显减少时，在设计压力下正常灌注至结束。

（3）止浆片失效引起相邻灌区串漏，一般处理方法有两种。一种是先将表面外漏处嵌缝，然后多区同灌，每个灌区配一台灌浆机，可灌性差或漏量大的灌区先进浆，以利于各灌区同时达到在设计压力下灌注。当某一灌区先具备结束条件时，须待串漏区的吸浆率在设计压力下明显减小时才能先行进浆，互串区先后结束间隔时间，一般控制不超过 3h。另一种方法是当不允许互串灌区同灌时，也可采取下层灌浆，上层通水平压防止下层浆液串入上层的措施，上层通水时的层底压力应与下层灌浆的层顶压力相等。

（4）进、回浆管道全部失效时，若布置条件许可，可做骑缝钻孔代替进、回浆管（孔距一般为 3m），风钻孔代替排气管，灌浆方法与正常条件下的灌浆方法基本相同。如无条件布置骑缝机钻孔时，可采用风钻斜穿孔，一般 3～6m² 布置一孔，各孔均设内管（进浆管），孔口设回浆管，从灌区下层至上层将进、回浆管分别并联成若干孔组，并留出排气孔，灌浆时下层孔组进浆，上层孔组回浆，中层孔组放浆，灌至达到结束条件时停止。

（5）细缝灌浆。细缝一般指冷却至灌浆温度后，张开度仅为 0.3～0.5mm 的灌区，在灌浆施工中，一般采取下列措施：

1）用细度为通过 6400 孔/cm^2 的筛余量在 2%以下的 42.5 级硅酸盐磨细水泥。

2）在灌浆初始阶段，提高进浆管口压力，尽快使排气管口升压，有利于细缝张开，其张开度应严格控制在 0.5mm 以内。

3）采取四级水灰比，即 4:1、2:1、1:1、0.6:1 浆液灌注。先用 4:1 浆液润滑管道与缝面，2:1 浆液过渡，尽快以 1:1 浆液灌注，尽可能按终级浆液结束，最后从排气管倒灌补填。浆液中可掺用塑化剂（掺量以不超过水泥重量的 3‰为宜），以改善浆液流动性。

4）灌浆过程中，当变浆后排气管放出稀浆时，即从两侧进浆管同时进浆，或与排气管同时进浆，以改善缝面浆压分布（因缝面出浆盒有时局部阻塞）。

5）在经过论证的情况下，采用坝块超冷（即比灌浆温度低 2～4℃），力求改善缝面张开状况。

6）化学灌浆（使用不多），必须谨慎选用化学灌浆材料和施工工艺。

（四）质量检查

灌区的接缝灌浆质量，应以分析灌浆资料为主，结合钻孔取芯、槽检等质检成果，进行综合评定。主要评定项目有以下几个：

（1）灌浆时坝块混凝土的温度。

（2）灌浆管路通畅，缝面通畅以及灌区密封情况。

（3）灌浆施工情况。

（4）灌浆结束时排气管的出浆密度和压力。

（5）灌浆过程中有无中断、串浆、漏浆和管路堵塞等情况。

（6）灌浆前、后接缝张开度的大小及变化。

（7）灌浆材料的性能。

（8）缝面注入水泥量。

（9）钻孔取芯、缝面槽检和压水检查成果以及孔内探缝，孔内电视等测试的成果。

五、混凝土坝温度控制

（一）制定温度控制标准

一般把结构最小尺度大于 2m 的混凝土称为大体积混凝土。大体积混凝土要求控制水泥水化产生的热量及伴随发生的体积变化，尽量减少温度裂缝。

1. 混凝土温度变化过程

水泥在凝结硬化过程中，会放出大量的水化热。水泥在开始凝结时放热较快，以后逐渐变慢，普通水泥最初 3d 放出的总热量占总水化热的 50%以上。水泥水化热与龄期的关系曲线如图 5-23 所示。

图中 Q_0 为水泥的最终发热量（J/kg），其中 m 为系数，它与水泥品种及混凝土入仓温度有关。

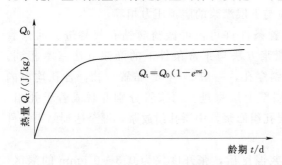

图 5-23　水泥水化热与龄期关系曲线

图中公式为

$$Q_t = Q_0(1 - e^{-mt})$$

式中　Q_t——每千克水泥在龄期 t 时的发热量，J/kg；

　　　Q_0——每千克水泥的最终发热量，J/kg；

　　　m——水泥发热速率，d^{-1}，除取决于水泥品种外，还与混凝土入仓温度有关（5～25℃时其值为 $0.285 \sim 0.384 d^{-1}$）；

　　　t——龄期，d；

　　　e——自然对数的底，e＝2.7183。

混凝土的温度随水化热的逐渐释放而升高，当散热条件较好时，水化热造成的最高温度升高值并不大，也不致使混凝土产生较大裂缝。而当混凝土的浇筑块尺寸较大时，其散热条件较差，由于混凝土导热性能不良，水化热基本上都积蓄在浇筑块内，从而引起混凝土温度明显升高，有时混凝土块体中部温度可达 60～80℃。由于混凝土温度高于外界气温，随着时间的延续，热量慢慢向外界散发，块体内温度逐渐下降。这种自然散热过程甚为漫长，大约要经历几年以至几十年的时间水化热才能基本消失。此后，块体温度即趋近于稳定状态。在稳定期内，坝体内部温度基本稳定，而表层混凝土温度则随外界温度的变化而呈周期性波动。由此可见，大体积混凝土温度变化一般经历升温期、冷却期和稳定期 3 个时期，如图 5-24 所示。

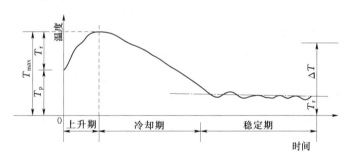

图 5-24　大体积混凝土温度变化过程

由图 5-24 可知：

$$\Delta T = T_{max} - T_f = T_p + T_r - T_f$$

由于稳定温度 T_f 值变化不大，所以要减少温差 ΔT，就必须采取措施降低混凝土入仓温度 T_p 和混凝土的最大温升 T_r。

2. 温度应力与温度裂缝

混凝土温度的变化会引起混凝土体积变化，即温度变形，而温度变形一旦受到约束不能自由伸缩时，就必然引起温度应力，若为压应力，通常无大的危害；若为拉应力，当超过混凝土抗拉强度极限时，就会产生温度裂缝。混凝土坝裂缝型式见图 5-25。

（1）表面裂缝。大体积混凝土结构块体各部分由于散热条件不同，温度也不同，块体内部散热条件差，温度较高，持续时间也较长；而块体外表由于和大气接触，散热方便，冷却迅速。当表面混凝土冷却收缩时，就会受到内部尚未收缩的混凝土的约束产生表面温度拉应力，当它超过混凝土的抗拉极限强度时就会产生裂缝。

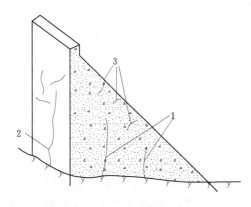

图 5-25 混凝土坝裂缝型式
1—贯穿裂缝；2—深层裂缝；3—表面裂缝

一般表面裂缝方向不规则，数量较多，但短而浅，深度小于 1m，缝宽小于 0.5mm，有的后来还会随着坝体内部温度降低而自行闭合，因而对一般结构威胁较小。但在混凝土坝体上游面或其他有防渗要求的部位，表面裂缝形成了渗透途径，在渗水压力作用下，裂缝易于发展。在基础部位，表面裂缝还可能与其他裂缝相连，发展成为贯穿裂缝，对建筑物的安全运行都是不利的，因此必须采取一些措施，防止表面裂缝的产生和发展。

防止表面裂缝的产生，最根本的是把内外温差控制在一定范围内。防止表面裂缝还应注意防止混凝土表面温度骤降（冷击）。冷击主要是冷风寒潮袭击和低温下拆模引起的，这时会形成较大的内外温差，最容易发生表面裂缝。因此在冬季不要急于拆模，对新浇混凝土的表面，当温度骤降前应进行表面保护。表面保护措施可采用保温模板、挂保温泡沫板、喷水泥珍珠岩、挂双层草垫等。

（2）深层裂缝和贯穿裂缝。混凝土凝结硬化初期，水化热使混凝土温度升高，体积膨胀，基础部位混凝土由于受基岩的约束，不能自由变形而产生压应力，但此时混凝土塑性较大，所以压应力很低。随着混凝土温度的逐渐下降，体积也随之收缩，这时混凝土已硬化，并与基础岩石黏结牢固，受基础岩石的约束不能自由收缩，而使混凝土内部除抵消了原有的压应力外，还产生了拉应力，当拉应力超过混凝土的抗拉极限强度时，就产生裂缝。裂缝方向大致垂直于岩面，自下而上开展，缝宽较大（可达 1~3mm），延伸长，切割深（缝深可达 3~5m 以上），称之为深层裂缝。当裂缝平行于坝轴线出现时，常常贯穿整个坝段，则称为贯穿裂缝。

基础贯穿裂缝对建筑物安全运行是很危险的，因为这种裂缝发生后，就会把建筑物分割成独立的块体，使建筑物的整体性遭到破坏，坝内应力发生不利变化，特别对于大坝上游坝踵处将出现较大的拉应力，甚至危及大坝安全。

防止产生基础贯穿裂缝，关键是控制混凝土的温差，通常基础容许温差的控制范围见表 5-11。

表 5-11　　　　　　　　　　　　基 础 容 许 温 差 ΔT　　　　　　　　　　单位：℃

混 凝 土 位 置		浇筑块边长 L/m				
		<16	17~20	21~30	31~40	通仓长块
离基础面高度 h/m	0~0.2L	26~25	24~22	22~19	19~16	16~14
	(0.2~0.4)L	28~27	26~25	25~22	22~19	19~17

混凝土浇筑块经过长期停歇后，在长龄期老混凝土上浇筑新混凝土时，老混凝土也会对新混凝土起约束作用，产生温度应力，可能导致新混凝土产生裂缝，所以新老混凝土间的内部温差（即上下层温差），也必须进行控制，一般允许温差为 15~20℃。

（二）混凝土温度控制措施

为了防止混凝土温度裂缝、减轻温度应力，可以从混凝土减热和散热两个方面着手。

1. 减少混凝土发热量

（1）采用低热水泥。采用水化热较低的普通大坝水泥、矿渣大坝水泥及低热膨胀水泥。

（2）降低水泥用量可采用的措施：①掺混合材料；②调整骨料级配，提高骨料最大粒径；③采用低流态混凝土；④掺外加剂（减水剂、加气剂）；⑤其他措施如采用埋石混凝土、坝体分区使用不同强度等级的混凝土、利用混凝土的后期强度。

2. 降低混凝土的入仓温度

（1）料场措施包括：①加大骨料堆积高度；②地弄取料；③搭盖凉棚；④喷水雾降温（石子）。

（2）冷水或加冰屑拌和。

（3）预冷骨料措施有：①水冷，如喷水冷却、浸水冷却；②气冷，即在供料廊道中通冷气。

（4）减少预冷混凝土运输和浇筑过程中温度回升，主要措施有：①平仓振捣后仓面覆盖隔热保温材料；②利用阴天浇筑；③控制混凝土运输时间；④严格控制仓面浇筑暴露时间；⑤运输机具加保温措施；⑥减少转运次数。

3. 散发浇筑块热量

（1）表面自然散热。采用薄层浇筑，浇筑层厚度采用 3～5cm，在基础地面或老混凝土面上可以浇 1～2m 的薄层，上、下层间歇时间宜为 5～10d。浇筑块的浇筑顺序应间隔进行，尽量延长两相邻块的间隔时间，以利侧面散热。

（2）人工强迫散热——埋冷却水管。利用预埋的冷却水管通低温水以散热降温。冷却水管的作用有以下几个：

1）一期冷却。混凝土浇后立即通水，以降低混凝土的最高温升。

2）二期冷却。在接缝灌浆时将坝体温度降至灌浆温度，扩张缝隙以利灌浆。

第三节 碾压混凝土坝施工

碾压混凝土采用干硬性混凝土，施工方法接近于碾压式土石坝的填筑方法，采用通仓薄层浇筑、振动碾压实。碾压混凝土筑坝可减少水泥用量、充分利用施工机械、提高作业效率、缩短工期。

一、原材料及配合比

1. 胶凝材料

碾压混凝土一般采用硅酸盐水泥或矿渣硅酸盐水泥，掺 30%～65% 粉煤灰，胶凝材料用量一般为 120～160kg/m³，《水工碾压混凝土施工规范》（SL 53—94）中规定大体积建筑物内部碾压混凝土的胶凝材料用量不宜低于 130kg/m³，其中水泥熟料不宜低于 45kg/m³。

2. 骨料

与常态混凝土一样，可采用天然骨料或人工骨料，骨料最大粒径一般为 80mm，迎水面用碾压混凝土自身作为防渗体时，一般在一定宽度范围内采用二级配碾压混凝土。碾压混凝土砂率一般比常态混凝土高，对砂子含水率的控制要求比常态混凝土严格，沙子含水量不稳定时，碾压混凝土施工层面易出现局部集中泌水现象。

3. 外加剂

一般应掺用缓凝减水剂，并掺用引气剂，增强碾压混凝土抗冻性。

4. 碾压混凝土配合比

碾压混凝土配合比应满足工程设计的各项指标及施工工艺要求，包括以下内容：

（1）混凝土质量均匀，施工过程中粗骨料不易发生分离。

（2）工作度适当，拌和物较易碾压密实，混凝土容重较大。

（3）拌和物初凝时间较长，易于保证碾压混凝土施工层面的良好黏结，层面物理力学性能好。

（4）混凝土的力学强度、抗渗性能等满足设计要求，具有较高的拉伸应变能力。

（5）对于外部碾压混凝土，要求具有适应建筑物环境条件的耐久性。

（6）碾压混凝土配合比经现场试验后调整确定。

二、碾压混凝土施工

1. 碾压混凝土上升方式的确定

以美国和日本为代表，形成两种不同的碾压混凝土浇筑上升方式。采用美国式的碾压混凝土施工（Roller Compacted Concrete，RCC）时，一般不分纵横缝（必要时可设少量横缝），采用大仓面通仓浇筑，压实层厚一般为 30cm。对于水平接缝的处理，许多坝以成熟度（气温与层面停歇时间的乘积）作为判断标准，在成熟度超过 200～260℃·h 时，对层面采取刷毛、铺砂浆等措施处理；否则仅对层面稍做清理。实际上，层面一般只需要清除松散物，在碾压混凝土尚处于塑性状态时浇筑上一层碾压混凝土，因而施工速度快，造价低，也利于层面结合。日本式的碾压混凝土坝施工（Roller Compacted Dam-Concrete，RCD），用振动切缝机切出与常态混凝土坝相同的横缝，碾压混凝土压实层厚 50～75cm，甚至达到 100cm，每层混凝土分几次薄层平仓，平仓层厚为 15～25cm，一次碾压。每层混凝土浇筑后停歇 3～5d，层面冲刷毛铺砂浆，因而混凝土水平施工缝面质量良好，但施工速度较慢。

我国在吸收国外施工经验的基础上，既有沿用两种方法修筑的碾压混凝土坝，也采用了改进的施工方法，如辽宁观音阁碾压混凝土坝完全采用日本的施工方法，广西岩滩碾压混凝土围堰等则完全采用美国的施工方法。我国大多数碾压混凝土坝则采用自创的碾压混凝土 RCC 施工方法，即碾压混凝土在一个升程内（一般 2～3m 高）采用大面积薄层连续浇筑上升，压实层厚为 30cm，一个升程混凝土浇筑完毕后，对层面冲刷毛，在下一升程浇筑前铺砂浆。三峡碾压混凝土纵向围堰及二期厂坝导墙即采用该法施工。

对于施工仓面较大，碾压混凝土施工强度受施工设备限制难以满足连续浇筑上升层面允许间歇时间要求时，可采用斜层铺筑法浇筑，该法首先在湖南江垭工程碾压混凝土施工中采用，施工时碾压层向上游或沿坝轴线方向倾斜，坡度根据混凝土施工强度确定，一般为 1∶20～1∶40，以满足连续浇筑上升层间允许间歇时间要求为准。该法可缩短连续浇筑上升时层间间歇时间，有利于提高层间胶结强度，升程高度一般为 3m。

在碾压混凝土施工速度及施工强度上，其最大日浇筑量接近 2 万 m³，日上升速度达 1.2m。

2. 碾压混凝土浇筑时间的确定

碾压混凝土采用一定升程内通仓薄层连续浇筑上升，连续浇筑层层面间歇 6～8h，高温季节浇筑碾压混凝土时预冷碾压混凝土在仓面的温度回升大。另外，碾压混凝土用水量少，拌制预冷混凝土时加冰量少，高温季节出机口温度难以达到 7℃，因而高温季节对碾压混凝土进行预冷的效果不如常态混凝土。经计算分析，高温季节浇筑基础约束区混凝土温度将较大超过坝体设计允许最高温度，因而可能产生危害性裂缝。另外，高温季节浇筑碾压混凝土时，混凝土初凝时间短，表层混凝土水分蒸发量大，压实困难，层面胶结差，从而使本为碾压混凝土薄弱环节的层面结合更难保证施工质量。斜层铺筑法虽然可改善混凝土层面胶结，但难以解决混凝土温度控制等问题。

综上所述，为确保大坝碾压混凝土质量，高温季节不宜浇筑碾压混凝土，根据已建工程施工经验，在日均气温超过 25℃时不宜浇筑碾压混凝土，三峡工程在技术设计阶段，研究大坝采用碾压混凝土的可行性时，确定碾压混凝土仅在低温季节浇筑下部大体积混凝土时采用，气温较高时改用常态混凝土浇筑。左导墙碾压混凝土浇筑也规定在 10 月下旬至次年 4 月上旬进行，其余时间停浇。

3. 碾压混凝土拌和及运输

碾压混凝土一般可用强制式或自落式搅拌机拌和，也可采用连续式搅拌机拌和，其拌和时间一般比常态混凝土延长 30s 左右，故而生产碾压混凝土时拌和楼生产率比常态混凝土低 10% 左右。碾压混凝土运输一般采用自卸汽车、皮带机、真空溜槽等方式，也有采用坝头斜坡道转运混凝土。选取运输机具时，应注意防止或减少碾压混凝土骨料分离。

4. 平仓及碾压

碾压混凝土浇筑时一般按条带摊铺，铺料条带宽根据施工强度确定，一般为 4～12m，铺料厚度为 35cm，压实后为 30cm，铺料后常用平仓机或平履带的大型推土机平仓。为解决一次摊铺产生骨料分离的问题，可采用二次摊铺，即先摊铺下半层，然后在其上卸料，最后摊铺成 35cm 的层厚。采用二次摊铺后，对料堆之间及周边集中的骨料经平仓机反复推刮后，能有效分散，再辅以人工分散处理，可改善自卸汽车铺料引起的骨料分离问题。一条带平仓完成后立即开始碾压，振动碾一般选用自重大于 10t 的大型双滚筒自行式振动碾，作业时行走速度为 1～1.5km/h，碾压遍数通过现场试碾确定，一般为无振两遍、有振 6～8 遍。碾压条带间搭接宽度大于 20cm，端头部位搭接宽度大于 100～150cm。条带从铺筑到碾压完成宜控制在 2h 左右。边角部位采用小型振动碾压实。碾压作业完成后，用核子密度仪检测其容重，达到设计要求后进行下一层碾压作业；若未达到设计要求，立即重碾，直到满足设计要求为止。模板周边无法碾压部位一般可加注与碾压混凝土相同水灰比的水泥浓浆后用插入式振捣器振捣密实。仓面碾压混凝土的 VC 值控制在 5～10s，并尽可能地加快混凝土的运输速度，缩短仓面作业时间，做到在下一层混凝土初凝前铺筑完上一层碾压混凝土。

当采用金包银法（指周边外围常态混凝土与内部碾压混凝土同步浇筑）施工时，尤其要注意周边常态混凝土与内部碾压混凝土结合面的施工质量。

5. 防渗层常态混凝土浇筑

"金包银"结构的外部防渗层常态混凝土铺筑层厚一般与碾压混凝土相同，为 30cm，可采取先浇常态混凝土，在常态混凝土初凝前铺筑碾压混凝土，或先浇碾压混凝土，再浇筑常态混凝土，结合部位采用振动碾压实，大型振动碾无法碾压的部位用小型振动碾碾压。

6. 造缝

碾压混凝土一般采取几个坝段形成的大仓面通仓连续浇筑上升，坝段之间的横缝，一般可采取切缝机切缝（缝内填设金属片或其他材料）、埋设隔板或钻孔填砂形成，或采用其他方式设置诱导缝。切缝机切缝时，可采取先切后碾或先碾后切，成缝面积不少于设计缝面的 60%。埋设隔板造缝时，相邻隔板间隔不大于 10cm，隔板高度宜比压实层面低 2～3cm。钻孔填砂造缝则是待碾压混凝土浇筑完一个升程后沿分缝线用手风钻造诱导孔。

7. 施工缝面处理

正常施工缝一般在混凝土收仓后 10h 左右用压力水冲毛，清除混凝土表面的浮浆，以露出粗砂粒和小石为准。施工过程中因故中止或其他原因造成层面间歇时间超过设计允许间歇时间，视间歇时间的长短采取不同的处理方法，对于间歇时间较短，碾压混凝土未终凝的施工缝面，可采取将层面松散物和积水清除干净，铺一层 2～3cm 厚的砂浆后，继续进行下一层碾压混凝土摊铺、碾压作业；对于已经终凝的碾压混凝土施工缝，一般按正常工作缝处理。第一层碾压混凝土摊铺前，砂浆铺设随碾压混凝土铺料进行，不得超前，保证在砂浆初凝前完成碾压混凝土的铺筑。碾压混凝土层面铺设的砂浆应有一定坍落度。

8. 模板

规则表面采用组合钢模板，不规则面一般采用木模板或散装钢模板。为便于碾压混凝土压实，模板一般用悬臂模板，可用水平拉条固定。对于连续浇筑上升的坝体，应特别注意水平拉条的牢固性。廊道等孔洞宜采用混凝土预制模板。碾压混凝土坝下游面，为方便碾压混凝土施工，可做成台阶，并可用混凝土预制模板成型。

三、碾压混凝土温度控制

1. 分缝分块

碾压混凝土施工一般采取通仓薄层连续浇筑，对于仓面很大而施工机械生产率不能满足层面间歇期要求时，对整个仓面分设几个浇筑区进行施工。为适应碾压混凝土施工的特点，碾压混凝土坝或围堰不设纵缝，横缝间距一般也比常态混凝土间距大，采用立模、锯缝或在表面设置诱导缝。例如，三峡纵向围堰坝身段下部高程 84.5m 以下采用了碾压混凝土施工，该坝段顺流向长度为 115m，横缝间距为 36m 和 32m，不分纵缝通仓施工，最大仓面积 4140m²，三峡厂坝导墙采用碾压混凝土，导墙分块长度 30～34m，采用 2～3 块为一碾压仓，人工造缝形成设计分块缝。对于碾压混凝土围堰或小型碾压混凝土坝，也有不设横缝的通仓施工，如隔河岩上游横向围堰及岩滩上下游横向围堰均未设横缝。大中型碾压混凝土坝如不设横缝，难免会出现裂缝，美国早期修建的几座未设横缝的大中型碾压混凝土坝均出现较大裂缝而不得不进行修补。

2. 碾压混凝土温度控制标准

由于碾压混凝土胶凝材料用量少，极限拉伸值一般比常态混凝土小，其自身抗裂能力比常态混凝土差，因此其温差标准比常态混凝土严格，《混凝土重力坝设计规范》（DL 5108—1999）中规定，当碾压混凝土 28d 极限拉伸值不低于 0.70×10^4 时，碾压混凝土坝基础容许温差见表 3-30。对于外部无常态混凝土或侧面施工期暴露的碾压混凝土浇筑块，其内外温差控制标准一般在常态混凝土基础上加 2～3℃。

3. 碾压混凝土温度计算

由于碾压混凝土采用通仓薄层连续浇筑上升，混凝土内部最高温度一般采用差分法或有限元法进行仿真计算。计算时每一碾压层内竖直方向设置 3 层计算点，水平方向则根据计算机容量设置不同数量计算点。

4. 冷却水管埋设

碾压混凝土一般采取通仓浇筑，且为保证层间胶结质量，一般安排在低温季节浇筑，不需要进行初、中、后期通水冷却，从而不需要埋设冷却水管。但对于设有横缝且需进行接缝灌浆，或气温较高，混凝土最高温度不能满足要求时，也可埋设水管进行初、中、后期通水冷却。三峡工程在碾压混凝土纵向围堰及纵缝坝身段下部碾压混凝土中均埋设了冷却水管。施工时冷却水管一般布设在混凝土面上，水管间距为 2m，开始采用挖槽埋设，此法费工、费时，效果也不佳。之后改在施工缝面上直接铺设，用钢筋或铁丝固定间距，开仓时用砂浆包裹，推土机入仓时先用混凝土作垫层，避免履带压坏水管。一般在收仓后 24h 开始进行初期通水冷却，通水流量 18～20L/min，通水时间不少于 7d，一般可降低混凝土最高温度 3～5℃。

5. 温控措施

碾压混凝土主要温控措施与常态混凝土基本相同，仅混凝土铺筑季节受到较大限制。由于碾压混凝土属于硬性混凝土，用水量少，高温季节施工时表面水分散发后易干燥而影响层间胶结质量，故而一般要求在低温季节浇筑。

小　结

本章主要学习了混凝土生产与运输、混凝土坝施工、碾压混凝土坝施工，要求掌握混凝土拌和楼组成及生产流程、混凝土坝坝体浇筑施工工艺、混凝土质量控制内容及方法、混凝土坝接缝灌浆、大体积混凝土温度控制措施，熟悉混凝土浇筑前的准备工作，混凝土冬季、雨季、夏季施工措施，碾压混凝土坝施工工艺和技术要点。

自 测 练 习 题

一、填空题

1. 骨料筛分机按产生振动的方式分为_____和_____两种。

2. 混凝土搅拌机分_____和_____两类。

3. 混凝土的水平运输机械设备有_____、_____、_____等。

4. 混凝土垂直运输的机械设备有_____、_____、_____、_____等。

5. 大体积混凝土的温度变化过程可分为_____、_____和_____三个时期。

6. 混凝土坝施工，产生的温度裂缝有_____、_____两类。

7. 混凝土坝温度控制的措施有_____与_____。

8. 混凝土的基本分缝分块方法有_____、_____、_____和_____。

9. 混凝土施工，当日平均气温稳定在_____以下或最低气温在_____以下时为冬季施工，当气温超过_____时为夏季施工。

二、简答题

1. 简述人工骨料加工工艺流程。

2. 简述混凝土生产工艺流程。

3. 一阶式拌和楼和二阶式拌和楼有什么区别？

4. 混凝土浇筑前的准备工作有哪些？混凝土浇筑包括哪些工序？

5. 混凝土浇筑，在什么情况下采用斜层或阶梯浇筑法？这两种方法有何限制条件？

6. 降低混凝土的入仓温度有哪些措施？

7. 碾压混凝土与常规混凝土有什么区别？碾压混凝土坝如何施工？

第六章 隧 洞 施 工

隧洞断面结构及所穿越的地层围岩性质不同，其施工方法也不同，通常有钻爆法、TBM掘进机法和盾构法等类型。目前水利工程中隧洞多用钻爆法施工，本章主要介绍隧洞钻爆法施工技术。

隧洞施工的主要作业内容包括开挖、出渣、衬砌或支护、灌浆等。为创造良好施工环境，加快施工进度，应妥善解决好以下辅助作业内容：通风、散烟、除尘，风水、电供应以及排水。隧洞施工程序如图6-1所示。

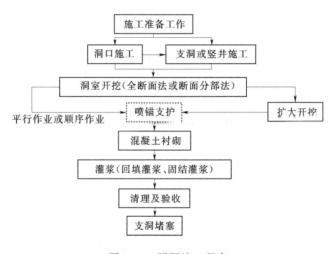

图6-1 隧洞施工程序

第一节 隧洞施工方案的确定

平洞施工方案就是施工方法、施工程序和施工组织统一协调的综合。平洞施工程序和方法的选择主要取决于地质条件、断面尺寸、平洞轴线长短以及施工机械化水平等因素，同时要处理好平洞开挖与临时支撑、平洞开挖与衬砌（或支护）的关系，以使各项工作能在相对狭小的工作面上有条不紊地协调进行。

一、平洞施工工作面的确定

一般情况下，平洞开挖至少有进、出口两个工作面，如果洞线较长，工期紧迫，则应考虑开挖施工支洞或竖井等来增加工作面。

工作面的数目可按式（6-1）进行估算，即

$$\left(\frac{L}{NV}+\frac{L_{\max}}{v}\right)\leqslant[T] \qquad (6-1)$$

式中　［T］——平洞施工的限定期，月；

　　　　L——平洞的全长，m；

　　　　N——工作面的数目；

　　　　V——平洞施工的综合进度指标，m/月；

　　　L_{max}——施工支洞（或竖井）的最大长度，m；

　　　　v——施工支洞（或竖井）的综合指标，m/月。

在确定工作面的数目和位置时，还应结合平洞沿线的地形地质条件、洞内外运输道路和施工场地布置、支洞或竖井的工程量和造价，通过技术经济比较来选择。

二、隧洞开挖方法

1963 年，由奥地利学者 L. 腊布兹维奇教授命名的新奥地利隧道施工法（New Austria Tunneling Method，NATM，简称新奥法）正式出台。它是以控制爆破或机械开挖为主要掘进手段，以锚杆、喷射混凝土为主要支护方法，是理论、量测和经验相结合的一种施工方法。其核心是及时支护，充分利用围岩的自稳能力提高围岩与支护的共同作用。

应用新奥法施工必须遵循的基本原则如下：

（1）围岩是隧洞的主要承载单元，要在施工中充分保护和爱护围岩。

（2）容许围岩有可控制的变形，充分发挥围岩的结构作用。

（3）变形的控制主要是通过支护阻力（即各种支护结构）的效应达到。

（4）在施工中，必须进行实地量测监控，及时提出可靠的、足够数量的量测信息，指导施工和设计。

（5）在选择支护手段时，一般应选择能大面积牢固地与围岩紧密接触、能及时施设且应变能力强的支护手段。

（6）要特别注意，隧洞施工过程是围岩力学状态不断变化的过程。

（7）在任何情况下，使隧洞断面能在较短时间内闭合是极为重要的。在岩石隧洞中，因围岩的结构作用，开挖面能够"自封闭"。而在软弱围岩中，则必须改变"重视上部、忽视底部"的观点，应尽量采用能先修筑仰拱（或临时仰拱）或底板的施工方法，使断面及早封闭。

（8）在隧洞施工过程中，必须建立设计—施工检验—地质预测—量测反馈—修正设计的一体化施工管理系统，以不断提高和完善隧洞施工技术。

以上隧洞施工的基本原则可扼要地概括为"少扰动、早喷锚、勤量测、紧封闭"。新奥法的施工工序如图 6-2 所示。

隧洞开挖方法实际上是指开挖成形的方法，按开挖隧洞的横断面分部情况来分，开挖方法可分为全断面开挖法、断面分部法（台阶开挖法、导洞开挖法）。

（一）全断面开挖法

全断面开挖法是按设计开挖断面一次开挖成形（图 6-3）。

全断面法适用于断面较小、围岩坚固稳定（$f \geqslant 8 \sim 10$）、洞径小于 10m、配有充足大型开挖衬砌设备的平洞开挖。一般情况下，循环进尺可采用以下数值：

（1）在Ⅰ～Ⅲ类围岩中，用手风钻造孔时循环进尺宜为 2.0～4.0m；用液压钻或多臂

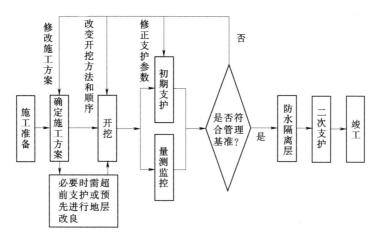

图 6-2 新奥法施工工序框图

钻造孔时循环进尺宜为 3.0～5.0m。

（2）在Ⅳ类围岩中循环进尺宜为 1.0～2.0m。

（3）在Ⅴ类围岩中，循环进尺宜为 0.5～1.0m。

循环进尺应根据监测结果进行调整。

（二）台阶开挖法

台阶开挖法一般是将设计断面

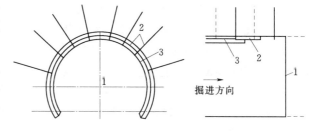

图 6-3 全断面开挖法
1—全断面法开挖的工作面；2—锚喷支护；3—模筑混凝土衬砌

分成上、下断面（或上、中、下断面）分次开挖成型的开挖方法；有正台阶法和反台阶法。洞径或洞高在 10m 以上应采用台阶法开挖。

1. 正台阶法

在大断面平洞施工中应用较为普遍，其上层开挖高度一般为 6～8m，如图 6-4 所示。

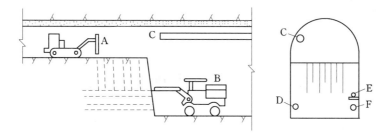

图 6-4 正台阶法
A—垂直钻机；B—水平钻机；C—通风管；D—水管；E—电缆管；F—风管

2. 反台阶法

用于稳定性较好的岩层中施工，将整个隧洞断面分成几层，在底层先开挖较宽的下导坑，再由下向上分部扩大开挖，进行上层钻眼时需设立工作平台或采用漏渣棚架，后者可供装渣之用，如图6-5所示。

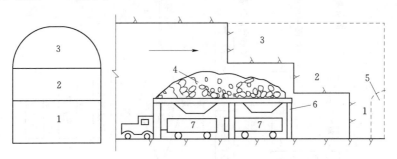

图6-5　反台阶法

1~3—台阶开挖序号；4—上台阶堆渣；5—施工支洞；6—漏渣棚架；7—运渣工具

（三）导洞开挖法

先开挖断面的一部分作为导洞，再逐次扩大开挖隧洞的整个断面，用于隧洞断面较大、地质条件或施工条件采用全断面开挖有困难的情况。导洞断面不宜过大，以能适应装渣机械装渣、出渣车辆运输、风水管路安装和施工安全为度。导洞可增加开挖爆破时的自由面，有利于探明隧洞的地质和水文地质情况，并为洞内通风和排水创造条件。导洞开挖后，扩挖可以在导洞全长挖完之后进行，也可以和导洞开挖平行作业。

根据地质条件、地下水情况、隧洞长度和施工条件，确定采用下导洞、上导洞或上下导洞（图6-6）：围岩较稳定时可采用下导洞法；围岩稳定性差时多采用上导洞法或上下导洞法；隧洞断面大、地下水丰富时多采用上下导洞法。

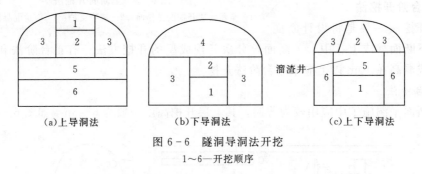

（a）上导洞法　　　　　　（b）下导洞法　　　　　　（c）上下导洞法

图6-6　隧洞导洞法开挖

1~6—开挖顺序

第二节　隧洞钻爆法施工

钻孔爆破法一直是地下建筑岩体开挖的主要施工方法，根据钻爆设计图进行钻孔施工，其主要工序有测量放线布孔、钻孔、清孔装药、连接网路、起爆、通风排烟、危石处理、清渣、支护。

一、炮孔布置

炮孔布置首先应确定施工开挖线，然后进行炮孔布置，隧洞爆破通常将开挖断面上的炮孔分区布置、分区顺序起爆，逐步扩大完成一次爆破开挖。隧洞断面上的炮孔布置如图

6-7 所示。

1. 掏槽孔布置

掏槽孔的作用是将开挖面上某一部位的岩石掏出一个槽，以形成新的临空面，为其余炮孔的爆破创造有利条件。掏槽炮孔一般要比其他的孔深 10～20cm，布置在开挖断面的中下部，加密布孔和装药，在整个断面上最先起爆。

根据开挖断面大小、围岩类别、钻孔机具等因素，掏槽孔排列形式有很多种，总的可分成斜孔掏槽（图 6-8）和直孔掏槽两大类。

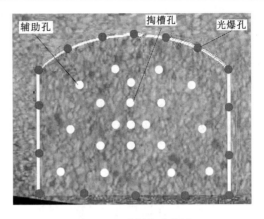

图 6-7 隧洞炮孔布置

斜孔掏槽的优点是可以按岩层的实际情况选择掏槽方式和掏槽角度，容易把岩石抛出，而且所需掏槽孔数较少，掏槽体积大，易将岩石抛出，有利于其他炮眼的爆破；缺点是孔深受坑道断面尺寸的限制，不便于多台钻机同时凿岩。

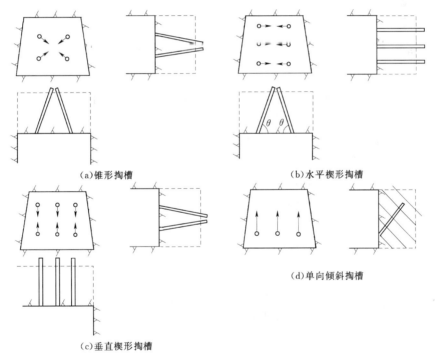

图 6-8 斜孔掏槽形式

直孔掏槽的优点是凿岩作业比较方便，不需随循环进尺的改变而变化掏槽形式，仅需改变炮孔深度；直孔掏槽石渣抛掷距离也可缩短，所以目前现场多采用直孔掏槽。直孔掏槽的缺点是炮孔数目和单位用药量较多，炮孔位置和钻孔方向也要求高度准确，才能保证良好的掏槽效果，技术比较复杂。

2. 辅助孔的布置

辅助孔（又称崩落孔）的作用是进一步扩大掏槽体积和增大爆破量，并为周边孔创造有利的爆破条件。其布置主要是解决炮孔间距 E 和最小抵抗线 W 问题，这可以由工地经验决定。一般取 $E/W = 60\% \sim 80\%$ 为宜。辅助眼应由内向外逐层布置，逐层起爆，逐步接近开挖断面轮廓形状。

3.光爆孔布置

光爆孔（又称周边孔）的作用是爆破后使坑道断面达到设计的形状和规格。周边孔原则上沿着设计轮廓均匀布置，间距和最小抵抗线应比辅助孔小，以便爆出较为平顺的轮廓。孔底应根据岩石的抗爆破性来确定其位置，应将炮孔方向以 $3\% \sim 5\%$ 的斜率外插，这一方面是为了控制超欠挖，另一方面是为了便于下次钻孔时容易落钻开孔。一般对于松软岩层，孔底应落在设计轮廓线上；对于中硬岩及硬岩，孔底应落在设计轮廓线以外10～15cm。此外，为保证开挖面平整，辅助孔及周边孔的深度应使其孔底落在同一垂直面上，必要时应根据实际情况调整炮眼深度。

周边孔的爆破，在很大程度上影响着开挖轮廓的质量和对围岩的扰动破坏程度，可采用光面爆破或预裂爆破技术。特别当岩质较软或较破碎时，应加强开挖轮廓面钻爆施工。开挖施工前应进行爆破参数的试验。

二、钻孔

隧洞工程中常使用的凿岩机有风动凿岩机和液压凿岩机。另外，还有电动凿岩机和内燃凿岩机，但较少采用。

钻头直接连接在钻杆前端（整体式）或套装在钻杆前端（组合式），钻杆尾则套装在凿岩机的机头上，钻头前端则镶入硬质高强耐磨合金钢凿刃。凿刃起着直接破碎岩石的作用，它的形状、结构、材质、加工工艺是否合理都直接影响凿岩效率和其本身的磨损。

常用钻头的钻孔直径有 38mm、40mm、42mm、45mm、48mm 等，用于钻中空孔眼的钻头直径可达 102mm，甚至更大。超过 50mm 的钻孔施工时，则需要配备相应型号和钻孔能力的钻机施工。钻头和钻杆均有射水孔，压力水即通过此孔清洗岩粉。钻头构造见图 6-9。

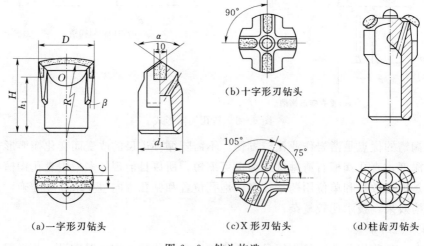

(a)一字形刃钻头　(b)十字形刃钻头　(c)X形刃钻头　(d)柱齿刃钻头

图 6-9　钻头构造

孔深根据断面大小、钻孔机具性能和循环进尺要求等因素确定；钻孔角度按炮孔类型进行设计，同类钻孔角度应一致，钻孔方向按平行或收放等形式确定。

三、清孔装药

首先要对炮孔参数进行检查验收，测量炮孔位置、炮孔深度是否符合设计要求；然后对钻好的炮孔进行清渣和排水，可用长柄掏勺掏出孔内留有的岩渣，再用布条缠在掏勺上，将孔内的存水吸干，或用压气管通入孔底，利用压气将孔内的岩渣和水分吹出。

待准备工作完毕并确认炮孔合格后，即可进行装药工作。装药时一定要严格按照预先计算好的每个炮眼装药量装填。总的装药长度不宜超过眼深2/3。用木制炮棍压紧，以增加炮眼的装药密度。在有水或潮湿的炮孔中，应采取防水措施或改用防水炸药。

当采用导爆索起爆时，应该用胶布将导爆索与每个药卷紧密贴合，才能充分发挥导爆索的引爆作用。

四、堵塞

常用的堵塞材料有砂子、黏土、岩粉等，小直径炮孔则常用炮泥堵塞。炮泥是用砂子和黏土混合配制而成的，其质量比为3∶1，再加上20％的水混合均匀后再揉成直径稍小于炮眼直径的炮泥段。堵塞时将炮泥段送入炮眼，用炮棍适当加压捣实。炮孔堵塞长度可以是全部堵塞，也可以是部分堵塞，堵塞一般不能小于最小抵抗线；堵塞应是连续的，中间不能间断。

五、起爆

起爆前，应由专人检查包括装药、核对起爆炮孔数、起爆网路，确认无误后方可实施起爆。

爆破指导人员要确认周围安全警戒工作完成，并发布放炮信号后，方可发起爆命令，警戒人员应在规定警戒点进行警戒，在未确认撤除警戒前不应该擅离职守；起爆后，确认炮孔全部起爆，经检查后方可发出解除警戒信号，撤除警戒人，如发现盲炮，要采取安全防范措施后，才能解除警戒信号。

六、通风、散烟

起爆后即可进行通风散烟，待散烟结束作业人员方可进行洞内作业。

七、安全检查与处理

在通风散烟后，应检查隧洞周围特别是拱顶是否有粘连在围岩母体上的危石。对这些危石以前常采用长撬棍处理，但不安全，若条件许可时，可以采用轻型的长臂挖掘机进行危石的安全处理。

特大断面洞室和地下洞室群，在施工过程中应开展爆破效果的监测。爆破监测采用宏观调查与仪器监测相结合的方法进行，爆破监测的主要内容应根据工程规模和安全要求确定，其主要内容为：

（1）检测岩体松动范围。

（2）监测爆破对邻洞、高边墙、岩壁吊车梁的振动影响。

（3）爆破区附近的岩体变化情况。

八、初期支护

当围岩质量或自稳性较差时，为预防塌方或松动掉块发生安全事故，必须对暴露围岩进行临时的支撑或支护。

临时支撑的形式很多，有木支撑、钢支撑、钢筋混凝土支撑、喷混凝土和锚杆支撑。可根据地质条件、材料来源及安全、经济等要求来选择。

九、出渣运输

出渣运输是隧道开挖中费力费时的工作，所花时间占循环时间的 $1/3\sim1/2$，它是控制掘进速度的关键工序，在大断面洞室中尤其如此。因此，必须制订切实可行的施工组织措施，规划好洞内外运输线路和弃渣场地，通过计算选择配套的运输设备，拟定装渣运输设备的调度运输方式和安全运行措施。

第三节 锚 喷 支 护

喷锚支护是喷混凝土支护、锚杆支护、喷混凝土锚杆支护、喷混凝土锚杆钢筋网支护和喷混凝土锚杆钢拱架支护等不同支护形式的统称。喷锚支护是地下工程施工中对围岩进行保护与加固的主要新型技术措施，也是新奥法的主要支护措施。

新奥法施工中，锚喷支护一般分两期进行：①初期支护，在洞室开挖后，适时采用薄层的喷混凝土支护，建立起一个柔性的"外层支护"，必要时可加锚杆或钢筋网、钢拱架等措施，同时通过量测手段，随时掌握围岩的变形与应力情况，初期支护是保证施工早期洞室安全稳定的关键；②二期支护，待初期支护后且围岩变形达到基本稳定时，进行二期支护，如复喷混凝土、锚杆加密，也可采用模注混凝土，进一步提高其耐久性、防水性、安全系数及表面平整度等。

一、围岩破坏形式与锚喷类型选择

由于围岩条件复杂多变，其变形、破坏的形式与过程多有不同，各类支护措施及其作用特点也就不相同。在实际工程中，尽管围岩的破坏形态很多，但总体上，围岩破坏表现为局部性破坏和整体性破坏两大类。

1. 局部性破坏

局部性破坏的表现形式包括开裂、错动、崩塌等，多发生在受到地质结构面切割的坚硬岩体中。

对于局部性破坏，喷锚类型通常采用锚杆支护，有时根据需要加喷混凝土支护。利用锚杆的抗剪与抗拉能力，可以提高围的 c、φ 值及对不稳定岩体进行悬吊。而喷混凝土支护，其作用则表现在：①填平凹凸不平的壁面，以避免过大的局部应力集中；②封闭岩面，以防止岩体的风化；③堵塞岩体结构面的渗水通道、胶结已松动的岩块，以提高岩层的整体性；④提供一定的抗剪力。

2. 整体性破坏

整体性破坏也称强度破坏，是大范围内岩体应力超限所引起的一种破坏现象，表现为大范围塌落、边墙挤出、底鼓、断面大幅度缩小等破坏形式。

对于整体性破坏，常采用复式喷混凝土与系统锚杆支护相结合的方法，即喷混凝土锚杆钢筋网支护和喷混凝土、锚杆钢拱架支护等不同支护型式联合使用，这样不仅能够加固围岩，而且可以调整围岩的受力分布。

二、锚杆支护

锚杆是用金属（主要是钢材）或其他高抗拉性能材料制作的杆状构件，配合使用某些机械装置、胶凝介质，按一定施工工艺，将其锚固于地下洞室围岩的钻孔中，起到加固围岩、承受荷载、阻止围岩变形的目的。

在工程中，按锚杆与围岩的锚固方式，基本上可分为集中锚固和全长锚固两类。

楔缝式锚杆和胀壳式锚杆属于集中锚固，如图 6-10（a）、（b）所示，它们是由锚杆端部的楔瓣或胀圈扩开以后所提供的嵌固力而起到锚固作用。

全长锚固的锚杆有砂浆锚杆和树脂锚杆等，如图 6-10（c）～（g）所示，它们是由水泥砂浆或树脂在杆体和锚孔间轴提供的摩擦力和黏结力作用实现锚固的。全长锚固的锚杆由于锚固可靠耐久（这在松软岩体中效果尤为显著），工程建设中使用较多，其中由水泥砂浆胶结的螺纹钢筋锚杆施工简便、经济可靠，使用更为普遍。

根据围岩变形与破坏的特性，从发挥锚杆不同作用考虑，锚杆在洞室的布置有局部（随机）锚杆和系统锚杆。

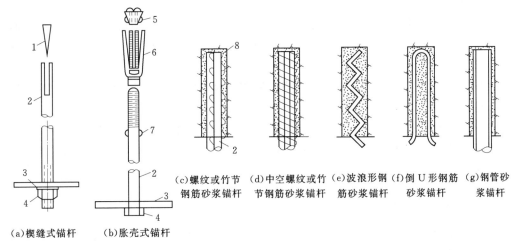

图 6-10　锚杆的类型

1—楔块；2—锚杆；3—垫板；4—螺帽；5—锥形螺帽；6—胀圈；7—凸头；8—水泥砂浆或树脂

1. 局部（随机）锚杆

主要用来加固危石，防止掉块。锚杆参数按悬吊理论计算。悬吊理论认为不稳定岩体

的重量（或滑动力）应全部由锚杆承担，即

$$n \frac{\pi d^2}{4} R_g \geqslant \gamma V g \qquad (6-2)$$

式中　　n——锚杆根数；

　　　　d——锚杆的计算直径，cm；

　　　　R_g——锚杆的设计抗拉强度，N/cm^2；

　　　　γ——危岩密度，kg/m^3；

　　　　V——危岩的体积，m^3；

　　　　g——重力加速度，m/s^2。

对于洞室侧壁有滑动倾向的危岩，式（6-2）右边项应为危岩的滑动力和抗滑力的代数和。

为了保证危岩的有效锚固，锚杆应锚入稳定岩体，锚入深度应满足

$$L_1 \geqslant \frac{d R_g}{4t} \qquad (6-3)$$

式中　　L_1——锚杆锚入稳定岩体的深度，cm；

　　　　t——砂浆与锚杆的黏结强度，N/cm^2；

　　　　其余符号意义同前。

因此，加固危岩的锚杆总长度应为

$$L = L_1 + L_2 + L_3 \qquad (6-4)$$

式中　　L——锚杆的总长度，cm；

　　　　L_2——锚杆穿过危岩的长度，cm；

　　　　L_3——锚杆外露的长度，一般取 $5\sim15$cm。

2. 系统锚杆

系统锚杆一般按梅花形排列，连续锚固在洞壁内。它们将被结构面切割的岩块串联起来，保持与加强岩块的连锁、咬合和嵌固效应，使分割的围岩组成一体，形成一连续加固拱，提高围岩的承载能力。

系统锚杆不一定要锚入稳定岩层。当围岩破碎时，用短而密的系统锚杆，同样可取得较好的锚固效果。

锚杆施工应按施工工艺严格控制各工序的施工质量。水泥砂浆锚杆的施工，可以先压注砂浆后安设锚杆，也可以先安设锚杆后压浆。其施工程序主要包括钻孔、钻孔清洗、压注砂浆和安设锚杆等。

三、喷混凝土施工

喷混凝土是将水泥、砂、石和外加剂（速凝剂）等材料，按一定配比拌和后装入喷射机中，用压缩空气将拌和料压送到喷头处，与水混合后高速喷到作业面上，快速凝固在被支护的洞室壁面，形成一种薄层支护结构。

1. 喷混凝土材料

喷混凝土的原材料与普通混凝土基本相同，但在技术要求上有一些差别。

（1）水泥。喷混凝土的水泥以选用普通硅酸盐水泥为好，强度等级应不低于 32.5MPa，以使喷射混凝土在速凝剂的作用下早期强度增长快，干硬收缩小，保水性能好。

（2）砂子。一般采用坚硬洁净的中、粗砂，砂的细度模数宜为 2.5～3.0，含水率宜为 5%～7%。砂子过粗，容易产生回弹；过细，不仅会增加水泥用量，而且会增加混凝土的收缩，降低混凝土的强度。砂子的含水率对喷射工艺有很大影响。含水率过低，拌和料在管中容易分离，造成堵管，喷射时粉尘较大；含水率过高，集料有可能发生胶结。工程实践证明中砂或中粗砂的含水率以 4%～6% 为宜。

（3）石料。碎石、卵石都可以用作喷混凝土的粗骨料。石料粒径为 5～20mm，其中大于 15mm 的颗粒宜控制在 20% 以下，以减少回弹，保证输料管路的畅通。石料使用前应经过筛洗。

（4）水。喷混凝土用水与一般混凝土对水的要求相同。地下洞室中的混浊水和一切含酸、碱的侵蚀水不能使用。

（5）速凝剂。为加快喷混凝土凝结硬化过程，提高早期强度，增加一次喷射的厚度，提高喷混凝土在潮湿含水地段的适应能力，需在喷混凝土中掺和速凝剂。速凝剂应符合国家标准，其初凝时间不大于 5min，终凝时间不大于 10min。

2. 主要施工工艺

喷混凝土主要有干喷、湿喷及裹砂法 3 种工艺。

（1）干喷法。将水泥、砂、石和速凝剂加微量水干拌后，用压缩空气输送到喷嘴处，再与适量水混合，喷射到岩石表面；也可以将干混合料压送到喷嘴处，再加液体速凝剂和水进行喷射。这种施工方法，便于调节加水量，控制水灰比，但喷射时粉尘较大。

（2）湿喷法。将集料和水拌匀后送到喷嘴处，再添加液体速凝剂，并用压缩空气补给能量进行喷射。湿喷法主要改善了喷射时粉尘较大的缺点。

（3）裹砂法。为了进一步改善喷混凝土的施工工艺，控制喷射粉尘，在工程实践中还研究出如水泥裹砂法（SEC 法）、双裹并列法和潮料掺浆法等喷混凝土新工艺。

图 6-11 分别介绍了干喷法、湿喷法及水泥裹砂法的喷射工艺流程。

3. 施工技术要求

为了保证喷混凝土的质量，必须严格控制有关的施工参数，注意以下施工技术要求：

（1）风压。正常作业时喷射机工作室内的风压一般为 0.2MPa，风压过大，喷射速度高，混凝土回弹量大，粉尘多，水泥耗量大；风压过小，则混凝土不密实。

（2）水压。喷头处的水压必须大于该处风压，并要求水压稳定，保证喷射水具有较强的穿透集料的能力。水压不足时，可设专用水箱，用压缩空气加压，以保证集料能充分湿润。

（3）喷射方向和喷射距离。喷头与受喷面应尽量垂直，偏角宜控制在 20° 以内，利用喷射料束抑阻集料的回弹，以减少回弹量。喷头与受喷面的距离，与风压和喷射速度有关。据试验，当喷射距离为 1.0m 左右时，在提高喷射质量、减少集料回弹等方面效果比较理想。

（4）喷射区段和喷射顺序。喷射作业应分区段进行，区段长度一般为 4～6m。喷射时，通常先墙后拱，自下而上，先凹后凸，按顺序进行，以防溅落的灰浆黏附于未喷岩

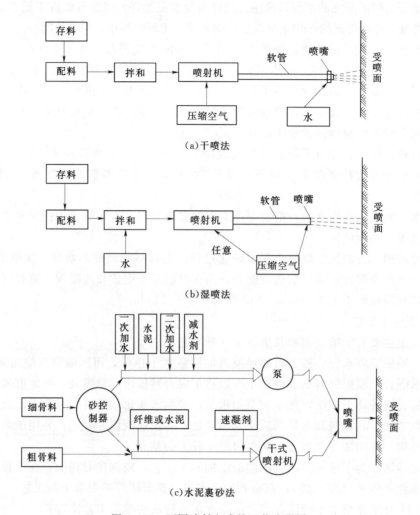

图 6-11 不同喷射方式的工艺流程图

面，影响喷混凝土的黏结强度。

（5）喷射分层和间歇时间。当喷混凝土设计厚度大于 10cm 时，一般应分层喷射。一次喷射的厚度，边墙控制在 6～10cm，顶拱 3～6cm，局部超挖处可稍厚 2～3cm，掺速凝剂时可厚些，不掺时应薄些。一次喷射太厚，容易因自重而引起分层脱落或与岩面脱开；一次喷射太薄，若喷射厚度小于最大骨料粒径，则回弹率又会迅速提高。

分层喷射时，后一层喷射应在前一层混凝土终凝后进行，但也不宜间隔过久，若终凝 1～2h 后再进行喷射，应用风水清洗混凝土表面，以利层间结合。

当喷混凝土紧跟开挖面进行时，从混凝土喷完到下一次循环放炮的时间间隔，一般不小于 4h，以保证喷混凝土强度有一定增长，避免引起爆破震动裂缝。

（6）喷混凝土的养护。喷混凝土单位体积的水泥用量比较大，凝结硬化快，为使混凝土强度均匀增长，减少或防止不正常的收缩，必须加强养护。一般喷完后 2～4h 开始洒水养护，并保持混凝土的湿润状态，养护时间不少于 14d。

第四节 隧洞衬砌施工

隧洞混凝土、钢筋混凝土衬砌的施工，有现浇、预填骨料压浆和预制安装等方法。

现浇衬砌施工，与一般混凝土及钢筋混凝土施工基本相同，但由于地下洞室空间狭窄，工作面小，而且作业方式和组织形式有其自身特点。

一、平洞衬砌的分缝分块及浇筑顺序

平洞的衬砌，在纵向通常要分段进行浇筑，当结构上设有永久伸缩缝时，可以利用永久缝分段；当永久缝间距过大或无永久缝时，则应设施工缝分段。分段长度一般为4～18m，视平洞断面大小、围岩约束特性以及施工浇筑能力等因素而定。

分段浇筑的方式有：①跳仓浇筑；②分段流水浇筑；③分段预留空当浇筑等，如图6-12（a）～（c）所示。当地质条件较差时，采用肋拱肋墙法施工，这是一种开挖与衬砌交替进行的跳仓浇筑法。对于无压平洞，结构上按允许开裂设计，也可采用滑动模板连续施工方法进行浇筑，以加快衬砌施工，但施工工艺必须严格控制。

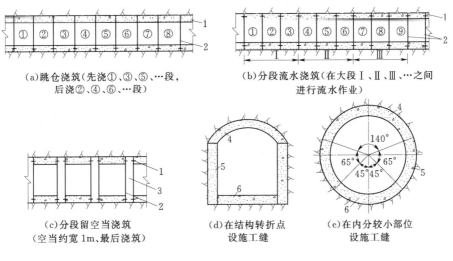

(a)跳仓浇筑(先浇①、③、⑤、…段，后浇②、④、⑥、…段)

(b)分段流水浇筑(在大段Ⅰ、Ⅱ、Ⅲ、…之间进行流水作业)

(c)分段留空当浇筑(空当约宽1m，最后浇筑)

(d)在结构转折点设施工缝

(e)在内分较小部位设施工缝

图6-12 平洞衬砌分缝分块及浇筑顺序
1—止水；2—分缝；3—空当；4—顶拱；5—边拱（边墙）；6—底拱（底板）
①～⑨—分段序号；Ⅰ～Ⅲ—流水段号

衬砌施工在横断面上也常分块进行。一般分成底拱（底板）、边拱（边墙）和顶拱3块。横断面上浇筑的顺序，正常情况是先底拱（底板）、后边拱（边墙）和顶拱，其中边拱（边墙）和顶拱可以连续浇筑，也可以分块浇筑，视模板型式和浇筑能力而定。在地质条件较差时，可以先浇筑顶拱，再浇筑边拱（边墙）和底拱（底板）；有时为了满足开挖与衬砌平行作业的要求，隧洞底板还未清理成形以前先浇好边拱（边墙）和顶拱，最后浇筑底拱（底板）。

后两种浇筑顺序，由于在浇筑顶拱、边拱（边墙）时，混凝土体下方无支托，应注意防止衬砌的下移和变形，并做好分块接头处反缝的处理，必要时反缝要进行灌浆。

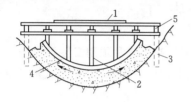

图 6-13 底拱模板
1—仓面板；2—模板桁架；3—桁架支柱；
4—拱形模板；5—纵梁（架在
仓面板支撑上）

二、平洞衬砌模板

平洞衬砌模板的型式依隧洞洞型、断面尺寸、施工方法和浇筑部位等因素而定。

对底拱而言，当中心角较小时，可以像底板浇筑那样，不用表面模板，只立端部挡板，混凝土浇筑后用型板将混凝土表面刮成弧形即可。当中心角较大时，一般采用悬挂式弧形模板，如图 6-13 所示。目前，使用牵引式拖模连续浇筑或底拱模板台车分段浇筑底拱也获得了广泛应用。

浇筑边拱（边墙）、顶拱时，常用桁架式或钢模台车。

桁架式模板由桁架和面板组成，如图 6-14 所示。在洞外先将桁架拼装好，运入洞内就位后，再随着混凝土浇筑面的上升逐次安设模板。

钢模台车是一种可移动的多功能隧洞衬砌模板车。根据需要，它可作顶拱钢模、边拱墙钢模以及全断面模板使用，如图 6-15 所示。

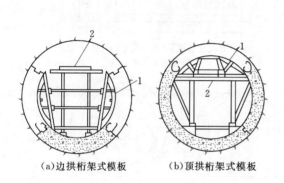

（a）边拱桁架式模板　　（b）顶拱桁架式模板

图 6-14 桁架式模板
1—桁架式模板；2—工作平台或脚手架

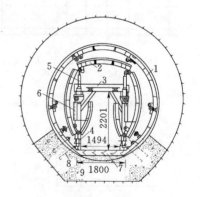

图 6-15 钢模台车简图（单位：mm）
1—架好的钢模；2—移动时的钢模；3—工作平台；
4—台车底梁；5—垂直千斤顶；6—台车车架；
7—枕木；8—拉筋；9—已浇底拱

圆形隧洞衬砌的全断面一次浇筑，可用针梁式钢模台车。其施工特点是不需要铺设轨道，模板的支撑、收缩和移动都依靠着一个伸出的针梁，如图 6-16 所示。

模板台车使用灵活，周转快，重复使用次数多。用台车进行钢模的安装、运输和拆卸，一部台车可配几套钢模板进行流水作业，施工效率高。

三、衬砌的浇筑

隧洞衬砌多采用二级配混凝土。对中小型隧洞，混凝土一般采用斗车或轨式混凝土搅拌运输车，由电瓶车牵引运至浇筑部位；对大中型隧洞，则多采用 $3\sim6m^3$ 的轮式混凝土

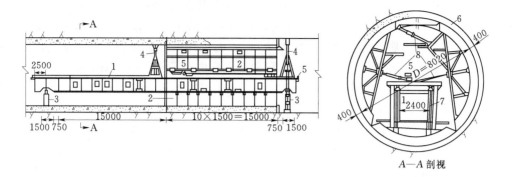

图 6-16 针梁式钢模台车简图（单位：mm）

1—针梁；2—钢模；3—支座液压千斤顶；4—抗浮液压千斤顶；5—行走系统；

6—混凝土衬砌；7—行走梁框；8—手动螺旋千斤顶

搅拌运输车运输。在浇筑部位，通常用混凝土泵将混凝土压送并浇入仓内。常用的混凝土泵有柱塞式、风动式和挤压式等工作方式。它们均能适应洞内狭窄的施工条件，完成混凝土的运输和浇筑，能够保证混凝土的质量。

泵送混凝土的配合比，应保证有良好的和易性和流动性，其坍落度一般为8~16cm。

混凝土浇捣因衬砌洞壁厚度与采用的模板形式不同而不同，当洞壁厚度较大时，作业人员可以进入仓内用振捣棒进行浇捣，当洞壁较薄，人不能进入仓内时，可在模板不同位置留进料窗口，并由此窗口插入振捣器进行振捣。如果是台车，也可以在台车上安装附着式振捣器进行振捣。由窗口振捣时，随着浇筑混凝土面的抬升可封堵窗口再由上层窗口进料和振捣。

四、衬砌的封拱

平洞的衬砌封拱是指顶拱混凝土即将浇筑完毕前，将拱顶范围内未充满混凝土的空隙和预留的进出口窗口进行浇筑、封堵填实的过程。封拱工作对于保证衬砌体与围岩紧密接触，形成完整的拱圈是非常重要的。

封拱方法多采用封拱盒法和混凝土泵封拱。封拱盒封拱如图6-17所示，在封拱前，先在拱顶预留一小窗口，尽量把能浇筑的四周部分浇好，然后从窗口退出人和机具，并在窗口四周立侧模，待混凝土达到规定强度后，将侧模拆除，凿毛之后安装封拱盒。封堵时，先将混凝土料从盒侧活门送入，再用千斤顶顶起活动封门板，将盒内混凝土压入待封部位即告完成。

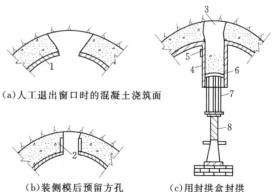

(a)人工退出窗口时的混凝土浇筑面

(b)装侧模后预留方孔

(c)用封拱盒封拱

图 6-17 封拱盒封拱示意图

1—已浇混凝土；2—模框；3—封拱部位；4—封拱盒；

5—进料活门；6—活动封门板；7—顶架；8—千斤顶

混凝土泵封拱如图6-18所示，通常在导管的末端接上冲天尾管，垂直穿过模板伸入仓内。冲天尾管的位置应根据浇筑段长度和混凝土扩散半径来确定，其间距一般为4～6m，离浇筑段端部约1.5m。尾管出口与岩面的距离，原则上是越贴近越好，但应保证压出的混凝土能自由扩散，一般为20cm左右。封拱时应在仓内岩面最高的地方设置排气管，在仓的中央部位设置进入孔，以便进入仓内进行必要的辅助工作。

混凝土泵封拱的施工程序（图6-19）是：①当混凝土浇至顶拱仓面时，撤出仓内各种器材，尽量筑高两端混凝土；②当混凝土达到与进入孔齐平时，仓内人员全部撤离，封闭进人孔，同时增大混凝土的坍落度（达14～16cm），加快混凝土泵的压送速度，连续压送混凝土；③当排气管开始漏浆或压入的混凝土量已超过预计方量时，停止压送混凝土；④去掉尾管上包住预留孔眼的铁箍，从孔眼中插入防止混凝土塌落的钢筋；⑤拆除导管；⑥待顶拱混凝土凝固后，将外伸的尾管割除，并用灰浆抹平。

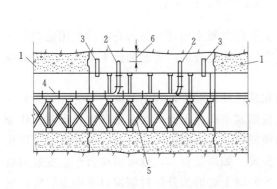

图6-18 混凝土泵封拱示意图

1—已浇混凝土；2—冲天尾管；3—排气管；
4—导管；5—脚手架；
6—尾管出口与岩面距离

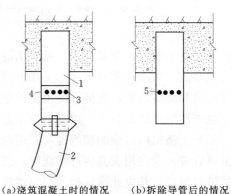

(a)浇筑混凝土时的情况 　(b)拆除导管后的情况

图6-19 尾管孔眼布置

1—尾管；2—导管；3—直径2～3cm的
孔眼；4—薄铁皮铁箍；
5—插入孔眼的钢筋

五、压浆混凝土施工

压浆混凝土又称预填骨料压浆混凝土，它是将组成混凝土的粗骨料预先填入立好的板中，振捣密实后，再利用灌浆泵把水泥砂浆压入，凝固而成结石。这种施工方法适用钢筋密布、预埋件复杂、不容易浇筑和捣固的部位。洞室衬砌封拱或钢板衬砌回填混凝土时，用这种方法施工，可以明显减轻仓内作业的工作强度和干扰。

六、隧洞灌浆

隧洞灌浆有回填灌浆和固结灌浆两种。前者是填塞岩石与衬砌之间的空隙，以弥补混凝土浇筑质量的不足，所以只限于顶拱范围内；后者是为了加固围岩，以提高围岩的整体性和强度，所以范围包括断面四周的围岩。为了节省钻孔工作量，两种灌浆都需要在衬砌时预留直径为38～50mm的灌浆钢管并固定在模板上。

灌浆必须在衬砌混凝土达到一定强度后才能进行，并先进行回填灌浆，隔一个星期后再进行固结灌浆。灌浆时应先用压缩空气清孔，然后用压力水冲洗。灌浆在断面上应自下而上进行，并利用上部管孔排气，在洞轴线方向采用隔排灌注、逐步加密的方法。

为了保证灌浆质量和防止衬砌结构的破坏，必须严格控制灌浆压力。回填灌浆压力为：无压隧洞第一序孔用 100～304kPa，有压隧洞第一序孔用 200～405kPa；第二序孔可增大 1.5～2 倍。固结灌浆的压力应比回填灌浆的压力高一些，以使岩石裂缝灌注密实。

小 结

本章主要学习了隧洞施工方案的确定、隧洞钻孔爆破施工、锚喷支护、隧洞衬砌施工、隧洞灌浆，要求掌握隧洞爆破施工工艺及各工序技术要点、锚杆施工工艺、水泥裹砂喷混凝土施工、隧洞衬砌施工，并熟悉隧洞灌浆施工。

自 测 练 习 题

一、填空题

1. 平洞开挖方法有_____、_____及_____三类。

2. 平洞开挖断面上的钻孔，按作用分_____、_____和_____。

3. 掏槽孔的布置形式有_____、_____和_____等。

4. 隧洞开挖时的机械通风有_____、_____和_____三种。

5. 喷锚支护是_____、_____、_____、_____和_____的统称。

6. 锚杆的布置有_____与_____两类。

7. 隧洞衬砌施工，纵向上的浇筑顺序有_____、_____和_____三种方式。

8. 隧洞混凝土和钢筋混凝土衬砌施工，有_____、_____和_____等方法。

二、判断题（你认为正确的，在题干后画"√"，反之画"×"）

1. 掏槽眼的主要作用是增加爆破的临空面。 （ ）

2. 崩落眼的主要作用是控制开挖轮廓。 （ ）

3. 隧洞钢筋混凝土衬砌施工，在横断面上分块浇筑次序，在正常情况下先底拱（底板）、再边拱（边墙）、后顶拱。 （ ）

4. 系统锚杆一定要锚入稳定岩层。 （ ）

5. 喷混凝土施工应先下而上、先凹后凸。 （ ）

6. 分层喷混凝土，后一层喷射应在前一层混凝土初凝后进行。 （ ）

三、简答题

1. 简述上导洞法的适用条件及优、缺点。

2. 平洞开挖循环作业的主要工序有哪些？

3. 简述隧洞边拱（边墙）、顶拱混凝土浇筑时常用的模板形式及其组成。

4. 什么是封拱？简述用混凝土泵封拱的施工程序。

5. 喷锚支护施工的特点是什么？

6. 简述喷混凝土的干喷与湿喷两种方法的不同点。

7. 为保证喷混凝土的质量，必须注意控制哪些施工参数？

第七章 渠系建筑物施工

第一节 渠 道 施 工

渠道施工包括渠道开挖、渠堤填筑和渠道衬砌。渠道施工的特点是工程量大，施工路线长，场地分散，但工种单一，技术要求较低。

一、渠道开挖

渠道开挖的施工方法有人工开挖、机械开挖和爆破开挖等。选择开挖方法取决于技术条件、土壤种类、渠道纵横断面尺寸、地下水位等因素。渠道开挖的土方多堆在渠道两侧用作渠堤。因此，铲运机、推土机等机械在渠道施工中得到广泛应用。对于冻土及岩石渠道，宜采用爆破开挖。田间渠道断面尺寸很小，可采用开沟机开挖或人工开挖。

1. 人工开挖

（1）施工排水。受地下水影响时，渠道开挖的关键是排水问题。排水应本着上游照顾下游，下游服从上游的原则，即向下游放水时间和流量，应考虑下游排水条件，下游应服从上游的需要。

（2）开挖方法。在干地上开挖渠道应自中心向外，分层下挖，先深后宽，边坡处可按边坡比挖成台阶状，待挖至设计深度时，再进行削坡，注意挖填平衡。必须弃土时，做到远挖近倒、近挖远倒、先平后高。受地下水影响的渠道应设排水沟，开挖方式有一次到底法和分层下挖法。一次到底法如图 7-1（a）所示，适用于土质较好，挖深 2~3m 的渠道。开挖时，先将排水沟挖到低于渠底设计高程 0.5m 处，然后采用阶梯法逐层向下开挖，直至渠底为止。分层下挖法 ［图 7-1（b）］适用于土质不好且挖深较大的渠道，开挖时，将排水沟布置在渠道中部，逐层先挖排水沟，再挖渠道，直至挖到渠底为止。如果渠道较宽，可采用翻滚排水沟 ［图 7-1（c）］，这种方法的优点是排水沟分层开挖、排水沟的断面较小，土方最少，施工较安全。

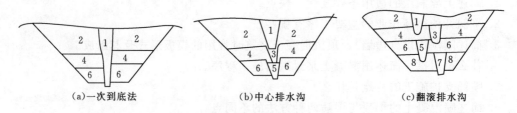

(a)一次到底法　　　　　(b)中心排水沟　　　　　(c)翻滚排水沟

图 7-1　渠道人工开挖方法示意

2、4、6、8—开挖顺序；1、3、5、7—排水沟

（3）边坡开挖与削坡。开挖渠道如一次开挖成坡，将影响开挖进度。因此，一般先按设计坡度要求挖成台阶状，其高宽比按设计坡度要求开挖，最后进行削坡，这样施工削坡方量较少，但施工时必须严格掌握，台阶平台应水平，高必须与平台垂直，否则会产生较大误差，增加削坡方量。

2. 机械开挖

（1）推土机开挖渠道。采用推土机开挖渠道，其挖深不宜超过 1.5～2.0m，填筑堤顶高度不超过 2～3m，其坡度不宜陡于 1：2。在渠道施工中，推土机还可平整渠底，清除植土层，修整边坡，压实渠堤等。

（2）铲运机开挖渠道。半挖半填渠道或全挖方渠道就近弃土时，采用铲运机开挖最为有利。需要在纵向调配土方渠道，如运距不远也可用铲运机开挖。铲运机开挖渠道的开行方式有环形开行和"8"字形开行，如图 7-2（a）所示。当渠道开挖宽度大于铲土长度，而填土或弃土宽度又大于卸土长度，可采用横向环形开行。反之，则采用纵向环形开行，铲土和填土位置可逐渐错动，以完成所需断面。当工作前线较长，填挖高差较大时，则应采用"8"字形开行。

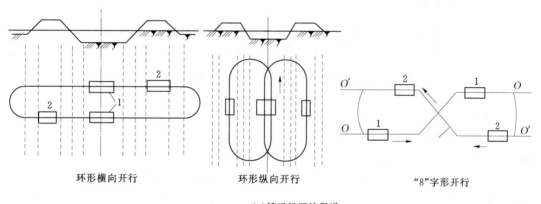

环形横向开行　　　　　　环形纵向开行　　　　　　"8"字形开行

（a）铲运机开挖渠道

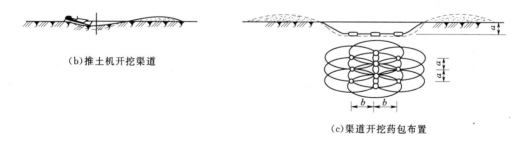

（b）推土机开挖渠道　　　　　　　　　　（c）渠道开挖药包布置

图 7-2　铲运机开挖渠道

1—铲土；2—填土；O—O—挖方轴线；O'—O'—填方轴线

（3）挖掘机开挖渠道。当渠道开挖较深时，用反铲挖掘机开挖方便快捷，生产率高。

3. 爆破开挖渠道

采用爆破法开挖渠道时，药包可根据开挖断面的大小沿渠线布置成一排或几排。当渠底宽度比深度大 2 倍以上时,应布置 2～3 排以上的药包,但最多不宜超过 5 排,以免爆破后掉落土方过多。当布置 1～2 排药包时,药包的爆破作用指数 n 可采用 1.75～2.0,当布置 3 排药包时,药包应布置呈梅花形,中间一排药包的装药量应比两侧的大 25% 左右,且采用延时爆破以提高爆破和抛掷效果。

二、填筑渠堤

筑堤用的土黏料以黏土略含砂质为宜,如有几种土料,应将透水性小的填筑在迎水坡,透水性大的填筑在背水坡。土料中不得掺有杂质,并保持一定的含水量,以利压实。

填方渠道的取土坑与堤脚应保持一定距离,挖土深度不宜超过 2m,取土宜先远后近。半挖半填式渠道应尽量利用挖方筑堤,只有在土料不足或土质不适用时取用坑土。

铺土前应先行清基,并将基面略加平整,然后进行刨毛,铺土厚度一般为 20～30cm,并应铺平铺匀,每层铺土宽度略大于设计宽度,填筑高度可预加 5% 的沉陷量。

三、渠道衬砌

渠道衬砌的类型有灰土、砌石或砖、混凝土、沥青材料及塑料薄膜等。选择衬砌类型的原则是防渗效果好,因地制宜,就地取材,施工简单,能提高渠道输水能力和抗冲能力,减少渠道断面尺寸,造价低廉,有一定的耐久性,便于管理养护,维修费用低等。

1. 砌石衬砌

砌石衬砌具有就地取材、施工简单、抗冲、防渗、耐久等优点。石料有卵石、块石、石板等,砌筑方法有干砌和浆砌两种。

在砂砾地区,采用干砌卵石衬砌是一种经济的抗冲防渗措施,施工时应先按设计要求铺设垫层,然后再砌卵石,砌卵石的基本要求是使卵石的长边垂直于边坡或渠底,并砌紧砌平,错缝,坐落在垫层上。每隔 10～20m 距离用较大的卵石干砌或浆砌一道隔墙。渠坡隔墙可砌成平直形,渠底隔墙砌成拱形,其拱顶迎向水流方向,以加强抗冲能力,隔墙深度可根据渠道可能冲刷深度确定。卵石衬砌应按先渠底后渠坡的顺序铺砌卵石。

块石衬砌时,石料的规格一般以长 40～50cm、宽 30～40cm、厚度不小于 8～10cm 为宜,要求有一面平整。干砌勾缝的护面防渗效果较差,防渗要求较高时,可以采用浆砌块石。

砖砌护面也是一种因地制宜、就地取材的防渗衬砌措施,其优点是造价低廉、取材方便、施工简单、防渗效果较好,砖衬砌层的厚度可采用一砖平砌或一砖立砌。

2. 混凝土衬砌

混凝土衬砌一般采用板形结构,其截面形式有矩形、楔形、肋形、槽形等。矩形板适用于无冻胀地区的渠道,楔形板和肋形板适用于有冻胀地区的渠道;槽形板用于小型渠道的预制安装。大型渠道多采用现场浇筑。现场整体浇筑的小型渠槽具有水力性能好、断面小、占地少、整体稳定性好等优点。

混凝土衬砌的厚度与施工方法、气候、混凝土强度等级等因素有关。现场浇筑的衬砌层比预制安装的厚度稍大。预制混凝土板的厚度在有冻胀破坏地区一般为5～10cm，在无冻胀地区可采用4～8cm。

混凝土衬砌层在施工时要留伸缩缝，纵向缝一般设在边坡与渠底连接处。渠道边坡上一般不设纵向伸缩缝。横向伸缩缝间距可参考表7-1，伸缩缝宽度一般为1～4cm，缝中填料一般采用沥青混合物、聚氯乙烯胶泥和沥青油毡等。

表 7-1 混凝土衬砌层横向伸缩缝间距

衬砌厚度/cm	伸缩缝间距/m	衬砌厚度/cm	伸缩缝间距/m
5～7	2.5～3.5	10	4.0～5.0
8～9	3.5～4.0		

3. 沥青材料衬砌

由于沥青材料具有良好的不透水性，一般可减少90%以上的渗漏量。沥青材料渠道衬砌有沥青薄膜与沥青混凝土两类。沥青薄膜防渗施工可分为现场浇筑和装配式两种，现场浇筑又分为喷洒沥青和沥青砂浆等。沥青混凝土衬砌分现场浇筑和预制安装两种。

4. 塑料薄膜衬护

采用塑料薄膜进行渠道防渗，具有效果好、适应性强、重量轻、运输方便、施工速度快和造价较低等优点。用于渠道防渗的塑料薄膜厚度以0.12～0.20mm为宜。塑料薄膜的铺设方式有表面式和埋藏式两种。表面式是将塑料薄膜铺于渠床表面，薄膜容易老化和遭受破坏。埋藏式是在铺好的塑料薄膜上铺筑土料或砌石作为保护层。由于塑料表面光滑，为保证渠道断面的稳定，避免发生渠坡保护层滑塌，渠床边坡宜采用锯齿形。保护层厚度一般不小于30cm。

塑料薄膜衬护渠道大致可分为渠床开挖和修整、塑料薄膜的加工和铺设、保护层的填筑等3个施工过程。薄膜铺设前，应在渠床表面加水湿润，以保证薄膜能紧密地贴在基土上。铺设时，将成卷的薄膜横放在渠床内，一端与已铺好的薄膜进行焊接或搭接，并在接缝处填土压实，此后即可将薄膜展开铺设，然后再填筑保护层。铺填保护层时，渠底部分应从一端向另一端进行，渠坡部分则应自下而上逐渐推进，以排除薄膜下的空气。保护层分段填筑完毕后，再将塑料薄膜的边缘固定在顺渠顶开挖的堑壕里，并用土回填压紧。

塑料薄膜的接缝可采用焊接或搭接。焊接有单层热合与双层热合两种。搭接时为减少接缝漏水，上游一块塑料薄膜应搭在下游一块之上，搭接长度为5cm，也可用连接槽搭接（图7-3）。

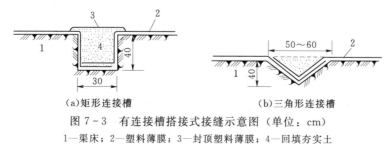

（a）矩形连接槽 （b）三角形连接槽

图 7-3 有连接槽搭接式接缝示意图（单位：cm）

1—渠床；2—塑料薄膜；3—封顶塑料薄膜；4—回填夯实土

第二节 水 闸 施 工

一、水闸基本知识

水闸是一种利用闸门挡水和泄水的低水头水工建筑物，多建于河道、渠系及水库、湖泊岸边。关闭闸门，可以拦洪、挡潮、抬高水位以满足上游引水和通航的需要；开启闸门，可以泄洪、排涝、冲沙或根据下游用水需要调节流量。水闸在水利工程中的应用十分广泛。

水闸按闸室结构型式可分为开敞式、胸墙式及涵洞式等，如图7-4所示。

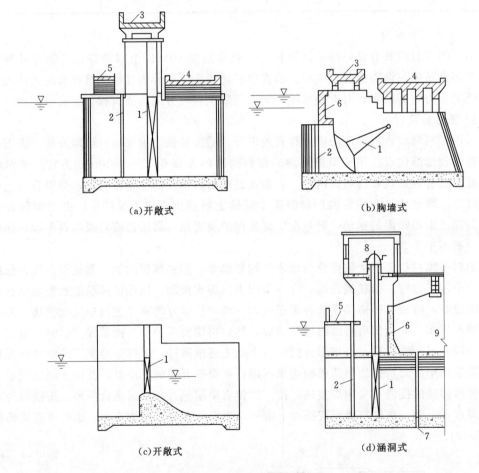

(a)开敞式   (b)胸墙式

(c)开敞式   (d)涵洞式

图7-4 闸室结构型式

1—闸门；2—检修闸门；3—工作桥；4—交通桥；5—便桥；

6—胸墙；7—沉降缝；8—启闭机室；9—回填土

对有泄洪、过木、排冰或其他漂浮物要求的水闸，如节制闸、分洪闸大都采用开敞式，胸墙式一般用于上游水位变幅较大、水闸净宽又为低水位过闸流量所控制、在高水位时尚需用闸门控制流量的水闸，如进水闸、排水闸、挡潮闸多用这种形式。涵洞式多用于穿堤取水或排水。

另外，还可按过闸流量大小，将水闸划分为大、中、小型，例如过闸流量在$1000\text{m}^3/\text{s}$以上的为大型水闸，$100\sim1000\text{m}^3/\text{s}$的为中型水闸；也有按设计水头高低划分水闸类型的。

水闸一般由闸室、上游连接段和下游连接段三部分组成（图7—5）。

闸室是水闸的主体，包括闸门、闸墩、边墩（岸墙）、底板、胸墙、工作桥、交通桥、启闭机等。闸门用来挡水和控制过闸流量，闸墩用以分隔闸孔和支承闸门、胸墙、工作桥、交通桥。底板是闸室的基础，用以将闸室上部结构的重量及荷载传至地基，并兼有防渗和防冲的作用。工作桥和交通桥用来安装启闭设备、操作闸门和联系两岸交通。

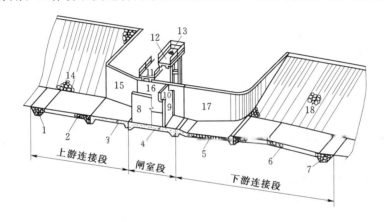

图7—5 水闸的组成部分

1—上游防冲槽；2—上游护底；3—铺盖；4—底板；5—护坦（消力池）；6—海漫；7—下游
防冲槽；8—闸墩；9—闸门；10—胸墙；11—交通桥；12—工作桥；13—启闭机；
14—上游护坡；15—上游翼墙；16—边墩；17—下游翼墙；18—下游护坡

二、闸室施工

（一）闸室底板施工

在闸室地基处理后，软基多先铺筑素混凝土垫层8~10cm，以保护地基，找平基面，浇筑前先进行扎筋、立模、搭设仓面脚手和清仓工作。

浇筑底板时运送混凝土入仓的方法很多，可以用载重汽车装载立罐通过履带式起重机吊运入仓，也可以用自卸汽车通过卧罐、履带起重机入仓。采用上述两种方法时，都不需要在仓面搭设脚手架。

若用手推车、斗车或机动翻斗车等运输工具运送混凝土入仓时，必须在仓面搭设脚手架。仓面脚手架和模板的布置如图7—6所示。

在搭设脚手架前，应先预制混凝土支柱（断面约为15cm×15cm，高度略小于底板厚度，表面应凿毛洗净）。柱的间距视横梁的跨度而定，然后在混凝土柱顶上架立短木柱、斜撑、横梁等组成脚手架。当底板浇筑接近完成时，可将脚手架拆除，并立即对混凝土表

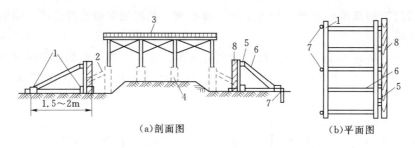

（a）剖面图   （b）平面图

图7-6 底板立模与仓面脚手架

1—地龙木；2—内撑；3—仓面脚手；4—混凝土柱；5—横围图木；6—斜撑；7—木桩；8—模板

面进行抹面。

底板的上、下游一般都设有齿墙。浇筑混凝土时，可组成两个作业组分层浇筑。先由两个作业组共同浇筑下游齿墙，待齿墙浇平后，第一组由下游向上游进行，抽出第二组去浇上游齿墙，当第一组浇到底板中部时，第二组的上游齿墙已基本浇平，然后将第二组转到下游浇筑第二坯。当第二组浇到底板中部，第一组已到达上游底板边缘，这时第一组再转回浇第三坯。如此连续进行，可缩短每坯间隔时间，从而避免冷缝的发生，提高工程质量，加快施工进度。

钢筋混凝土底板往往有上下两层钢筋，在进料口处，上层钢筋易被砸变形，故开始浇筑混凝土时，该处上层钢筋可暂不绑扎，待混凝土浇筑面将要到达上层钢筋位置时，再进行绑扎，以免因校正钢筋变形延误浇筑时间。

水闸的闸室部分重量很大，沉陷量也大，而相邻的消力池重量较轻，沉陷量也小，如两者同时浇筑，不均匀沉陷往往造成沉陷缝两侧高差较大，可能将止水片撕裂。为了避免这种情况，最好先浇筑闸室部分，让其沉陷一段时间再浇消力池。但是这样对施工安排不利，为了使底板与消力池能够穿插施工，可在消力池靠近底板处留一道施工缝，将消力池分成大小两部分。在浇筑闸墩时，就可穿插浇筑消力池的大部分，当闸室已有足够沉陷后，便可浇筑消力池的小部分；在浇筑第二期消力池时，施工缝应进行凿毛冲洗等处理。

（二）闸墩施工

由于闸墩高度大、厚度小、门槽处钢筋较密，闸墩相对位置要求严格，所以闸墩的立模与混凝土浇筑是施工中主要难点。

1. 闸墩模板安装

为使闸墩混凝土一次浇筑达到设计高程，闸墩模板不仅要有足够的强度，而且要有足够的刚度。所以闸墩模板安装以往采用"铁板螺栓、对拉撑木"的立模支撑方法，此法虽需耗用大量木材（对于木模板而言）和钢材，工序繁多，但对中小型水闸施工仍较为方便，具体安装如图7-7所示。由于滑模施工方法在水利工程上的应用，目前有条件的施工单位，闸墩混凝土浇筑逐渐采用滑模施工。

当水闸为三孔一联整体底板时，则中孔可不予支撑。在双孔底板的闸墩上，则宜将两孔同时支撑，这样可使3个闸墩同时浇筑。

由于钢模板在水利水电工程中应用广泛，施工人员依据滑模的施工特点，发展形成了

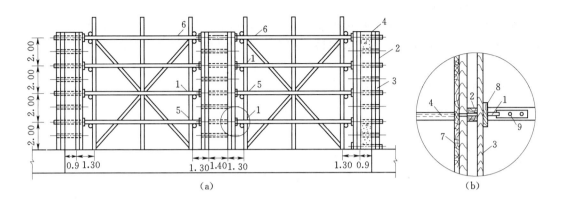

图 7-7　铁板螺栓对拉撑木支撑的闸墩模板（单位：m）
1—铁板螺栓；2—双夹围图；3—纵向围图；4—毛竹管；5—马钉；
6—对拉撑木；7—模板；8—木楔块；9—螺栓孔

闸墩施工的翻模施工法，即立模时一次至少立 3 层，当第三层模板内混凝土浇至腰箍下缘时，第二层模内腰箍以下部分的混凝土须达到脱模强度（以 98kPa 为宜），这样便可拆掉第一层，去架立第四层模板，并绑扎钢筋，依次类推，保持混凝土浇筑的连续性，以避免产生冷缝。如江苏省高邮船闸，仅用了两套共 630m² 组合钢模，就替代了原计划 4 套共 2460m² 的木模，节约木材 200 多 m³，具体组装如图 7-8 所示。

2. 混凝土浇筑

闸墩模板立好后，随即进行清仓工作。用压力水冲洗模板内侧和闸墩底面，污水由底层模板上的预留孔排出。清仓完毕堵塞小孔后，即可进行混凝土浇筑。

闸墩混凝土的浇筑，主要是解决好两

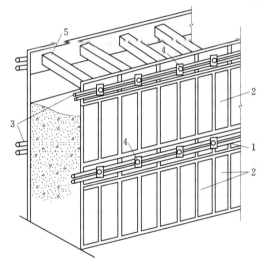

图 7-8　钢模组装图
1—腰箍模板；2—定型钢模；3—双夹围图；
4—对销螺栓；5—水泥撑头

个问题：一是每块底板上闸墩混凝土的均衡上升；二是流态混凝土的入仓及仓内混凝土的铺筑。

为了保证混凝土的均衡上升，运送混凝土入仓时应很好地组织，使在同一时间运到同一底板各闸墩的混凝土量大致相同。为防止流态混凝土由高度下落时产生离析，应在仓内设备溜管，可每隔 2～3m 设置一组。由于仓内工作面窄，浇捣人员走动困难，可把仓内浇筑面分划成几个区段，每区段内固定浇捣工人，这样可提高工效。每层混凝土厚度可控制在 30cm 左右。

小型水闸闸墩浇筑时，工人一般可在模板外侧，浇筑组织较为简单。

（三）基础和墩墙止水

基础和墩墙的止水，施工时要注意止水片接头处的连接，一般金属止水片在现场电焊或氧气焊接，橡胶止水片多用胶水粘接，塑料止水片熔接（熔点为180℃左右），使之连接成整体，浇筑混凝土时注意止水片下翼橡皮的铺垫料，并加强振捣，防止形成孔洞，垂直止水应随墙身的升高而分段进行。止水片可以分为左、右两半，并排竖立在沥青井内，以适应沉陷不均的需要，如图7-9所示。

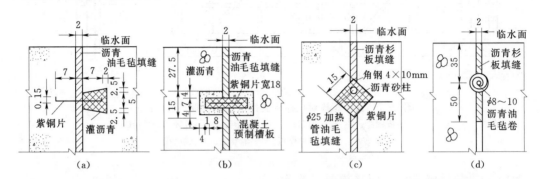

图7-9 垂直止水构造（单位：cm）

（四）门槽二期混凝土施工

采用平面闸门的中、小型水闸，在闸墩部位都设有门槽。为了减少闸门的启闭力及闸门封水，门槽部分的混凝土中埋有导轨等铁件，如滑动导轨、主轮、侧轮及反轮导轨等。这些铁件的埋设可采取预埋及留槽后浇两种方法。小型水闸的导轨铁件较小，可在闸墩立模时将其预先固定在模板的内侧。闸墩混凝土浇筑时，导轨等铁件即浇入混凝土中。由于大、中型水闸导轨较大、较重，在模板上固定较为困难，宜采用预留槽后浇二期混凝土的施工方法。

1. 门槽垂直度控制

门槽及导轨必须铅直无误，所以在立模及浇筑过程中应随时用吊锤校正（图7-10）。校正时可在门槽模板顶端内侧，钉一根大铁钉（钉入2/3长度），然后把吊锤系在铁钉端部，待吊锤静止后，用钢尺量取上部与下部吊锤线到模板内侧的距离，如相等则该模板垂直；否则按照偏斜方向予以校正。

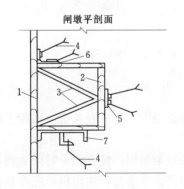

图7-10 闸门导轨一次装好、一次
浇筑混凝土

1—闸墩模板；2—门槽模板；3—撑头；
4—开脚螺栓；5—侧导轨；6—门槽
角铁；7—滚轮导轨

当门槽较高时，吊锤易晃动，可在吊锤下部放一油桶，使吊锤浸于黏度较大的机油中。吊锤可选用0.5～1kg的大垂球。

2. 门槽二期混凝土浇筑

在闸墩立模时，于门槽部位留出较门槽尺寸大的凹槽。闸墩浇筑时，预先将导轨基础螺栓按设计要求固定于凹槽的侧壁及正壁模板，模板拆除后基础螺栓即埋入混凝土中，如图7-11所示。

导轨安装前，要对基础螺栓进行校正，安装过程中必须随时用垂球进行校正，使其铅直无误。导轨就位后即可立模浇筑二期混凝土。

闸门底槛设在闸底板上，在施工初期浇筑底板时，若铁件不能完成，也可在闸底板上留槽以后浇二期混凝土。

浇筑二期混凝土时，应采用细骨料混凝土，并细心捣固，不要振动已装好的金属构件。门槽较高时，不要直接从高处下料，而采取分段安装和浇筑。二期混凝土拆模后，对埋件进行复测，并做好记录，同时检查混凝土表面尺寸，清除遗留的杂物、钢筋头，以免影响闸门启闭。

3. 弧形闸门的导轨安装及二期混凝土浇筑

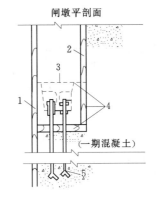

图 7-11　导轨安装后浇筑二期混凝土
1—闸墩模板；2—门槽模板（撑头未标示）；
3—导轨横剖面；4—二期混凝土边线；
5—基础螺栓（预埋一期混凝土中）

弧形闸门的启闭绕水平轴转动，转动轨迹由支臂控制，所以不设门槽，但为了减小启闭门力，在闸门两侧亦设置转轮或滑块，因此也有导轨的安装及二期混凝土施工。

第三节　渡　槽　施　工

一、渡槽基本知识

当渠道与山谷、河流、道路相交，为连接渠道而设置的过水桥，称为渡槽。

渡槽设计的主要内容有：选择适宜的渡槽位置和形式；拟定纵横断面进行细部设计和结构设计等。

渡槽由进口段、槽身、出口段及支承结构等部分组成。按支承结构可分为梁式渡槽和拱式渡槽两大类，如图 7-12 所示。

（1）梁式渡槽。渡槽的槽身直接支撑在槽墩或槽架上，既可用于输水又起纵向梁作用。各伸缩缝之间的每一节槽身，沿纵向有两个支点，一般做成简支的，也可做成双悬臂的，前者的跨度常用 8~10m，后者可达 30~40m。

槽身横断面常用矩形和 U 形。矩形槽身可用浆砌石或钢筋混凝土建造。对无通航要求的渡槽，为增强侧墙稳定性和改善槽身的横向受力条件，可沿槽身在槽顶每隔 1~2m 设置拉杆；如有通航要求，则适当增加侧墙厚度或沿槽长每隔一定距离加肋，如图 7-13 所示。槽身跨度常采用 5~12m。

U 形槽身是在半圆形的上方加一直段拉杆构成，常用钢筋混凝土或预应力钢筋混凝土建造，为改善槽身的受力条件，可将底部弧形段加厚，与矩形槽身一样，可在槽顶加设横向拉杆。

矩形槽身常用的深宽比为 0.6~0.8，U 形槽身常用深宽比为 0.7~0.8。

（2）拱式渡槽。当渠道跨越地质条件较好的窄深山谷时，以选用拱式渡槽较为有利。

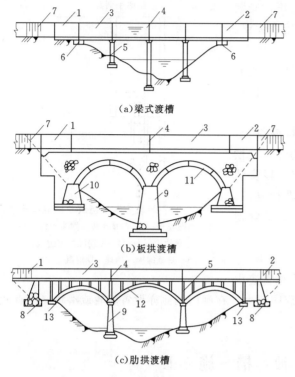

（a）梁式渡槽

（b）板拱渡槽

（c）肋拱渡槽

图 7-12　渡槽结构型式

1—进口段；2—出口段；3—槽身；4—伸缩缝；5—排架；
6—支墩；7—渠道；8—重力式槽台；9—槽墩；
10—边墩；11—砌石板拱；12—肋拱；
13—拱座

拱式渡槽由槽墩、主拱圈、拱上结构和槽身组成。

主拱圈是拱式渡槽的主要承重结构，常用的主拱圈有板拱和肋拱两种形式。

板拱渡槽主拱圈的径向截面多为矩形，可用浆砌石、钢筋混凝土或预制钢筋混凝土块砌筑而成。箱形板拱为钢筋混凝土结构。拱上结构可做成实腹或空腹，如图 7-12（b）所示。

肋拱渡槽的主拱圈为肋拱框架结构，当槽宽不大时，多采用双肋，拱肋之间每隔一定距离设置刚度较大的横梁系，以加强拱圈的整体性。拱圈一般为钢筋混凝土结构。拱上结构为空腹式。槽身一般为预制的钢筋混凝土 U 形槽或矩形槽。肋拱渡槽是大、中跨度拱式渡槽中广为采用的一种形式，如图 7-12（c）所示。

二、砌石拱渡槽施工

砌石拱渡槽由基础、槽墩、拱圈和槽身 4 个部分组成。基础、槽墩和槽身的施工与一般圬工结构相似。下面着重介绍拱圈的施工，其施工程序包括砌筑拱座、安装拱架、砌筑拱圈及拱上建筑、拆卸拱架等。

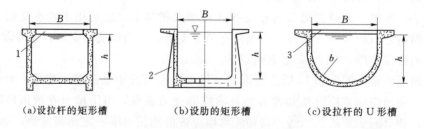

（a）设拉杆的矩形槽　　　（b）设肋的矩形槽　　　（c）设拉杆的 U 形槽

图 7-13　矩形及 U 形槽身横断面
1—拉杆；2—肋；3—盖板

（一）拱架

砌拱时用以支承拱圈砌体的临时结构称为拱架。拱架的形式很多，按所用材料不同可分为木拱架、钢拱架、钢管支撑拱架及土（砂）牛拱胎等。

在小跨拱的施工中，较多的采用工具式的钢管支撑拱架，它具有周转率高、损耗小、装拆简捷的特点，可节省大量人力、物力。土（砂）牛拱胎是在槽墩之间填土（砂）、层层夯实，作成拱胎，然后在拱胎上砌筑拱圈。这种方法由于不需钢材、木材，施工进度快，对缺乏木材而又不太高的砌石拱是可取的；但填土质量要求高，以防止在拱圈砌筑中产生较大的沉陷。如跨越河沟有少量流水时，可预留一泄水涵洞。

拱圈的自重、温度影响以及拱架受荷后的压缩（包括支柱与地基的压缩、卸架装置的压缩等）都将使拱圈下沉。为此，在制作拱架时，为抵消拱圈的下沉值，使建成的拱轴线与设计的拱轴线接近吻合，拱架安装时拱高要比设计拱高值有所增加。拱架的这种预加高度称为预留拱度，其数值通过查有关表格得来。

（二）主拱圈的砌筑

砌筑圈时，应注意施工程序和方法，以免在砌筑过程中拱架变形过大而使拱圈产生裂缝。根据经验，跨度在8m以下的拱圈，可按拱的全宽和全厚，自拱脚同时对称连续向拱顶砌筑，争取一次完成。

跨度在8～15m的拱圈，最好先在拱脚留出空缝，从空缝开始砌至1/3矢高时，在跨中1/3范围内预压总数20％的拱石，以控制拱架在拱顶部分上翘。当砌体达到设计强度的70％时，要将拱脚预留的空缝用砂浆填塞。跨度大于15m的拱圈，宜采用分环、分段砌筑。

（1）分环。当拱圈厚度较大，由2～3层拱石组成时，可将拱圈全厚分环（层）砌筑，即砌好一环合拢后，再砌上面一环，从而减轻拱架负担。

（2）分段。若跨度较大时，需将全拱分成数段，同时对称砌筑，以保持拱架受力平衡。砌的次序是先拱脚、后拱顶、再拱跨处，最后砌其余各段，每段长5～8m。分段砌筑拱圈，须在分段处设置挡板或三角木撑，以防砌体下滑，如图7-14所示拱圈斜度小于20°，也可不设支撑，仅在拱模板上钉扒钉顶住砌体。拱圈砌筑，在同一环中应注意错缝，缝距不小于10cm，砌缝面应呈辐射状。当用矩形料石砌筑拱圈时，可通过调节灰缝宽度使之呈辐射状，但灰缝上下宽差不得超过30％。

（3）空缝的设置。大跨度拱圈砌筑，除在拱脚留出空缝外，还需在各段之间设置空缝，以避免拱架变形过程中拱圈开裂。

为便于缝内填塞砂浆，在砌缝小于15mm时，可将空缝宽度扩大至30～40mm。砌筑时，在空缝处可使用预制砂浆块、混凝土块或铸铁块隔垫，以保持空缝，每条空缝的表面，应在砌好后用砂浆封涂，以观察拱圈在砌筑中的变化。拱圈强度达到设计的70％后，即可填塞空缝。用体积比1：

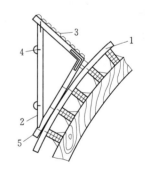

图7-14 三角木支撑
1—模板；2—三角木支撑；
3—挡板；4—拉条；
5—螺栓

1、水灰比0.25的水泥砂浆分层填实，每层厚约10cm。拱圈的合拢和填塞空缝宜在低温下进行。

（4）拱上建筑的砌筑。拱圈合拢后，待砂浆达到承压强度，即可进行拱上建筑的砌筑。空腹拱的腹拱圈，宜在主拱圈落架后再砌筑，以免因主拱圈下沉不均，使腹拱产生裂缝。

（三）拱架拆除

拆架期限，主要是根据合拢处的砌筑砂浆强度能否满足静荷载的应力需要。具体日期应根据跨度大小、气温高低、砂浆性能等决定。

拱架卸落前，上部圬工的重量绝大部分由拱架承受，卸架后，转由拱圈负担。为避免拱圈因突然受力而发生颤动，甚至导致开裂，卸落拱架时，应分次均匀下降，每次降落均至拱架与拱圈完全脱开为止。

三、装配式渡槽施工

装配式渡槽施工包括预制和吊装两个施工过程。

（一）构件的预制

1. 槽架的预制

槽架是渡槽的支承构件，为了便于吊装，一般选择靠近槽址的场地预制。制作的方式有地面立模和砖土胎模两种。

（1）地面立模。在平坦夯实的地面上用重量比为1：3：8的水泥、黏土、砂浆混合物抹面，厚约1cm，压抹光滑作为底模，立上侧模后浇制，拆模后，当强度达到70％时，即可移出存放，以便重复利用场地。

（2）砖土胎模。其底模和侧模均采用砖或夯实土做成，与构件的接触面用水泥黏土砂浆抹面，并涂上脱模剂即可。使用土模应做好四周的排水工作。

高度在15m以上的排架，如受起重设备能力的限制，可以分段预制。吊装时，分段定位，用焊接固定接头，待槽身就位后，再浇二期混凝土。

2. 槽身的预制

为了便于预制后直接吊装，整体槽身预制宜在两排架之间或排架一侧进行，槽身的方向可垂直或平行于渡槽的纵向轴线，根据吊装设备和方法而定。要避免因预制位置选择不当，而在起吊时发生摆动或冲击现象。

U形薄壳梁式槽身的预制，有正置和反置两种浇筑方式。正置浇筑是槽口向上，优点是内模板拆除方便，吊装时不需翻身，但底部混凝土不易捣实，适用于大型渡槽或槽身不便翻身的工地。反置浇筑是槽口向下，优点是捣实较易，质量容易保证，且拆模快、用料少等；缺点是增加了翻身的工序。

矩形槽身的预制，可以事先预制也可分块预制。中、小型工程，槽身预制采用砖土材料制模（图7-15）。

反置浇筑钢丝网水泥渡槽槽身木内模的构造如图7-16所示。

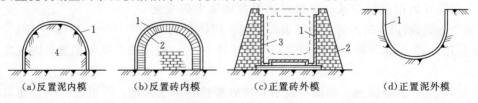

（a）反置泥内模　（b）反置砖内模　（c）正置砖外模　（d）正置泥外模

图7-15 砖泥材料内外模

1—1：4水泥砂浆层（3～5mm厚）；2—砖砌体；3—渡槽；4—填土

176

3. 预应力构件的制造

在制造装配式梁、板及柱时采取预应力钢筋混凝土结构，不仅能提高混凝土的抗裂性与耐久性，减轻构件自重，并可节约钢筋 20%～40%。预应力就是在构件使用前预先加一个力，使构件产生应力，以抵消构件使用时荷载产生相反的应力。制造预应力钢筋混凝土构件的方法很多，基本上分为先张法和后张法两大类。

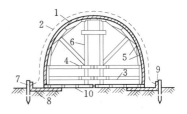

图 7-16　水泥渡槽槽身木内模构造
1—木内模；2—待浇槽身；3—活动横撑；
4—活动销；5—内龙骨；6—内支架；
7—木桩；8—底模；9—侧模；
10—预制横拉梁

（1）先张法。在浇筑混凝土之前，先将钢筋张拉固定，然后立模浇筑混凝土。等混凝土完成硬化后，去掉张拉设备或剪断钢筋，利用钢筋弹性收缩的作用通过钢筋与混凝土间的黏结力把压力传给混凝土，使混凝土产生预应力。

（2）后张法。后张法就是在混凝土浇好以后再张拉钢筋。具体就是在设计配置预应力钢筋的部位预先留出孔道，等到混凝土达到设计强度后，再穿入钢筋进行张拉，张拉锚固后让混凝土获得压应力，并在孔道内灌浆，最后卸去锚固外面的张拉设备。

（二）梁式渡槽的吊装

装配式渡槽的吊装工作是渡槽施工中的主要环节，必须根据渡槽型式、尺寸、构件重量、吊装设备能力、地形和自然条件、施工队伍的素质以及进度要求等因素，进行具体分析比较，选定快速简便、经济合理和安全可靠的吊装方案。

1. 槽架的吊装

槽架下部结构有支柱、横梁和整体排架等。支柱和排架的吊装通常有垂直起吊插装和就地转起立装两种。垂直起吊插装是用起重设备将构件垂直吊离地面后，插入杯形基础，先用木楔（或钢楔）临时固定，校正标高和平面位置后，再填充混凝土做永久固定。就地转起立装法与扒杆的竖立法相同，两支柱间的横梁仍用起重设备吊装，吊装次序由下而上；将横梁先放置在固定于支柱上的三角撑铁上，位置校正无误后即焊接梁与柱的连系钢筋，并浇二期混凝土，使支柱与横梁成为整体，待混凝土达到一定强度后再将三角撑铁拆除。

2. 槽身的吊装

装配式渡槽槽身的吊装基本上可分为两类，即起重设备架立于地面上吊装及起重设备架立于槽墩或槽身上吊装。两类吊装方法的比较见表 7-2。

表 7-2　　　　　　　　　　梁式槽身吊装方法的比较

项目	起重设备架立在地面上	起重设备架立在槽墩上或槽身上
优点	（1）起重设备在地面上进行组装、拆除、工作比较便利。 （2）设备立足于地面，比较稳定安全	（1）起重设备架立在槽墩上或已安装好的槽身上进行吊装，不受地形的限制。 （2）起重设备的高度不大，降低了制造设备的费用
缺点	（1）起吊高度大，因而增加了起重设备的高度。 （2）易受地形的限制，特别是在跨越河床水面时，架立和移动设备更为困难	（1）起重设备的组装、拆除均为高空作业，较地面进行困难。 （2）有些吊装方法还使已架立的槽架产生很大的偏心荷载，必须加强槽架结构和基础

项目	起重设备架立在地面上	起重设备架立在槽墩上或槽身上
适用范围	适于起吊高度不大和地形比较平坦的渡槽吊装工作	这类吊装方法的适应性强，在吊装渡槽工作中应用最广泛
采用的吊装起重机或起重机构	可利用扒杆成对组成扒杆抬吊，龙门扒杆吊装，摇臂扒杆或缆索起重机进行吊装。此外，履带式起重机、汽车式起重机等均可应用	在槽墩上架立 T 形钢塔、门形钢塔进行吊装；在槽墩上利用推拖式吊装进行整体槽身架设；在槽身上设置摇头扒杆和双人字扒杆吊装槽身等

小　结

本章主要学习了渠道施工、水闸施工、渡槽施工，要求掌握渠道开挖方法和衬砌、水闸各组成部分施工、渡槽施工方法，并熟悉水闸构造、渡槽类型。

自 测 练 习 题

简答题

1. 渠道开挖有哪些施工方法？如何选择开挖方法？

2. 渠道衬砌有什么作用？有哪些施工方法？

3. 止水施工时止水片接头处如何连接？

4. 什么是门槽二期混凝土？浇筑时应该注意什么？

5. 简述装配式渡槽施工程序和方法。

下篇 水利工程建筑材料

第八章 建筑材料的基本性质

水工建筑材料的基本性质，是指材料处于不同的使用条件和使用环境时，通常必须考虑的最基本的、共有的性质，因为建筑材料所处建（构）筑物的部位不同、使用环境不同、人们对材料的使用功能要求不同，所起的作用就不同，要求的性质也就有所不同。

第一节 材料的物理性质

材料的物理性质是指材料分子结构不发生变化的情况下而具有的性质，主要包括密度、密实度、空隙率、亲水性和憎水性、吸水性和吸湿性、耐水性和抗渗性、耐久性和抗冻性、导热性和热容量等。

一、密度

根据体积的表现形式不同，有绝对密度、表观密度和堆积密度 3 种概念。

1. 绝对密度

绝对密度是材料在绝对密实状态下，单位体积的质量，其计算公式为

$$\rho = \frac{m}{V} \tag{8-1}$$

式中　ρ——绝对密度，kg/cm^3 或 g/m^3；

　　m——材料的质量，g 或 kg；

　　V——材料在绝对密实状态下的体积，m^3 或 cm^3。

材料在绝对密实状态下的体积，是指不包括空隙的体积，材料的密度大小取决于材料的组成与微观结构。

2. 表观密度

体积表观密度是指材料在自然状态下，单位体积的干质量，计算公式为

$$\rho_0 = \frac{m}{V_0} \tag{8-2}$$

式中　ρ_0——材料的体积密度，g/m^3；

　　m——材料在自然状态下的质量，g；

　　V_0——材料在自然状态下的体积，或称表观体积，是指包括内部孔隙的体积，cm^3。

材料在自然状态下的体积是指包括孔隙在内的体积。外形规则的材料可根据其外形尺寸计算出其体积，外形不规则的材料可使用排水法测得其体积。

表观密度是反映整体材料在自然状态下的物理参数。表观密度 ρ_0 一般是指材料在气干状态下的 ρ_0，在烘干状态下的 ρ_0 称为干表观密度。

3. 堆积密度

堆积密度是指疏松状（小块、颗粒、纤维）材料在自然堆积状态下单位体积的质量，计算公式为

$$\rho_0' = \frac{m}{V_0'} \qquad\qquad (8-3)$$

式中　ρ_0'——堆积密度，kg/cm^3；

m——材料的质量，kg；

V_0'——材料的堆积体积，m^3。

堆积密度的堆积体积 V_0' 中，既包括了材料颗粒内部的孔隙，也包括了颗粒间的空隙。松散体积用容量筒测定。

二、密实度

密实度是指材料体积内被固体物质所充实的程度，其计算公式为

$$D = \frac{\rho_0}{\rho} = \frac{V}{V_0} \qquad\qquad (8-4)$$

式中　D——密实度，%。

凡含孔隙的固体材料的密实度均小于 1，材料的 ρ_0 与 ρ 越接近，说明该材料就越密实。材料的很多其他性质如吸水性、强度、隔热性等都与密实度有关。

1. 孔隙率

孔隙率是指材料内部孔隙的体积占材料总体积的百分率。其计算公式为

$$P = \frac{V_0 - V}{V_0} = \frac{V_孔}{V} = 1 - \frac{V}{V_0} = \left(1 - \frac{\rho_0}{\rho}\right) \times 100\% \qquad (8-5)$$

式中　P——材料的孔隙率，%；

$V_孔$——材料中孔隙的体积，cm^3；

ρ_0——材料的干表观密度。

孔隙率与密实度从两个不同方面反映了材料内部的密实程度。密实度和孔隙率的总和构成了材料的整体体积，即 $D + P = 1$。

一般来说，材料的孔隙率越大，材料的紧密度越小，强度越小；材料的孔隙率越小，紧密度越大，强度越大。

2. 空隙率

空隙率是指散粒状材料堆积体积中，颗粒间空隙体积所占的百分率，其计算公式为

$$P' = \left(1 - \frac{V_0}{V_0'}\right) \times 100\% = \left(1 - \frac{\rho_0'}{\rho_0}\right) \times 100\% \qquad (8-6)$$

P' 和 D' 从两个侧面反映材料颗粒互相填充的疏密程度。空隙率反映了堆积材料中颗粒间空隙的多少，对于研究堆积材料的结构稳定性、填充程度及颗粒间相互接触连接的状态具有实际意义。

三、材料与水有关的性质

1. 亲水性与憎水性

材料在空气中与水接触，根据其能否被水润湿，可将材料分为亲水性材料和憎水性材料。

润湿就是水被材料表面吸附的过程。当材料在空气中与水接触时，在材料、空气、水三相交界处，沿水滴表面所引切线，切线与材料表面（水滴一侧）所的夹角 θ，称为润湿角。θ 越小，说明润湿程度越大，如图 8-1 所示。

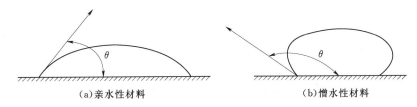

(a)亲水性材料   (b)憎水性材料

图 8-1 材料润湿示意图

大多数建筑材料都属于亲水性材料，如砖、石、混凝土、木材等。有些材料（如沥青、石蜡等）则属于憎水性材料。憎水性材料不仅可作防水防潮材料，而且还可应用于处理亲水性材料的表面，以降低其吸水率，提高材料的防水、防潮性能，提高其抗渗能力。

2. 吸水性（浸水状态下）

吸水性是材料在水中吸收水分的性能，并以吸水率表示此能力。材料的吸水率的表达方式有两个，一个是质量吸水率，另一个是体积吸水率。

质量吸水率其指材料在吸水饱和时，其内部所吸收水分的质量占材料干质量的百分率，并以 $\omega_{质}$（%）表示。其计算方式为

$$\omega_{质}=\frac{m_2-m_1}{m_1}\times100\%\tag{8-7}$$

式中　m_2——材料吸水饱和时的质量，g 或 kg；

　　　m_1——材料在干燥状态下的质量，g 或 kg。

体积吸水率是指材料在浸水饱和状态下所吸收的水分的体积与材料在自然状态下的体积之比，并以 $\omega_{体}$（%）表示。

质量吸水率与体积吸水率存在以下关系，即

$$\omega_{体}=\omega_{质}\frac{\rho_0}{\rho_H}\tag{8-8}$$

式中　ρ_H——水的密度，g/m³。

在多数情况下都是按质量计算吸水率，有时也按体积计算吸水率。材料吸水率主要与材料的孔隙率有关，更与其孔特征有关。材料开口孔隙率越大，吸水性越大，而封闭孔隙则吸水少。对于粗大孔隙，水分虽然容易渗入，但仅能润湿孔壁表面而不易在孔内存留。故封闭孔隙和粗大孔隙材料，其吸水率是较低的。

3. 吸湿性

吸湿性是指材料在潮湿空气中吸收水分的性能。材料在水中能吸收水分，在空气中也

吸收水汽，并随着空气湿度大小而变化。空气中的水汽湿度较大时被材料所吸收，在湿度较小时向材料外扩散（此性质也称为材料的还湿性），最后使材料与空气湿度达到平衡。

在多数情况下，材料的吸水性和吸湿性对材料的使用是不利的，这会对工程带来不利的影响。

4. 耐水性

材料耐水性指材料长期在水的作用下不破坏、强度不明显下降的性质。用软化系数 K_R 表示。计算公式为

$$K_R = \frac{f_b}{f_g} \tag{8-9}$$

式中　f_b——材料在水饱和状态下的抗压强度，MPa；

　　　f_g——材料在干燥状态下的抗压强度，MPa。

软化系数反映了材料饱水后强度降低的程度，它是材料吸水后性质变化的重要特征之一。在同一条件下，吸水后的材料强度比干燥时材料强度低。软化系数越小，意味着强度降低越多。

材料的软化系数在 $0\sim1$ 之间，不同材料的值相差颇大，如黏土为 0，金属为 1。一般认为，K_R 值大于 0.85 的材料是耐水性的，它可用于水中或潮湿环境中的重要结构。用于受潮较轻或次要结构时，材料的 K_R 值也不得小于 0.75，以保证其材料的强度。

耐水性与材料的亲水性、可溶性、孔隙率、孔特征等有关，工程中常从这几个方面改善材料的耐水性。

5. 抗渗性

抗渗性是指材料抵抗压力水（或其他液体）渗透的性质，也叫不透水性。材料的抗渗性通常用渗透系数和抗渗等级表示。

渗透系数的意义是：一定厚度的材料，在单位压力水头作用下，在单位时间内透过单位面积的水量。其计算公式为

$$Q = K\frac{H}{d}At \text{ 或 } K = \frac{Qd}{AtH} \tag{8-10}$$

式中　K——材料的渗透系数，cm/s；

　　　Q——透水量，cm^3；

　　　d——试件厚度，cm；

　　　A——透水面积，cm^2；

　　　t——透水时间，s；

　　　H——静水压力水头，cm。

K 值越大，表示渗透材料的水量越多，即抗渗性越差。抗渗性的好坏，主要与材料的孔隙率及孔隙特征有关，并与材料的亲水性和憎水性有关。开口孔隙率越大、大孔含量越多，抗渗性越差；而材料越密实或具有封闭孔隙的，水分不易渗透，抗渗性越好。

6. 抗冻性

抗冻性是材料在水饱和状态下，抵抗多次冻融循环而不破坏，同时强度也不严重降低的性质。

材料的抗冻性用抗冻等级表示。抗冻等级是以规定的试件，在规定的试验条件下，测得其强度降低和重量损失不超过规定值，此时所能经受的冻融循环次数，用符号 Fn 表示，其中 n 即为最大冻融循环次数，如 F25、F50 等。如 F10，表示在标准试验条件下，材料强度下降不大于 25％，质量损失不大于 5％，所能经受的冻融循环次数最多为 10 次。

材料受冻融破坏主要是因其孔隙中的水结冰所致。另外，材料受冻融破坏的程度，与冻融温度、结冰速度、冻融频繁程度等因素有关，环境温度越低、降温越快、冻融越频繁，则材料受冻融破坏越严重。材料的冻融破坏作用是从外表面开始产生剥落，逐渐向内部深入发展，若材料的变形能力大、强度高、软化系数大，则其抗冻性较高。

四、材料的耐久性

耐久性是指材料在使用过程中抵抗各种自然因素及其他有害物质长期作用能长久保持其原有性质的能力。耐久性是衡量材料在长期使用条件下安全性能的一项综合指标，包括抗冻性、抗风化性、抗老化性、耐化学腐蚀性等。

第二节 材料的力学性质

材料的力学性质是指材料抵抗外力的能力及其在外力作用下的表现，通常以材料在外力作用下所表现的强度或变形特性来表示。

一、材料的强度与比强度

1. 材料的强度

材料的力学性质指材料在外力作用下所引起变化的性质。在外力作用下，材料抵抗破坏的能力称为强度。根据外力作用方式的不同，材料的强度有抗压强度、抗拉强度、抗弯强度（或抗折强度）及抗剪强度等形式。

材料的抗拉、抗压、抗剪强度计算公式为

$$f = \frac{F}{A} \tag{8-11}$$

式中　f——材料的抗拉、抗压、抗剪强度，MPa；

　　　F——材料受拉、压、剪破坏时的荷载，N；

　　　A——材料的受力面积，mm^2。

材料的抗弯强度（也称抗折强度）与材料受力情况有关。

强度是材料主要技术性能之一，不同材料或同种材料的强度，可按规定的标准试验方法通过试验规定。材料可根据其强度值的大小划分为若干标号或等级。建筑材料划分强度等级，对生产者和使用者均有重要意义，它可使生产者在控制质量时有据可依，从而保证产品质量；对使用者则有利于掌握材料的性能指标，以便于合理选用材料，正确地进行设计和便于控制工程施工质量。

2. 材料的比强度

材料的比强度是指材料强度与体积密度的比值（f/ρ_0）。比强度是衡量材料轻质高强性能的重要指标，优质的结构材料必须具有较高的比强度。

结构材料在水利工程中的主要作用是承受结构荷载。对于多数结构物来说，相当一部分的承载能力用于抵抗本身或其上部结构材料的自重荷载，只有剩余部分的承载能力才能用于抵抗外荷载。为此，提高材料承受外荷载的能力，不仅应提高其强度，还应减轻其本身的自重；材料必须具有较高的比强度值，才能满足结构工程的要求。

二、材料的弹性与塑性

1. 材料的弹性与弹性变形

材料的弹性是指材料在外力作用下产生变形，当外力消除后，能够完全恢复原来形状的性质称为弹性，这种变形称为弹性变形。

弹性变形的大小与其所受外力的大小成正比，其比例系数对某些弹性材料来说在一定范围内为一常数，这个常数称为材料的弹性模量，并以符号 E 表示，其计算公式为

$$E = \frac{\sigma}{\varepsilon} \qquad (8-12)$$

式中　σ——材料所承受的应力，MPa；

　　　ε——材料在应力 σ 作用下的应变。

材料的弹性模量是衡量材料在弹性范围内抵抗变形能力的指标，E 越大，材料受力变形越小，也就是其刚度越好。弹性模量是结构设计的重要参数。

2. 材料的塑性与塑性变形

材料的塑性是指材料在外力作用下产生变形，当外力去除后，有一部分变形不能恢复，这种性质称为材料的塑性，这种不可恢复的变形称为塑性变形。

许多材料在受力时，弹性变形和塑性变形同时产生，这种材料当外力取消后，弹性变形即可恢复，而塑性变形不能消失，混凝土就是这类材料的代表。

材料的弹性与塑性主要与材料本身的成分、外界条件有关。

三、材料的韧性与脆性

材料在冲击或振动荷载作用下，能吸收较大的能量，同时产生较大的变形而不破坏，这种性质称为韧性。其韧性材料的特点是变形大，特别是塑性变形大，但不容易破坏，如建筑钢材、木材和塑料等。

材料受外力作用，当外力达一定值时，材料发生突然破坏，且破坏时无明显的塑性变形，这种性质称为脆性。一般脆性材料的抗静压强度较高，但抗冲击能力、抗振动能力、抗拉及抗折强度很差，如砖、石材、陶瓷、玻璃、混凝土和铸铁等。

四、材料的其他力学性质

材料的其他力学性质有材料的硬度、材料的耐磨性、材料的疲劳极限。

材料的硬度是指材料表面抵抗其他物体压入或刻划的能力，材料的硬度与强度有密切的关系，对于不能直接测得强度的材料，往往采用硬度推出强度的近似值。工程中用于表

示材料硬度的指标有很多种，对金属、木材等材料常以压入法检测其硬度，其方法有洛氏硬度、布氏硬度等。天然矿物材料的硬度常用莫氏硬度表示，它是以两种矿物相互对刻的方法确定矿物的相对硬度，并非材料绝对硬度的等级。混凝土等材料的硬度常用肖氏硬度检测（以重锤下落回弹高度计算求得的硬度值）。

材料的耐磨性是指材料表面抵抗磨损的能力，材料的耐磨性与材料的组成结构及强度、硬度有关。在工程中，路面、工业地面等受磨损的部位，选择材料需考虑其耐磨性。一般来说，强度较高且密实的材料，其硬度较大，耐磨性较好。

在交替荷载作用下，应力也随时间做交替变化，这种应力超过某一限度而长期反复会造成材料的破坏，这个限度叫做疲劳极限。

五、材料的耐久性

材料的耐久性是指材料在使用过程中，能长期抵抗各种环境因素而不破坏，且能保持原有性质的性能。耐久性是一种复杂、综合的性质，包括材料的抗渗性、抗冻性、大气稳定性和耐腐蚀性等。

影响材料的耐久性的因素主要有内因和外因两个方面。内在因素主要有材料的组成与结构、强度、孔隙率、孔特征、表面状态等。外在因素可分为 4 类：①物理作用，包括光、热、电、湿度变化、温度变化、冻融循环、干湿变化等，这些作用可使材料结构发生变化，体积胀缩、内部产生裂纹等，致使材料逐渐破坏；②化学作用，包括大气和环境水中的酸、碱、盐等溶液或其他有害物质对材料的侵蚀作用，以及日光等对材料的作用，使材料产生本质的变化而导致材料的破坏；③生物作用，包括菌类、昆虫等的侵害作用，导致材料发生腐朽、蛀蚀等，致使材料破坏；④机械作用，包括荷载的持续作用或交变作用引起材料的疲劳、冲击、磨损等破坏。

小　　结

本章主要学习了材料基本物理性质和力学性质；要求重点掌握材料基本性质的各项技术指标及工程意义，熟悉影响材料基本性质的内在因素。

自　测　练　习　题

一、填空题

1. 材料的吸湿性是指材料在＿＿＿＿＿＿＿＿的性质。

2. 材料的抗冻性以材料在吸水饱和状态下所能抵抗的＿＿＿＿＿＿＿来表示。

3. 水可以在材料表面展开，即材料表面可以被水浸润，这种性质称为＿＿＿＿＿＿。

4. 材料的表观密度是指材料在＿＿＿＿＿＿状态下单位体积的质量。

二、单项选择题

1. 耐水性越好的材料，其（　　）。

A. 软化系数越小，强度降低得越多　　　B. 软化系数越大，强度降低得越多

C. 软化系数越小，强度降低得越少　　　D. 软化系数越大，强度降低得越少

2. 材料在水中吸收水分的性质称为（　　　）。

A. 吸水性　　　　　B. 吸湿性　　　　　C. 耐水性　　　　　D. 渗透性

3. 下列（　　　）指标最能体现材料是否经久耐用。

A. 抗渗性　　　　　B. 抗冻性　　　　　C. 抗蚀性　　　　　D. 耐水性

4. 材料的孔隙率增大时，其性质保持不变的是（　　　）。

A. 密度　　　　　　B. 表观密度　　　　C. 堆积密度　　　　D. 强度

三、判断题（你认为正确的，在题干后画"√"，反之画"×"）

1. 材料的抗冻性与材料的孔隙特征有关，而与材料的吸水饱和程度无关。　　　　（　　　）

2. 材料的软化系数越大，材料的耐久性越好。　　　　　　　　　　　　　　　（　　　）

3. 材料的渗透系数越大，其抗渗性能越好。　　　　　　　　　　　　　　　　（　　　）

4. 当材料的孔隙率增大时，其密度会变小。　　　　　　　　　　　　　　　　（　　　）

第九章 胶 凝 材 料

胶凝材料是一种经自身的物理、化学作用，能由浆体（液态或半固态）变成坚硬的固体物质，并能将散粒材料或块状材料黏结成一个整体的物质。

胶凝材料按化学成分可分为无机胶凝材料和有机胶凝材料两大类。无机胶凝材料按凝结的条件不同又可分为气硬性胶凝材料和水硬性胶凝材料。气硬性胶凝材料只能在空气中凝结硬化，并保持和提高自身强度；水硬性胶凝材料不仅能在空气中还能在水中凝结硬化，保持和提高自身强度。工程中常用的石灰、石膏、水玻璃属于气硬性胶凝材料，各种水泥属于水硬性胶凝材料。

第一节 气硬性胶凝材料

一、石灰

石灰是一种气硬性无机胶结材料，就硬化条件而言，石灰只能在空气中硬化，其强度也只能在空气中保持并连续增长。

石灰是由以碳酸盐类岩石（石灰石、白云石、白垩、贝壳等）为原料，经 900～1300℃煅烧而成。石灰是人类最早应用的气硬性胶凝材料，其化学成分主要是氧化钙，反应式为

$$CaCO_3 \xrightarrow{900\sim1200℃} CaO + CO_2 \uparrow \tag{9-1}$$

（一）石灰的消化与硬化过程

1. 石灰的消化

块状生石灰与水相遇，即迅速水化、崩解成高度分散的氢氧化钙细粒，并放出大量的热，这个过程称为石灰的"消化"，又称水化或熟化。石灰熟化的化学反应式为

$$CaO + H_2O == Ca(OH)_2 \tag{9-2}$$

石灰熟化时放出大量的热，体积增大 1.0～2.0 倍。工地上熟化石灰常用两种方法，即消石灰浆法和消石灰粉法，以适应不同工程需求。石灰中一般都含有过火石灰，过火石灰熟化慢，若在石灰浆体硬化后再发生熟化，会因熟化产生的膨胀而引起隆起和开裂。为了消除过火石灰的危害，石灰在熟化后，还应"陈伏"两周左右。

2. 石灰的硬化

石灰的凝结硬化是干燥结晶和碳酸化两个交错进行的过程。

消石灰浆在使用过程中，因游离水分逐渐蒸发，或为附着基面所吸收，浆体中的氢氧化钙溶液过饱和而结晶析出，产生"结晶强度"，并具有胶结性。

浆体中的氢氧化钙与空气中的二氧化碳发生化学反应，生成碳酸钙晶体，反应式为

$$Ca(OH)_2 + CO_2 + nH_2O \Longrightarrow CaCO_3 + (n+1)H_2O \qquad (9-3)$$

由于干燥结晶和碳化过程十分缓慢，且氢氧化钙易溶于水，故石灰不能用于潮湿环境及水下的建筑物中。

（二）石灰的技术性质

根据我国建材行业标准《建筑生石灰》（JC/T 479—2013）、《建筑生石灰粉》（JC/T 480—2013）和《建筑消石灰》（JC/T 481—2013）的规定，各类石灰产品都划分为优等品、一等品和合格品3个质量等级，详见表9-1～表9-3。

表9-1　　　　　　　　　　　建筑生石灰技术指标

项　目	钙质生石灰			镁质生石灰		
	优等品	一等品	合格品	优等品	一等品	合格品
CaO+MgO 含量/%，≥	90	85	80	85	80	75
未消化残渣含量（5mm圆孔筛筛余）/%，≤	5	10	15	5	10	15
CO_2 含量/%，≤	5	7	9	6	8	10
产浆量/(L/kg)，≥	2.8	2.3	2.0	2.8	2.3	2.0

表9-2　　　　　　　　　　　建筑生石灰粉技术指标

项　目	钙质生石灰			镁质生石灰		
	优等品	一等品	合格品	优等品	一等品	合格品
CaO+MgO 含量/%，≥	85	80	75	80	75	70
CO_2 含量/%，≤	7	9	11	8	10	12
0.9mm 筛的筛余/%，≤	0.2	0.5	1.5	0.4	0.5	1.2
0.125mm 筛的筛余/%，≤	7	12	18	7	12	18

表9-3　　　　　　　　　　　建筑消石灰粉技术指标

项　目	钙质生石灰			镁质生石灰		
	优等品	一等品	合格品	优等品	一等品	合格品
CaO+MgO 含量/%，≥	70	65	60	65	60	55
游离水/%	0.4~2	0.4~2	0.4~2	0.4~2	0.4~2	0.4~2
体积安定性	合格	合格	—	合格	合格	—
0.9mm 筛的筛余/%，≤	0	0	0.5	0	0	0.5
0.125mm 筛的筛余/%，≤	3	10	15	3	10	15

每批产品出厂时，应向用户提供产品质量证明书。证明书中应注明生产厂家、产品名称、质量等级、试验结果、批量编号、出厂日期及标准编号等。若用户对产品质量产生异议，可以按规定方法取样，送质量监督部门复验。复验有一项指标达不到标准规定时，应降级使用，达不到合格品要求时，判定该产品为不合格品。

石灰与其他材料相比，具有拌和物可塑性好、硬化过程中体积收缩大、硬化慢、强度低、耐水性差的特点。

（三）石灰的用途与储运

建筑石灰主要应用于以下几个方面。

1. 现场配制石灰土与石灰砂浆

石灰和黏土按比例配合形成灰土，再加入砂，可配成三合土。灰土或三合土多用于建筑物的基础或路面垫层。石灰砂浆或水泥石灰砂浆是建筑工程中常用的砌筑、抹面材料。

2. 制作硅酸盐及碳化制品

以生石灰粉和硅质材料（如砂、粉煤灰、火山灰等）为基料，加少量石膏、外加剂，加水拌和成形，经湿热处理而得的制品，统称为硅酸盐制品，如蒸养粉煤灰砖及砌块等。石灰碳化制品是将石灰粉和纤维料（或集料）按规定比例混合，在水湿条件下混拌成形，经干燥后再进行人工碳化而成，如碳化砖、瓦、管材及石灰碳化板等。

石灰硬化后的强度不高，其硬化过程主要依靠水分蒸发促使 $Ca(OH)_2$ 的结晶以及碳化作用。但是 $Ca(OH)_2$ 溶解度较高，在潮湿的环境中，石灰遇水会溶解溃散，强度大大降低，因此石灰不易在长期潮湿的环境中或有水的环境中使用。

生石灰在运输时应注意防雨，且不得与易燃、易爆及液体物品混运。石灰应存放在封闭严密、干燥的仓库中。石灰存放太久会吸收空气中的水分自行熟化，与空气中的二氧化碳作用生成碳酸钙，失去胶结性。

二、水玻璃

水玻璃俗称泡花碱，是一种能溶于水、由碱金属和二氧化硅按不同比例化合成的硅酸盐材料。

建筑上用的水玻璃是硅酸钠的水溶液，为无色或淡黄、灰白色的黏稠液体，具有良好的黏结性和很强的耐酸性及耐热性，硬化后具有较高的强度。

水玻璃在工程中常用用途如下：

（1）涂料。用水将水玻璃稀释至密度为 $1350kg/m^3$ 左右的水玻璃溶液，将其喷涂在建筑材料的表面，如天然石材、黏土砖、混凝土、硅酸盐建筑制品等，能提高上述材料的密实度、强度、耐水性和抗风化能力。

注意，水玻璃溶液不得用于喷涂石膏制品，因为水玻璃和石膏会起化学反应，生成体积膨胀的硅酸钠，会导致制品破坏。

（2）耐热砂浆、耐热混凝土和防火漆。水玻璃的耐热性好，能长期承受高温作用而强度不降低。

（3）灌浆材料。将水玻璃溶液与氯化钙溶液通过金属管道轮流交替灌入地层，两种溶液发生化学反应，析出硅酸胶体，将土壤颗粒包裹，并填实其空隙。硅酸胶体为吸水膨胀的冻状胶体，因吸收地下水而经常处于膨胀状态，阻止水分的渗透并使土壤固结。

（4）补缝材料。将液体水玻璃与粒化高炉矿渣粉、砂和硅氟酸钠一起配制成砂浆，压入裂缝，因其胶结强度高、收缩小而成为良好的补缝材料。

（5）促凝剂。水玻璃能加速水泥的凝结和硬化，可作水泥的促凝剂。

（6）防水剂。取蓝矾、明矾、红矾和紫矾各1份，溶于60份水中，冷却至50℃时投入 400 份水玻璃溶液中，搅拌均匀，可制成四矾防水剂。四矾防水剂与水泥浆调和，可堵塞建筑物的漏洞、缝隙。

（7）耐酸材料。水玻璃能抵抗大多数无机酸（氢氟酸、过热磷酸除外）的作用，可配制耐酸胶泥、耐酸砂浆及耐酸混凝土。

（8）隔热保温材料。以水玻璃为胶凝材料，膨胀珍珠岩或膨胀蛭石为集料，加入一定量的赤泥或氟硅酸纳，经配料、搅拌、成型、干燥、焙烧而制成的制品，是良好的保温隔热材料。

第二节　水硬性胶凝材料

水泥浆体不仅能在空气中硬化，而且还能更好地在水中硬化，保持并持续增长其强度，所以水泥属于水硬性胶凝材料。水泥是目前水利工程施工中最重要的材料之一，可用于制作各种混凝土与钢筋混凝土构筑物和建筑物，并可用于配制各种砂浆及其他各种胶结材料等。

目前，我国水利工程中常用的水泥主要是硅酸盐水泥、普通硅酸盐水泥、矿渣硅酸盐水泥、火山灰硅酸盐水泥和粉煤灰硅酸盐水泥。在一些特殊工程中还使用具有特殊性能的水泥，如快硬硅酸盐水泥、高铝水泥、膨胀水泥、低热水泥等。在众多的水泥品种中，硅酸盐水泥是最为常用的一种水泥。

一、硅酸盐水泥

（一）硅酸盐水泥组成

国家标准《通用硅酸盐水泥》（GB 175—2007）规定，以硅酸盐水泥熟料和适量的石膏，及规定的混合材料制成的水硬性胶凝材料，称为硅酸盐水泥（即国外通称的波特兰水泥）。

通用硅酸盐水泥按混合材料的品种和掺量分为硅酸盐水泥、普通硅酸盐水泥、矿渣硅酸盐水泥、火山灰质硅酸盐水泥、粉煤灰硅酸盐水泥和复合硅酸盐水泥。

硅酸盐水泥熟料，指以适当成分的生料烧至部分熔融所得以硅酸钙为主要成分的产物。硅酸盐水泥熟料的主要矿物成分有 4 种，除 4 种主要矿物成分外，硅酸盐水泥熟料中还含有少量游离氧化钙、游离氧化镁及碱类物质（K_2O 及 Na_2O），其总量不超过水泥熟料的 10%。

（二）硅酸盐水泥的凝结硬化

硅酸盐水泥的凝结硬化是一个复杂的物理、化学变化过程。水泥的凝结硬化性能主要取决于其熟料的主要矿物成分及其相对含量。

1. 水泥的水化反应

硅酸盐水泥熟料的水化产物分别是水化硅酸钙（凝胶体）、氢氧化钙（晶体）、水化铝酸钙（晶体）和水化铁酸钙（凝胶体）。在完全水化的水泥石中，水化硅酸钙约占 50%，氢氧化钙约占 25%。通常认为水化硅酸钙凝胶体对水泥石的强度和其他性质起着决定性的作用。4 种熟料矿物水化反应时所表现出的水化特性见表 9-4。

表 9 - 4　　　　　　　　　　　　　　4 种熟料矿物的水化特性

矿 物 组 成		硅酸三钙	硅酸二钙	铝酸三钙	铁铝酸四钙
水化反应速度		快	慢	快	中
水化热		高	低	高	中
水化物的强度	早期	高	低	中	低
	后期	高	高	低	中
干缩性		中	小	大	中
抗化学腐蚀性		中	中	差	好

2. 水泥的凝结硬化过程

硅酸盐水泥的凝结硬化过程主要是随着水化反应的进行，水化产物不断增多，水泥浆体结构逐渐致密，大致可分为 3 个阶段。

（1）溶解期。水泥加水拌和后，水化反应首先从水泥颗粒表面开始，水化生成物迅速溶解于周围水体。水化后几分钟内就在表面形成凝胶状膜层，新的水泥颗粒表面与水接触，继续水化反应，水化产物继续生成并不断溶解，如此继续，水泥颗粒周围的水体很快达到饱和状态，形成溶胶结构。大约 1h 左右即在凝胶膜层外侧及液相中形成粗短的棒状钙矾石。

（2）凝结期。溶液饱和后，继续水化的产物逐渐增多并发展成为网状凝胶体（水化硅酸钙、水化铁酸钙胶体中分布大量的氢氧化钙、水化铝酸钙及水化硫铝酸钙晶体），在此期间，膜层长大并使部分颗粒间相互靠近而凝结，随着凝胶体逐渐增多，水泥浆体产生絮凝并开始失去塑性。

（3）硬化期。凝胶体的形成与发展，使水泥的水化反应逐渐减慢。随着水化反应继续缓慢地进行，水化产物不断生成并填充在浆体的毛细孔中，随着毛细孔的减少，浆体逐渐硬化。硬化后的水泥石结构由凝胶体、未完全水化的水泥颗粒和毛细孔组成。

3. 影响水泥凝结硬化的主要因素

影响水泥凝结硬化的因素，除了水泥熟料矿物成分及其含量外，还与下列因素有关：

（1）水泥细度。细度指水泥颗粒的粗细程度。细度越大，水泥颗粒越细，比表面积越大，与水接触面积也就大，因此，水化反应越容易进行，水泥的凝结硬化越快，早起强度较高，但水泥颗粒过细时，会增加磨细的能耗和提高成本，且不易久存。此外，水泥过细时，其硬化过程中还会产生较大的体积收缩。

（2）拌和用水量。水泥水化反应理论用水量占水泥重量的 23%。加水太少，水化反应不能充分进行；加水太多，难以形成网状构造的凝胶体，延长水泥浆的凝结时间，延缓甚至不能使水泥浆硬化，从而降低其强度。

（3）养护条件（温度和湿度）。水泥的水化反应随温度升高，反应加快。负温条件下，水化反应停止，甚至水泥石结构有冻坏的可能。水泥水化反应必须在潮湿的环境中才能进行，潮湿的环境能保证水泥浆体中的水分不蒸发，水化反应得以维持。

（4）养护时间（龄期）。保持合适的环境温度和湿度，使水泥水化反应不断进行的措施，称为养护。水泥凝结硬化的过程实质是水泥水化反应不断进行的过程。水化反应时间越长，水泥石的强度越高。水泥石强度增长在早期较快，后期逐渐减缓，28d以后显著变慢。据试验资料显示，水泥的水化反应在适当的温度与湿度的环境中可延续数年。

（5）储存条件。由于储存不当，水泥在使用前后可能已经受潮，使其部分颗粒已经发生了水化而形成结块；若直接使用这种水泥就会表现出严重的强度降低。即使在良好的条件下储存，由于空气中水分和 CO_2 的作用，水泥也会产生缓慢水化和碳化，因此，工程实际中不宜久存水泥。

（三）硅酸盐水泥的技术要求

按国家标准《通用硅酸盐水泥》（GB 175—2007）的规定，硅酸盐水泥必须满足以下10项技术要求：不溶物、烧失量、氧化镁、三氧化硫、氯离子、体积安定性、细度（选择性指标）、凝结时间、强度和碱含量。

（1）Ⅰ型硅酸盐水泥中不溶物不得超过 0.75%；Ⅱ型硅酸盐水泥中不溶物不得超过 1.50%。

（2）Ⅰ型硅酸盐水泥中烧失量不得大于 3.0%；Ⅱ型硅酸盐水泥中烧失量不得大于 3.5%。

（3）水泥中氧化镁的含量不宜超过 5.0%。如果水泥经压蒸安定性试验合格，则水泥中氧化镁的含量允许放宽到 6.0%。

（4）水泥中三氧化硫的含量不得超过 3.5%。

（5）水泥中氯离子的含量不得超过 0.06%。

（6）体积安定性是指水泥在凝结硬化过程中，体积变化的均匀性。水泥中含有过量的氧化镁、三氧化硫及游离氧化钙，会导致水泥的安定性不良，造成水泥石结构局部膨胀甚至开裂，破坏了水泥石结构的整体性，严重的会造成工程质量事故。水泥安定性可用试饼法或雷氏法测定。

（7）硅酸盐水泥比表面积不小于 $300m^2/kg$。水泥的细度可采用筛分析法和透气法测定。水泥的细度反映了水泥的水化活性，细度越大，水化活性越高，水泥的凝结硬化越快，因而水化反应较快且安全，所以早期强度和后期强度都较高，但细度太大，会增加水泥生产成本，而且不易储存。一般认为水泥颗粒小于 $10\mu m$ 才具有较高的活性。

（8）水泥的凝结时间分初凝和终凝。初凝是指自水泥加水拌和时起，至水泥浆开始失去可塑性所经历的时间；终凝是指自水泥加水拌和时起，至水泥浆完全失去可塑性所经历的时间。施工完毕后则要求水泥尽快硬化，并且具有较好的强度，不耽误下道工序的进行，所以水泥的终凝时间不能太迟。国家标准规定，水泥的凝结时间以标准稠度的水泥净浆，在规定的温度和湿度条件下，用凝结时间测定仪测定。硅酸盐水泥初凝不得小于45min，终凝不得大于 6h30min。

（9）水泥的强度是指水泥胶结砂的强度，而不是水泥净浆的强度。水泥强度是评定水泥标号的依据。由于水泥强度随凝结硬化逐渐增长，所以国家标准规定了不同龄期的强度值，用以限定不同强度等级水泥的强度增长速度。水泥强度等级按规定龄期的抗压强度和抗折强度来划分，各强度等级水泥的各龄期强度不得低于表 9-5 中的数值。水泥强度按国家标准《水泥胶砂强度检验方法》（GB/T 17671—1999）（ISO法）的规定方法进行检验。按照强度的大小，硅酸盐水泥划分为 42.5、42.5R、52.5、52.5R、62.5 及 62.5R 等 6 个强度等级，其中每个强度等级按早期强度（3d）的大小，又分为早强型（R）和普通型。

表 9 - 5　　　　　　　　　　　几种常用水泥的强度指标　　　　　　　　单位：MPa

品　　　种	强度等级	抗压强度		抗折强度	
		3d	28d	3d	28d
硅酸盐水泥	42.5	17.0	42.5	3.5	6.5
	42.5R	22.0	42.5	4.0	6.5
	52.5	23.0	52.5	4.0	7.0
	52.5R	27.0	52.5	5.0	7.0
	62.5	28.0	62.5	5.0	8.0
	62.5R	32.0	62.5	5.5	8.0
普通水泥	42.5	17.0	42.5	3.5	6.5
	42.5R	22.0	42.5	4.0	6.5
	52.5	23.0	52.5	4.0	7.0
	52.5R	27.0	52.5	5.0	7.0
矿渣水泥 火山灰水泥 粉煤灰水泥 复合水泥	32.5	10.0	32.5	2.5	5.5
	32.5R	15.0	32.5	3.5	5.5
	42.5	15.0	42.5	3.5	6.5
	42.5R	19.0	42.5	4.0	6.5
	52.5	21.0	52.5	4.0	7.0
	52.5R	23.0	52.5	4.5	7.0

（10）水泥中碱含量按 $Na_2O + 0.658K_2O$ 计算值来表示。若使用活性集料，用户要求提供低碱水泥时，水泥中碱含量应不大于 0.60% 或由买卖双方商定。

按国家标准对水泥的上述 10 项技术指标进行检验。国家标准规定，出厂水泥应保证出厂强度等级，其余技术要求应符合上述要求。

为满足工程设计需要，常对水泥的密度和水化热进行检测。

（1）硅酸盐水泥的密度值一般为 3.0～3.2g/cm³，储存过久，密度会有所降低。水泥在松散状态时的堆积密度为 1000～1300kg/m³，紧密状态时可达 1400～1700kg/m³。

（2）水泥的水化热是水泥在水化反应过程中发出的热量。水化热大部分在 7d 之内放出，以后逐渐减少。水化热对大体积混凝土（如大坝、桥墩、大型基础）不利；但对于非大体积混凝土的冬季施工，水化热则有利于混凝土的凝结硬化。

（四）水泥石的侵蚀与防止

通常情况下，硬化后的硅酸盐水泥具有较强的耐久性。但在某些含侵蚀性物质（酸、强碱、盐类）的介质中，由于水泥石结构存在开口孔隙，有害介质浸入水泥石内部，水泥石中的水化产物与介质中的侵蚀性物质发生物理、化学作用，反应生成物若易溶解于水，或松软无胶结力，或产生有害的体积膨胀，都会使水泥石结构产生侵蚀性破坏。

根据水泥石侵蚀的原因及侵蚀的类型，工程中针对不同的腐蚀环境可采取下列防止侵蚀的措施：

（1）根据环境介质的侵蚀特点，选择合理水泥品种，以提高水泥的抗腐蚀能力。如采用水化产物中氢氧化钙含量较少的水泥，可提高对各种侵蚀作用的抵抗能力；掺混合材料的硅酸盐水泥具有较强的抗溶出性侵蚀能力；抗硫酸盐硅酸盐水泥抵抗硫酸盐侵蚀的能力较强。

（2）提高水泥石的密实度可改善水泥石结构的抗腐蚀能力。通过合理的材料配比设计，提高施工质量，均可以获得均匀密实的水泥石结构，避免或减缓水泥石的侵蚀，如降低水灰比、掺加某些可堵塞孔隙的物质、改善施工方法使其结构更为致密等。

（3）对水泥石结构采用隔离防护措施，避免介质对其产生腐蚀作用。当环境介质的侵蚀作用较强时，可在建筑物表面设置保护层，隔绝侵蚀性介质，保护原有建筑结构，使之不遭受侵蚀，如设置沥青防水层、不透水的水泥喷浆层及塑料薄膜防水层等，均能起到保护作用。

二、其他品种的水泥

为了改善硅酸盐水泥的某些性能或调节水泥强度等级，生产水泥时，在水泥熟料中掺入人工或天然矿物材料，这种矿物材料称为混合材料。混合材料分活性混合材料和非活性混合材料两种。

（1）活性混合材料是磨成细粉加水后本身不能硬化，但在激发剂（石灰加水拌和）的作用下，在常温下能生成水硬性物质的矿物，既能在空气中硬化，又能在水中继续硬化。混合材料的这种性质，称为火山灰性。常用的激发剂有碱性激发剂（石灰）与硫酸盐激发剂（石膏）两类。工程上常用的活性混合材料有粒化高炉矿渣、火山灰质混合材料。

（2）非活性混合材料不具有活性或活性甚低的人工或天然矿物质材料。非活性混合材料经磨细后，掺加到水泥中，可以调节水泥强度等级，节约水泥熟料，还可以降低水泥的水化热。

硅酸盐水泥掺入不同混合材料后生成普通硅酸盐水泥（P.O）、矿渣硅酸盐水泥（P.S）、火山灰硅酸盐水泥（P.P）、粉煤灰硅酸盐水泥（P.F）、复合硅酸盐水泥（P.C）。表9-6为通用水泥的强度等级、成分及特性，表9-7为通用水泥的选用。

表9-6 通用水泥的强度等级、成分及特性

项目	硅酸盐水泥	普通水泥	矿渣水泥	火山灰水泥	粉煤灰水泥	复合水泥
强度等级	42.5、42.5R、52.5、52.5R、62.5、62.5R	42.5、42.5R、52.5、52.5R、62.5、62.5R	32.5、32.5R、42.5、42.5R、52.5、52.5R			
主要成分	硅酸盐水泥熟料为主，不掺或掺加不超过5%的混合材料	硅酸盐水泥熟料、5%～15%的混合材料	硅酸盐水泥熟料、20%～70%的粒化高炉矿渣	硅酸盐水泥熟料、20%～50%的火山灰质混合材料	硅酸盐水泥熟料、20%～40%的粉煤灰	硅酸盐水泥熟料、16%～50%的混合材料

续表

项目	硅酸盐水泥	普通水泥	矿渣水泥	火山灰水泥	粉煤灰水泥	复合水泥
特性	(1) 快硬早强。 (2) 水化热高。 (3) 抗冻性较好。 (4) 耐热性较差。 (5) 耐侵蚀性较差	(1) 早期强度较高。 (2) 水化热较高。 (3) 抗冻性较好。 (4) 耐热性较差。 (5) 耐侵蚀性与耐水性较差	(1) 早期强度较低，后期强度增长较快。 (2) 水化热较低。 (3) 抗冻性差。 (4) 耐热性较好。 (5) 耐侵蚀较好。 (6) 易泌水。 (7) 干缩性大。 (8) 对温度、湿度变化较为敏感	(1) 抗渗性较好。 (2) 耐热性较差。 (3) 不易泌水，其他同矿渣水泥	(1) 干缩性小，抗裂性较好。 (2) 抗碳化能力差 其他同火山灰水泥	3d 龄期强度高于火山灰水泥，其他同火山灰水泥

表 9 - 7　　　　　　　　　　　　通 用 水 泥 的 选 用

		混凝土工程特点及所处环境	优先选用	可以选用	不宜选用
普通混凝土	1	一般气候环境	普通水泥	矿渣水泥、火山灰水泥、粉煤灰水泥、复合水泥	
	2	干燥环境	普通水泥	矿渣水泥	火山灰水泥、粉煤灰水泥
	3	高湿度环境或长期处于水中	矿渣水泥、火山灰水泥、粉煤灰水泥、复合水泥	普通水泥	
	4	大体积混凝土	矿渣水泥、火山灰水泥、粉煤灰水泥、复合水泥		硅酸盐水泥、普通水泥
有特殊要求的混凝土	1	要求快硬高强（＞C40）的混凝土	硅酸盐水泥	普通水泥	矿渣水泥、火山灰水泥、粉煤灰水泥、复合水泥
	2	严寒地区露天混凝土，寒冷地区处于水位升降范围内的混凝土	普通水泥	矿渣水泥（强度等级32.5）	火山灰水泥、粉煤灰水泥
	3	严寒地区处于水位升降范围内的混凝土	普通水泥（强度等级42.5）		矿渣水泥、火山灰水泥、粉煤灰水泥、复合水泥
	4	有抗渗要求的混凝土	普通水泥、火山灰水泥		矿渣水泥
	5	有抗磨要求的混凝土	硅酸盐水泥、普通水泥	矿渣水泥（强度等级32.5）	火山灰水泥、粉煤灰水泥
	6	受侵蚀性介质作用的混凝土	矿渣水泥、火山灰水泥、粉煤灰水泥、复合水泥		硅酸盐水泥、普通水泥

　　除了以上 6 种通用水泥以外，为了适应特殊的施工环境，保证水泥混凝土的强度，还有快硬硅酸盐水泥、白色硅酸盐水泥、抗硫酸盐硅酸盐水泥、中热硅酸盐水泥及低热矿渣硅酸盐水泥、铝酸盐水泥和膨胀水泥。

三、水泥验收与储存

交货时水泥的质量验收可抽取实物试样以其检验结果为依据，也可以生产者同编号水泥的检验报告为依据。采取何种方法由买卖双方商定，并在合同或协议中注明。卖方有告知买方验收方法的责任。

按照国家标准《通用硅酸盐水泥》（GB 175—2007）规定，水泥可以散装或袋装，袋装水泥每袋净含量为50kg，且应不少于标志质量的99％；随机抽取20袋，总质量（含包装袋）应不少于1000kg。其他包装形式由供需双方协商确定，但有关袋装质量要求，应符合上述规定。水泥包装袋上应清楚标明执行标准、水泥品种、代号、强度等级、生产者名称、生产许可证标志（QS）及编号、出厂编号、包装日期、净含量。包装袋两侧应根据水泥的品种采用不同的颜色印刷水泥名称和强度等级，硅酸盐水泥和普通硅酸盐水泥采用红色，矿渣硅酸盐水泥采用绿色；火山灰质硅酸盐水泥、粉煤灰硅酸盐水泥和复合硅酸盐水泥采用黑色或蓝色。散装发运时应提交与袋装标志相同内容的卡片。

水泥在运输与储存时不得受潮和混入杂物，不同品种和强度等级的水泥在储运中避免混杂。

第三节　有机胶凝材料

沥青是典型的有机胶凝材料，在工程中主要用于防水材料，胶凝材料配制沥青混凝土、沥青砂浆。工程中常用的沥青材料主要为石油沥青和煤沥青，石油沥青的技术性质优于煤沥青，在工程中应用更为广泛。

一、石油沥青

建筑石油沥青是用原油蒸馏后的重油经氧化所得的产物。在《公路工程沥青及沥青混合料试验规程》（JTG E20—2011）中，根据沥青的化学成分，在3组分分析法中，油分、树脂和沥青质是组成沥青的三大组分，此外，还含有其他成分，但由于含量很少，因此可忽略不计。

（一）石油沥青的技术性质

1. 黏滞性

黏滞性是沥青的一项重要物理力学性质，它是指沥青在外力作用下抵抗发生形变的性能指标。不同沥青的黏滞性变化范围很大，主要由沥青的组分和温度而定，一般沥青黏滞性随地沥青质的含量增加而增大，随温度的升高而降低。黏滞性可用动力黏度或运动黏度来表示，由于动力黏度测量较为复杂，故对沥青材料多采用各种条件黏度来评定其黏滞性。

（1）针入度。半固体沥青、固体沥青的黏滞性指标是针入度。针入度通常是指在温度为25℃的条件下，以质量为100g的标准针，经5s插入沥青中的深度（每0.1mm为1度）来表示。针入度测定示意图见图9-1。针入度值大，表示沥青流动性大，黏性差。针入度范围在5～200度之间，它是沥青很重要的技术指标，是沥青划分牌号的主要依据。

按针入度可将石油沥青划分为以下几个牌号：

道路石油沥青牌号分为 200 号、180 号、140 号、100 号甲、100 号乙、60 号甲、60 号乙；建筑石油沥青牌号分为 30 号、10 号；普通石油沥青牌号分为 75 号、65 号、55 号。

（2）黏滞度。液体沥青黏滞性指标是黏滞度。黏滞度是液体沥青在一定温度（25℃或 60℃）条件下，经规定直径（3.5mm 或 10mm）的孔漏下 50mL 所需的秒数。其测定示意如图 9-2 所示。黏滞度常以符号 C_t^d 表示。其中 d 为孔径（mm），t 为试验时沥青的温度（℃）。黏滞度大，表示沥青的稠度大，黏性高。

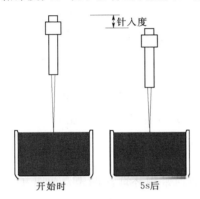

图 9-1 针入度测定示意图

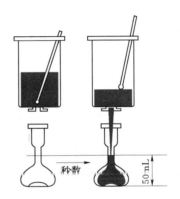

图 9-2 黏滞度测定示意图

2. 塑性

塑性是沥青在外力作用下产生不可恢复的变形，而不发生断裂，除去外力后仍保持变形后的形状不变的能力。沥青塑性表示了沥青受力变形而不破坏，开裂后也能自愈的能力及吸收振动的能力。

沥青的塑性一般是随其温度的升高而增大，随温度的降低而减小；地沥青质含量相同时，树脂和油分的比例决定沥青的塑性大小，油分、树脂含量越多，沥青的塑性越大。

沥青的塑性用"延伸度"表示。延伸度测定时，按标准试验方法，制成"8"型标准试件，试件中间最狭处断面为 1cm²，在规定温度（一般为 25℃）和规定速度（5cm/s）的条件下在延伸仪上进行拉伸，延伸度以试件能够拉成细丝的延伸长度 cm 表示。沥青的延伸度越大，沥青的塑性越好。延伸度测定如图 9-3 所示。

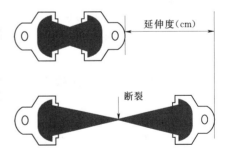

图 9-3 延伸度测定示意图

3. 大气稳定性

大气稳定性是指石油沥青在加热时间过长或在外界阳光、氧气和水等大气因素的长期综合作用下，抵抗老化的性能，也即沥青材料的耐久性。

沥青材料在温度、空气、阳光等因素影响下，会产生轻质油分挥发，更重要的是由于氧化、缩合和聚合的作用，使较低分子量的组分向较高分子量的组分转化。这样，沥青中的油分和树脂的含量逐渐减少，地沥青质的含量逐渐增多，使沥青的塑性、黏结力降低，脆性增加，性能逐渐恶化。矿料中含有铝、铁等盐类时，可加速沥青的老化作用。

沥青的大气稳定性以加热蒸发质量损失百分率和加热前后针入度比来评定。蒸发质量损失百分数越小和蒸发后针入度比越大，则表示沥青的大气稳定性越好，即"老化"越慢。

4. 耐热性

耐热性是指黏稠石油沥青在高温下不软化、不流淌的性能。耐热性常用软化点来表示，软化点是沥青材料由固体状态转变为具有一定流动性的膏体时的温度。沥青受热后逐渐变软，由固态转化为液态时，没有明显的熔点。软化点是沥青达到某种特定黏性流动状态时的温度。不同沥青的软化点不同，大致在 $25\sim100℃$ 之间。软化点高，说明沥青的耐热性能好，但软化点过高，又不易加工；软化点低的沥青，夏季易产生变形，甚至流淌。

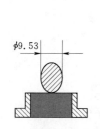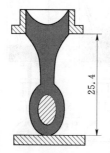

图 9-4　软化点测定示意图（单位：mm）

软化点通常用环球法测定，如图 9-4 所示，是将熔化的沥青注入标准铜环内制成试件，冷却后表面放置标准小钢球，然后在水或甘油中按标准试验方法加热升温，使沥青软化而下垂，当沥青下垂至与底板接触时的温度（℃），即为软化点。

5. 温度稳定性

温度稳定性是指沥青的黏滞性和塑性在温度变化时不产生较大变化的性能。使用温度稳定性高的沥青，可以保证在夏天不流淌，冬天不脆裂，保持良好的工程应用性能。

温度稳定性包括耐高温的性质及耐低温的性质。耐低温一般用脆化点表示。脆化点是将沥青涂在一标准金属片上（厚度约 0.5mm），将金属片放在脆点仪中，一边降温，一边将金属片反复弯曲，直至沥青薄层开始出现裂缝时的温度（℃）称为脆化点。

沥青的温度稳定性可用软化点 $t_{软}$ 和脆化点 $t_{脆}$ 之间的温度范围 T 表示，即

$$T = t_{软} - t_{脆} \tag{9-4}$$

沥青的软化点越高，其温度稳定性越好。

6. 加热稳定性

沥青加热稳定性反映了沥青在过热或长时间加热过程中，氧化、裂化等变化的程度。沥青加热稳定性可用测定加热损失及加热前后针入度、软化点等性质的改变值来表示。为了提高沥青加热稳定性，工程中使用沥青时，应尽量降低加热温度和缩短加热时间，应确定合理的加热温度。通常情况下熬制沥青的适宜温度见表 9-8。

表 9 - 8 常用沥青熬制的适宜温度 单位:℃

石油沥青标号	熬制温度	允许偏差	最高温度,≤	出厂沥青闪点,≥
200	120	±5	130	180
180	130	±5	140	200
140	130	±5	140	200
100 乙	140	±5	160	200
100 甲	145	±5	165	200
60 乙	175	±5	190	230
60 甲	180	±5	195	230
30 乙	185	±5	200	230
30 甲	190	±5	205	230
10	200	±5	210	230

7. 施工安全性

为了评定沥青的品质和保证施工安全,还应当了解沥青的闪点、燃点和溶解度。

闪点是指沥青达到软化点后再继续加热,则会发生热分解而产生挥发性的气体,当与空气混合,在一定条件下与火焰接触,初次产生蓝色闪光时的沥青温度。

燃点是指沥青温度达到闪火点,温度如再上升,与火接触而产生的火焰能持续烧 5s 以上时,这个开始燃烧时的温度即为燃点。沥青的闪点和燃点的温度值通常相差 10℃。液体沥青由于轻质成分较多,闪点和燃点的温度值相差很小。

沥青的溶解度是指沥青在溶剂中(苯或二硫化碳)可溶部分质量占全部质量的百分率。沥青溶解度可用来确定沥青中有害杂质含量。沥青中有害物质含量多,主要会降低沥青的黏滞性。一般石油沥青溶解度高达 98% 以上,而天然沥青因含不溶性矿物质,溶解度低。

(二)石油沥青技术标准

我国生产的沥青产品,主要有道路石油沥青、建筑石油沥青、普通石油沥青和专用沥青等。水利及土建工程中应用的主要是前三类沥青产品。沥青按其针入度的大小划分成不同的牌号,在同一种沥青中牌号越小,沥青越硬;牌号越大,沥青越软。石油沥青的技术标准见表 9 - 9。

表 9 - 9 石油沥青的技术标准

质量指标	重交通道路石油沥青 (GB/T 15180—2010)						建筑石油沥青 (GB/T 494—2010)			防水防潮石油沥青 (SH 0002—90)				普通石油沥青 (SY 1665—77) (1998 年确认)		
	AH-130	AH-110	AH-90	AH-70	AH-50	AH-30	40	30	10	3 号	4 号	5 号	6 号	75	65	55
针入度(25℃,100g,1/10mm)	120~140	100~120	80~100	60~80	40~60	20~40	36~35	26~35	10~25	25~45	20~40	20~40	30~50	75	65	55
延度(15℃)/cm,≥	100	100	100	100	80	报告	3.5	2.5	1.5	—	—	—	—	2	1.5	1
软化点(环球法)/℃	38~51	40~53	42~55	44~57	45~58	50~65	≥60	≥75	≥95	≥85	≥90	≥100	≥95	≥60	≥80	≥100

质量指标	重交通道路石油沥青 (GB/T 15180—2010)						建筑石油沥青 (GB/T 494—2010)			防水防潮石油沥青 (SH 0002—90)				普通石油沥青 (SY 1665—77) (1998 年确认)		
	AH-130	AH-110	AH-90	AH-70	AH-50	AH-30	40	30	10	3号	4号	5号	6号	75	65	55
针入度指数，$\geqslant$	—	—	—	—	—	—	—	—	—	3	4	5	6	—	—	—
溶解度/％，$\geqslant$	99.0	99.0	99.0	99.0	99.0	99.0	99.0	99.0	99.0	98	98	95	92	98	98	98
蒸发损失（163℃，5h）/％，$\leqslant$	1.3	1.2	1.0	0.8	0.6	0.5	1	1	1	1	1	1	1	—	—	—
蒸发后针入度比/℃，$\geqslant$	45	48	50	55	58	60	65	65	65	—	—	—	—	—	—	—
闪点/℃，$\geqslant$	230						260	260	260	250	270	270	270	230	230	230

二、沥青材料的使用和储运

沥青热用时其加热温度不得过高，加热时间不宜过长，同时避免反复加热，使用时要防火，对于有毒性的沥青材料还要防止中毒。

水利工程中所用的沥青，要求具有较高的塑性和一定的耐热性的沥青材料。当缺乏所需牌号的石油沥青时，可采用两种不同牌号的沥青掺配（称调配沥青）使用。可按式（9-6）及式（9-7）初步计算配制比例，然后再进行试验确定。

当按需用的针入度掺配时，有

$$s=\frac{\lg P_\mathrm{m}-\lg P_\mathrm{h}}{\lg P_\mathrm{S}-\lg P_\mathrm{h}}\times100\%\tag{9-6}$$

式中　　　s——软石油沥青的用量，％；

P_m、P_S、P_h——预配制沥青、软石油沥青、硬石油沥青的针入度。

当按需用的软化点掺配时，有

$$B=\frac{t-t_2}{t_1-t_2}\times100\%\tag{9-7}$$

式中　　B——高软化点石油沥青用量，％；

t、t_1、t_2——要求配制的石油沥青、高软化点石油沥青、低软化点石油沥青的软化点。

如用 3 种沥青时，可先求出两种沥青的配比后再与第三种沥青进行计算。一般沥青掺配是在高标号沥青中加入一定数量的低标号沥青。加入的方法是将高标号的沥青熔化，然后再加入低标号沥青，共同熔化，不断搅匀。

沥青储运时，应按不同的品种及牌号分别堆放，避免混放混运，储存时应尽可能避开热源及阳光照射，还应防止其他杂物及水分混入。

三、沥青材料的应用

沥青主要用于沥青混合料和防水材料。

沥青混合料由沥青和矿质材料（砂、石子、填充料等）在加热或常温时按适当比例配制而成的混合料的总称，经成型后则成为沥青混凝土、沥青砂浆、沥青胶等。在水利工程中常用的沥青混合料主要包括沥青混凝土和沥青砂浆，因为沥青砂浆的技术性质跟沥青混凝土有相似之处，主要介绍水工沥青混凝土（见第十章）。

沥青防水材料主要有沥青防水卷材、APP 改性沥青防水卷材、改性沥青聚乙烯胎防水卷材、沥青防水涂料等。

沥青防水涂料有水乳型沥青防水涂料、冷底子油、沥青胶和高聚物改性沥青防水涂料。

冷底子油是用稀释剂（汽油、柴油、煤油、苯等）对沥青进行稀释的产物。它多在常温下用于防水工程的底层，故称冷底子油。冷底子油黏度小，具有良好的流动性。涂刷在混凝土、砂浆或木材等基面上，能很快渗入基层孔隙中，待溶剂挥发后，便与基面牢固结合。冷底子油形成的涂膜较薄，一般不单独作防水材料使用，只作某些防水材料的配套材料。施工时在基层上先涂刷一道冷底子油，再刷沥青防水涂料或铺油毡。冷底子油应涂刷于干燥的基面上，不宜在有雨、雾、露的环境中施工。

沥青胶又称沥青玛瑞脂，是沥青与矿质填充料及稀释剂均匀拌和而成的混合物。沥青胶按所用材料及施工方法不同可分为热用沥青胶及冷用沥青胶。热用沥青胶是由加热熔化的沥青与加热的矿质填充料配制而成；冷用沥青胶是由沥青溶液或乳化沥青与常温状态的矿质填充料配制而成。沥青胶应具有良好黏结性、柔韧性、耐热性，还要便于涂刷或灌注。工程中常用的热用沥青胶，其性能主要取决于原材料的性质及其组成。

一般工地施工是热用，配制热用沥青胶，是先将矿粉加热到 100～110℃，然后慢慢地倒入已熔化的沥青中，继续加热并搅拌均匀，直到具有需要的流动性即可使用，热用沥青胶用于黏结和涂抹石油沥青油毡。冷用时需加入稀释剂将其稀释后于常温下施工运用，可以涂刷成均匀的薄层，但成本较高，不常使用。

热用沥青胶的各种材料用量：一般沥青材料占 70%～80%，粉状矿质填充料（矿粉）为 20%～30%，纤维状填充料为 5%～15%。矿粉越多，沥青胶的耐热性越高，黏结力越大，但柔性降低，施工流动性也较差。

沥青胶的用途较广，可用于黏结沥青防水卷材、沥青混合料、水泥砂浆及水泥混凝土；并可用作接缝填充材料、大坝伸缩缝的止水井等。

小　结

本章主要学习了水利工程中常用到的气硬性胶凝材料石灰、水硬性胶凝材料水泥和有机胶凝材料石油沥青；要求掌握各种胶凝材料的技术性质和相应技术指标，熟悉各种胶凝材料的用途及使用方法和适用条件。

自 测 练 习 题

一、单项选择题

1. 水泥浆在混凝土材料中，硬化前硬化后是起（　　）作用。

A. 胶结　　　　B. 润滑和胶结　　　C. 填充　　　　　　D. 润滑和填充

2. 石灰是在（　　　）中硬化的。

A. 干燥空气　　　　B. 水蒸气　　　　　C. 水　　　　　　　D. 与空气隔绝的环境

3. 水泥安定性是指水泥在凝结硬化过程中（　　　）。

A. 体积变小　　　　B. 不软化　　　　　C. 体积变大　　　　D. 体积均匀变化

4. 下列水泥中，干缩性最大的是（　　　）。

A. 普通水泥　　　　B. 矿渣水泥　　　　C. 火山灰水泥　　　D. 粉煤灰水泥

二、简答题

1. 生石灰在工程现场为何不宜放置过久？

2. 硅酸盐水泥的技术要求有哪几项？提出这些技术要求的意义是什么？

3. 混合材料有哪些？掺入水泥中的作用是什么？为何要发展掺混合材料的水泥？

4. 水泥保管中，为何要严防受潮、过期和品种混乱？有哪些措施？

5. 如何划分石油沥青的牌号？

6. 石油沥青的主要技术性质及测定方法是什么？

第十章 混凝土与砂浆

第一节 混凝土组成材料

混凝土是以胶凝材料、粗集料、细集料和水，必要时掺入化学外加剂和矿物质混合材料，按适当比例配合，经过均匀拌制、密实成型及养护硬化后得到的人工石材。混凝土是现代工程使用量最大的重要的建筑材料之一，无论在水利水电工程还是工业与民用建筑、道路桥梁、地下工程和国防工程，都发挥着其他材料无法替代的作用。

一、混凝土特性

混凝土成为当代最大宗、最重要的土建材料，其根本原因是混凝土材料具备许多优点，主要有以下几项：

（1）混凝土拌和物具有可塑性，可以按工程结构要求浇筑成不同形状和尺寸的整体结构和预制构件。

（2）与钢筋等有牢固的黏结力，能在混凝土中配筋或埋设钢件，制作成为强度高、耐久性好的钢筋混凝土构件或整体结构。

（3）其组成材料中砂、石等当地材料占 80％以上，来源广、造价低。

（4）改变各材料品种和用量，可以得到不同物理力学性能的混凝土，以满足不同工程的要求，应用范围广泛。

（5）混凝土抗拉强度很低，受拉时抵抗变形能力小，容易开裂。

但混凝土自重大、比强度小、抗拉强度低、变形能力差和易开裂等缺点，也是有待研究改进的。

由于混凝土有上述重要优点，所以它被广泛应用于工业与民用建筑工程、水利工程、地下工程、公路、铁路、桥梁及国防军事等各类工程中。

二、混凝土的组成材料

混凝土是由水泥、砂、石、水、外加剂和外掺料组成，砂、石起骨架作用，水泥与水形成水泥浆，水泥浆包裹砂子形成砂浆，砂浆包裹并填充石子的空隙，硬化后形成一个宏观匀质、微观非匀质的堆聚结构，混凝土是混合材料，其质量由原材料的性质及其相对含量决定的，同时也与施工工艺（拌和、运输、浇筑、养护等）有关。因此，必须了解其原材料的性质、作用及其质量要求，合理选择原材料，以保证混凝土的质量。

（一）水泥

水泥在混凝土中起胶结作用，水泥的品种和强度等级是影响混凝土强度、耐久性及经济性的重要因素。因此正确选择水泥的品种和强度等级是很重要的。

1. 品种选择

配制混凝土一般可选用硅酸盐水泥、普通水泥、矿渣水泥、火山灰水泥和粉煤灰水泥。必要时也可以选用快硬水泥或其他水泥。

选用何种水泥，应根据工程特点和所处的环境条件，参照有关规范规定选用。如混凝土重力坝，属大体积混凝土，宜选用水化热低的水泥，可优先考虑矿渣水泥。

2. 强度等级选择

水泥强度等级的选择应与混凝土的设计强度等级相适应。

（二）细集料（砂）

混凝土用集料，按其粒径大小不同分为细集料和粗集料。粒径在 0.15～4.75mm 之间的集料称为细集料（砂）；粒径大于 4.75mm 的称为粗集料。粗、细集料的总体积占混凝土体积的 70%～80%，因此集料的性能对所配制的混凝土性能有很大影响，为保证混凝土的质量，对集料技术性能的要求主要有：有害杂质含量少；具有良好的颗粒形状，适宜的颗粒级配；表面粗糙，与水泥黏结牢固；性能稳定，坚固耐久等。

混凝土的细集料主要采用天然砂和人工砂。天然砂按其产源不同又可分为河砂、湖砂、山砂及淡化海砂。河砂和海砂由于长期受水流的冲刷作用，颗粒表面比较圆滑、洁净，且产源较广，但海砂中常含有贝壳碎片及可溶盐等有害杂质。山砂颗粒多具棱角，表面粗糙，砂中含泥量及有机质等有害杂质较多。建筑工程中一般多采用河砂作细骨料。

人工砂是由人工采集的块石经破碎、筛分制成，包括机制砂、混合砂（机制砂和天然砂的混合）。一般在当地缺乏天然砂源时，采用人工砂。

根据《建筑用砂》（GB/T 14684—2011）规定，砂按细度模数大小分为粗、中、细 3 种规格，按技术要求分为Ⅰ类、Ⅱ类、Ⅲ类。Ⅰ类宜用于强度等级大于 C60 的混凝土；Ⅱ类宜用于强度等级 C30～C60 及有抗冻、抗渗或其他要求的混凝土；Ⅲ类宜用于强度等级小于 C30 的混凝土和建筑砂浆。配制混凝土时所采用的细集料的质量要求有以下几方面。

1. 砂中含泥量、石粉含量和泥块含量

含泥量是指砂中粒径小于 0.075mm 颗粒的含量；泥块含量是指砂中粒径大于 1.18mm，经水洗手捏后变成小于 0.60mm 颗粒的含量。

砂中含泥量影响混凝土的强度。泥块对混凝土的抗压、抗渗、抗冻等性质均有不同程度的影响，尤其是包裹型的泥影响更为严重。泥遇水成浆，胶结在砂石表面，不易分离，影响水泥与砂石的黏结力。天然砂中含泥量、泥块含量应符合表 10-1 的规定。

2. 有害物质

砂中不应混有草根、树叶、树枝、塑料、煤块、煤渣等杂物。砂中如含有云母、轻物质、有机物、硫化物及硫酸盐、氯盐等，其含量不应超过表 10-1 的规定。

砂中云母为表面光滑的小薄片，与水泥浆黏结差，会影响混凝土的强度及耐久性。有机物、硫化物及硫酸盐对水泥有侵蚀作用，而氯盐对混凝土中的钢筋有侵蚀作用。

3. 砂的坚固性

砂的坚固性是指砂在气候、环境变化或其他物理因素作用下抵抗破裂的能力。天然砂采用硫酸钠溶液法进行检验，砂试样在饱和硫酸钠溶液中经 5 次循环浸渍后，其质量损失

应符合表 10-2 的规定。人工砂采用压碎指标法进行试验，在规定的压力下，压碎指标值
应符合表 10-2 的规定。

表 10-1   有 害 物 质 含 量

项　目	指　标		
	Ⅰ类	Ⅱ类	Ⅲ类
云母（按质量计）/%，≤	1.0	2.0	2.0
轻物质（按质量计）/%，≤	1.0	1.0	1.0
有机物（比色法）	合格	合格	合格
硫化物及硫酸盐（按 SO_3 质量计）/%，≤	0.5	0.5	0.5
氯化物（以氯离子质量计）/%，≤	0.01	0.02	0.06
贝壳（按质量计）[a]/%，≤	3.0	5.0	8.0

a　该指标仅适用于海砂，其他砂种不作要求。

表 10-2   砂 的 坚 固 性 指 标

项　目		指　标		
		Ⅰ类	Ⅱ类	Ⅲ类
天然砂	质量损失/%，≤	8	8	10
人工砂	单级最大压碎指标/%，≤	20	25	30

4. 颗粒级配与粗细程度

砂的颗粒级配，是表示砂大小颗粒的搭配情况。在混凝土中砂粒之间的空隙是由水泥
浆所填充的，空隙率越小，混凝土骨架越密实，所需水泥浆越少，且有助于混凝土强度和
耐久性的提高。

砂的粗细程度，是指不同粒径的砂粒，混合在一起后的总体粗细程度。在相同质量条
件下，细砂的总表面积较大，而粗砂的总表面积较小。混凝土中，砂子的总表面积越大，
则需要包裹砂粒表面的水泥浆就越多。因此，拌制混凝土时，应同时考虑砂的颗粒级配和
粗细程度。应选择颗粒级配好、粗细程度均匀的砂。

砂的颗粒级配和粗细程度，用筛分析的方法进行测定。用级配区表示砂的颗粒级配，
用细度模数（M_X）表示砂的粗细。筛分析的方法，是用一套孔径（净尺寸）为 4.75mm、
2.36mm、1.18mm、0.60mm、0.30mm 及 0.15mm 的标准筛，将 500g 质量的干砂试样
由粗到细依次过筛，然后称量余留在各个筛上的砂的质量，并计算出各筛上的分计筛余百
分率 α_1、α_2、α_3、α_4、α_5、α_6（各筛上的筛余量占砂样总量的百分率）及累计筛余百分率
A_1、A_2、A_3、A_4、A_5 和 A_6（各个筛和比该筛粗的所有分计筛余百分率的和）。累计筛余
率与分计筛余率的关系见表 10-3。

根据下列公式计算砂的细度模数 M_X：

$$M_X = \frac{(A_2 + A_3 + A_4 + A_5 + A_6) - 5A_1}{100 - A_1} \qquad (10-1)$$

细度模数（M_X）越大，表示砂越粗，建筑用砂的规格按细度模数划分，M_X 在 3.7～
3.1 为粗砂，M_X 在 3.0～2.3 为中砂，M_X 在 2.2～1.6 为细砂。混凝土用砂以中砂为好。

根据 0.60mm 筛孔的累计筛余量，分成 3 个级配区（表 10-4），混凝土用砂的颗粒

级配，应处于表 10-4 中的任何一个级配区以内。但砂的实际筛余率，除 4.75mm 和 0.60mm 筛号外，允许稍有超出，但其总量不应大于 5%。

表 10-3　　　　　　　　　　　　　累计筛余率与分计筛余率的关系

筛孔尺寸 /mm	分计筛余率 /%	累计筛余率 /%	筛孔尺寸 /mm	分计筛余率 /%	累计筛余率 /%
4.75	α_1	$A_1 = \alpha_1$	0.60	α_4	$A_4 = \alpha_1 + \alpha_2 + \alpha_3 + \alpha_4$
2.36	α_2	$A_2 = \alpha_1 + \alpha_2$	0.30	α_5	$A_5 = \alpha_1 + \alpha_2 + \alpha_3 + \alpha_4 + \alpha_5$
1.18	α_3	$A_3 = \alpha_1 + \alpha_2 + \alpha_3$	0.15	α_6	$A_6 = \alpha_1 + \alpha_2 + \alpha_3 + \alpha_4 + \alpha_5 + \alpha_6$

表 10-4　　　　　　　　　　　　　　砂 级 配 区 的 规 定

筛孔尺寸/mm	级 配 区		
	Ⅰ区	Ⅱ区	Ⅲ区
	累计筛余率（按重量计）/%		
9.50（圆孔）	0	0	0
4.75（圆孔）	10~0	10~0	10~0
2.36（圆孔）	35~5	25~0	15~0
1.18（方孔）	65~35	50~10	25~0
0.60（方孔）	85~71	70~41	40~16
0.30（方孔）	95~80	92~70	85~55
0.15（方孔）	100~90	100~90	100~90

注　1. 砂的实际颗粒级配与表中所列数字相比，除 4.75mm 和 0.6mm 筛号外，可以略有超出，但是超出总量应小于 5%。

　　2. Ⅰ区人工砂中 0.15mm 筛孔的累计筛余率可以放宽到 100%~85%。

　　3. Ⅱ区人工砂中 0.15mm 筛孔的累计筛余率可以放宽到 100%~80%。

　　4. Ⅲ区人工砂中 0.15 筛孔的累计筛余率可以放宽到 100%~75%。

　　为便于应用，可将表 10-4 中的数据，绘制成砂级配曲线图，即以累计筛余百分率为纵坐标，以筛孔尺寸为横坐标，画出砂的Ⅰ~Ⅲ区级配曲线，如图 10-1 所示。使用时，将砂子

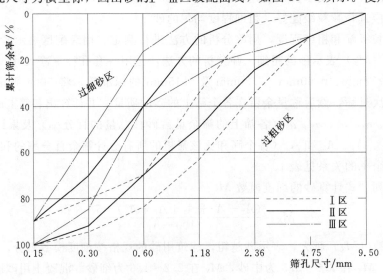

图 10-1　砂的Ⅰ~Ⅲ区级配曲线

筛分试验测算的各累计筛余百分率点绘到图 10-1 中，并连成曲线，然后观察此筛分结果的曲线，只要曲线落在 3 个区的任何一个区内，判断砂子级配合格。

一般处于Ⅲ区的砂较粗，属于粗砂，其保水性较差，应适当提高砂率，并保证足够的水泥用量以满足混凝土的和易性；Ⅰ区砂细颗粒多，配制混凝土的黏聚性、保水性易满足，但混凝土干缩性大，容易产生微裂缝，宜适当降低砂率；Ⅱ区砂粗细适中，级配良好，拌制混凝土时宜优先选用。如果砂的自然级配不符合要求，应采用人工级配的方法来改善。最简单的措施是将粗、细砂按适当比例进行掺配。

【例 10-1】　某工地取得干砂样 500g，筛分析试验结果见表 10-5。试分析该砂级配情况并计算细度模数 M_X。

表 10-5　　　　　　　　　　　　　砂 样 筛 分 表

筛孔尺寸/mm	9.5	4.75	2.36	1.18	0.6	0.3	0.15	<0.15
筛余量/g	0	30	60	70	140	120	70	10

【解】　计算出各个筛孔的累计筛余百分率，见表 10-6。

表 10-6　　　　　　　　　　　　砂样筛分计算结果

筛孔尺寸/mm	筛余量/g	分计筛余百分率/%	累计筛余百分率/%	筛孔尺寸/mm	筛余量/g	分计筛余百分率/%	累计筛余百分率/%
9.5	0	0	0	0.6	140	28	60
4.75	30	6	6	0.3	120	24	84
2.36	60	12	18	0.15	70	14	98
1.18	70	14	32	<0.15	10	2	100

$$M_X = \frac{A_2+A_3+A_4+A_5+A_6-5A_1}{100-A_1} = \frac{18+32+60+84+98-5\times6}{100-6} = 2.79$$

结论：此砂属中砂，对比表 10-4 可知，此砂属于Ⅱ区砂，级配合格。

砂的物理性质如下。

（1）表观密度、堆积密度和空隙率。建筑用砂应满足表观密度大于 2500kg/m³；松散堆积密度大于 1350kg/m³；空隙率小于 47%。

（2）砂的含水状态。砂的含水状态分干燥、气干、饱和面干及湿润状态。水工混凝土多按饱和面干状态砂作为基准状态设计配合比。工业与民用建筑中则习惯用干燥状态的砂（含水率小于 0.5%）及石子（含水率小于 0.2%）来设计配合比。

（三）粗集料（石子）

混凝土中的粗集料是指粒径大于 4.75mm 的岩石颗粒。粗集料是组成混凝土骨架的主要组分，其质量对混凝土工作性、强度及耐久性等有直接影响。因此，粗集料除应满足集料的一般要求外，还应对其颗粒形状、表面状态、强度、粒径及颗粒级配有一定的要求。

常用的粗集料有碎石和卵石。卵石表面光滑，棱角少，空隙率及表面积小，拌制的混凝土水泥浆用量少，和易性较好，但与水泥石胶结力差。在相同条件下，卵石混凝土的强度较碎石混凝土低。碎石表面粗糙，棱角多，较洁净，与水泥浆黏结比较牢固。

根据《建筑用卵石、碎石》（GB/T 14685—2001）规定，按卵石、碎石技术要求，石子分为三类：Ⅰ类宜用于强度等级大于 C60 的混凝土；Ⅱ类宜用于强度等级为 C30～C60 及有抗冻、抗渗或其他要求的混凝土；Ⅲ类宜用于强度等级小于 C30 的混凝土。建筑用卵石、碎石技术要求有如下几项。

1. 最大粒径及颗粒级配

（1）最大粒径。粗集料中公称粒级的上限称为该粒级的最大粒径。当粗集料粒径增大时，其表面积随之减少。因此，保证一定厚度润滑层所需的水泥浆的数量也相应减少。由试验研究证明，最佳的最大粒径取决于混凝土的水泥用量。当最大粒径小于 150mm 时，最大粒径增大，水泥用量明显减少；但当最大粒径大于 150mm 时，对节约水泥并不明显。因此，在大体积混凝土中，条件许可时，应尽量采用较大粒径。在水利、水港等大型工程中最大粒径常采用 120mm 或 150mm。集料最大粒径还受结构形式和配筋疏密限制，根据《混凝土结构工程施工质量验收规范》（GB 50204—2015）的规定，混凝土粗集料的最大粒径不得超过结构截面最小尺寸的 1/4，且不得大于钢筋间最小净间距的 3/4。对于混凝土实心板，集料的最大粒径不宜超过板厚的 1/3，且不得超过 40mm。

（2）颗粒级配。粗集料的颗粒级配对混凝土的影响与细集料相同，且其影响程度更大。良好的粗集料对提高混凝土强度、耐久性、节约水泥用量是极为有利的。

粗集料的颗粒级配如图 10-2 所示，与细集料的颗粒级配原理相同。取一套孔径为 2.36mm、4.75mm、9.50mm、16.0mm、19.0mm、26.5mm、31.5mm、37.5mm、53.0mm、63.0mm、75.0mm 及 90mm 的标准方孔筛进行试验，按各筛上的累计筛余百分率划分即可。

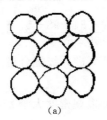 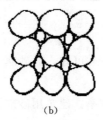 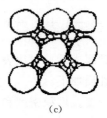

(a)　　　　　　　(b)　　　　　　　(c)

图 10-2　骨料的颗粒级配

水工混凝土所用粗集料粒径大、用量多，为获得级配良好的粗集料，同时为避免堆放、运输石子时产生分离，常常将石子筛分为若干单粒级，分别堆放，常分为 4 级，即 5～20mm（小石）、20～40mm（中石）、40～80mm（大石）、80～120（或 150）mm（特大石）。根据建筑物结构情况及施工条件，确定最大粒径后，在混凝土拌和时再选择采用一级、二级、三级或四级的石子配合使用。若石子最大粒径为 20mm，采用一级配，即只用小石一级；最大粒径为 40mm，采用二级配，即用小石与中石两粒级组合；最大粒径为 80mm，采用三级配，即用小石、中石、大石三粒级组合；最大粒径为 120（或 150）mm，采用四级配，即用小石、中石、大石、特大石四粒级组合。各级石子的配合比例，需通过试验来确定最佳的比例，其原理为空隙率达到最小或堆密度最大且满足混凝土拌和物和易性要求。

在实际工程中，必须将试验选定的最优级配与料场中天然级配结合起来考虑，要进行调整与平衡计算，以减少集料生产中的弃料。

施工现场的分级石子中往往存在超、逊径现象。超（逊）径是指在某一级石子中混有大于（小于）这一级粒径的石子。规范规定，以原孔筛检验，超径量应小于5%，逊径量应小于10%；以超逊径筛检验，超径为零，逊径量小于2%。若不符合要求，要进行二次筛分或调整集料级配。

《建筑用卵石、碎石》（GB/T 14685—2011）规定，粗集料级配应符合表10-7的要求。

表 10-7　　　　　　碎石或卵石的颗粒级配范围（按质量计累计筛余率）　　　　　　%

公称粒级 /mm		方筛孔/mm											
		2.36	4.75	9.50	16.0	19.0	26.5	31.5	37.5	53.0	63.0	75.0	90.0
连续粒级	5～16	95～100	85～100	30～60	0～10	0							
	5～20	95～100	90～100	40～80	—	0～10	0						
	5～25	95～100	90～100	—	30～70	—	0～5	0					
	5～31.5	95～100	90～100	70～90	—	15～45		0～5	0				
	5～40	—	95～100	70～90	—	30～65	—	—	0～5	0			
单粒粒级	5～10	95～100	80～100	0～15	0								
	10～16		95～100	80～100	0～15								
	10～20		95～100	85～100		0～15	0						
	16～25			95～100	55～70	25～40	0～10						
	16～31.5		95～100		85～100			0～10	0				
	20～40			95～100		80～100			0～10	0			
	40～80					95～100			70～100		30～60	0～10	0

2. 强度及坚固性

为保证混凝土的强度要求，粗集料都必须质地致密、具有足够的强度。碎石或卵石的强度，用岩石立方体强度和压碎指标两种方法表示。在选择采石场或对粗集料强度有严格要求或对质量有争议时，宜用岩石立方体强度做检验。对经常性的生产质量控制则用压碎指标值检验较为简便。

岩石立方体强度是将岩石制成 50mm×50mm×50mm 的立方体（或直径与高均为 50mm 的圆柱体）试件，在水饱和状态下，测其抗压强度（MPa），火成岩试件的强度应不小于 80MPa，变质岩应不小于 60MPa，水成岩应不小于 30MPa。

石子压碎指标的测定，可以间接推测其相应强度，评定石子的质量。压碎指标是将一定质量气干状态下 9.5～19.0mm 的石子装入一定规格的圆筒内，在压力机上以 1kN/s 的速度均匀施加荷载到 200kN 并稳定 5s，卸荷后称取试样质量（m_0），再用孔径为 2.36mm 的筛筛除被压碎的细粒，称取试样的筛余量（m_1）。

压碎指标为

$$Q_a = \frac{m_0 - m_1}{m_0} \times 100\%$$ (10-2)

式中　m_0——试样的质量，g；

　　　m_1——压碎试验后筛余的试样质量，g。

压碎指标表示石子抵抗压碎的能力，混凝土用碎石或卵石的压碎指标值越小，表示石子抵抗破碎的能力越强。压碎指标应符合表10-8的规定。

表 10-8　　　　　　　　碎石、卵石压碎指标值

项　　目	Ⅰ类	Ⅱ类	Ⅲ类
碎石压碎指标/%，≤	10	20	30
卵石压碎指标/%，≤	12	14	16

粗集料的坚固性是反映碎石或卵石在自然风化和其他外界物理、化学因素作用下抵抗碎裂的能力，采用硫酸钠溶液法进行检验。按《建筑用卵石、碎石》（GB/T 14685—2011）的技术要求，石子样品在硫酸钠饱和溶液中经5次循环浸渍后，其质量损失应符合表10-9的规定。

表 10-9　　　　　　　　碎石或卵石的坚固性指标

项　　目	指标		
	Ⅰ类	Ⅱ类	Ⅲ类
质量损失/%，≤	5	8	12

3. 针片状颗粒含量

凡石子长度大于该颗粒所属粒级的平均粒径的2.4倍者为针状颗粒，厚度小于平均粒径0.4倍者为片状颗粒。平均粒径指该粒级上、下限粒径尺寸的平均值。针片状颗粒易折断，还会使石子的空隙率增大，对混凝土的和易性及强度影响很大，其含量的限制指标见表10-10。

表 10-10　　　　　　　　碎石或卵石的针片状颗粒含量

项　　目	指标		
	Ⅰ类	Ⅱ类	Ⅲ类
针片状颗粒（按质量计）/%，≤	5	10	15

4. 有害物质

为保证混凝土的强度及耐久性，对石子中的含泥量、泥块含量、硫化物及硫酸盐含量、有机质含量等必须认真检验，不得大于表10-11所列指标。重要工程所用石子，应进行碱活性检验。

表 10-11　　　　　　　　碎石和卵石技术要求

项　　目	技 术 要 求		
	Ⅰ类	Ⅱ类	Ⅲ类
碎石压碎指标/%，≤	10	20	30
卵石压碎指标/%，≤	12	14	16

续表

项 目	技 术 要 求		
	Ⅰ类	Ⅱ类	Ⅲ类
含泥量按质量计/%，≤	0.5	1.0	1.5
泥块含量按质量计/%，≤	0	0.2	0.5
硫化物和硫酸盐含量（折算为 SO_3，按质量计）/%	0.5	1.0	1.0
有机质含量	合格	合格	合格
坚固性（质量损失）/%，≤	5	8	12
岩石抗压强度/MPa	饱和水状态下，火成岩应不小于 80；变质岩应不小于 60；水成岩应不小于 30		

5. 含泥量和泥块含量

含泥量是指石子中粒径小于 $75\mu m$ 的颗粒含量；泥块含量是指石子中粒径大于 4.75mm，经水洗手捏后变成小于 2.36mm 的颗粒含量。

6. 表观密度、堆积密度、空隙率

表观密度、堆积密度、空隙率应符合以下规定：表观密度大于 $2500kg/m^3$，松散堆积密度大于 $1350kg/m^3$，空隙率小于 47%。

7. 碱集料反应

它指水泥、外加剂等混凝土构成物及环境中的碱与集料中碱活性矿物在潮湿环境下缓慢发生并导致混凝土开裂破坏的膨胀反应。由石子制备的试件无裂缝、酥裂、胶体外溢等现象，且在规定的试验龄期的膨胀率小于 0.10% 时，碱集料反应合格。

（四）混凝土拌和及养护用水

对混凝土用水的质量要求是：不影响混凝土的凝结和硬化；无损于混凝土强度发展及耐久性；不加快钢筋锈蚀；不引起预应力钢筋脆断；不污染混凝土表面。因此《混凝土拌合用水标准》（JGJ 63—2006）对混凝土用水提出了具体的质量要求。混凝土用水中各物质含量限值见表 10-12。

表 10-12　　　　　　　水 中 物 质 含 量 限 值

项 目	预应力混凝土	钢筋混凝土	素混凝土
pH 值，≥	5.0	4.5	4.5
不溶物/(mg/L)，≤	2000	2000	5000
可溶物/(mg/L)，≤	2000	5000	10000
氯化物（以 Cl^- 计）/(mg/L)，≤	500	1000	3500
硫酸盐（以 SO_4^{2-} 计）/(mg/L)，≤	600	2000	2700
碱含量/(mg/L)，≤	1500	1500	1500

注　碱含量按 $Na_2O+0.658K_2O$ 计算值来表示；采用非碱活性骨料时，可不检验碱含量。

混凝土用水，按水源可分为饮用水、地表水、地下水和海水，以及经适当处理或处置过的工业废水，拌制和养护混凝土，宜采用饮用水，地表水和地下水常溶有较多的有机质和矿物盐类，必须按标准规定检验合格后方可使用。海水中含有较多的硫酸盐和氯盐，影响混凝土的耐久性和加速混凝土中钢筋的锈蚀，因此对于钢筋混凝土和预应力混凝土结构，不得采用海水拌制；对有饰面要求的混凝土，也不得采用海水拌制，以免因表面产生盐析而影响装饰效果。工业废水经检验合格后，方可用于拌制混凝土。生活污水的水质比较复杂，不能用于拌制混凝土。

对水质有怀疑时，应将待检水与蒸馏水分别做水泥凝结时间和砂浆或混凝土强度对比试验。对比试验测得水泥初凝时间差、终凝时间差均不大于 30min，且其初凝时间和终凝时间应符合水泥国家标准凝结时间的规定。用待检验水配制的水泥砂浆或混凝土的 28 天抗压强度不得低于用蒸馏水配制的对比砂浆或混凝土强度的 90%。

（五）混凝土外加剂

混凝土外加剂（以下简称外加剂）是一种在混凝土搅拌之前或拌制过程中加入的、用以改善新拌混凝土和（或）硬化混凝土性能的材料。

混凝土外加剂的使用是混凝土技术的重大突破，外加剂的掺量虽然很少，却能显著改善混凝土的某些性能。在混凝土中应用外加剂具有投资少、见效快、技术经济效益显著的特点。随着科学技术的不断进步，外加剂使用越来越多，现今外加剂已成为混凝土除 4 种基本组分以外的第 5 种重要组分。

根据《混凝土外加剂的分类、命名与定义》（GB 8075—2005），混凝土外加剂按其主要功能可分为 4 类：

（1）改善混凝土拌和物流变性能的外加剂，包括各种减水剂和泵送剂等。

（2）调节混凝土凝结时间、硬化性能的外加剂，包括缓凝剂、促凝剂和速凝剂等。

（3）改善混凝土耐久性的外加剂，包括引气剂、防水剂、阻锈剂和矿物外加剂等。

（4）改善混凝土其他性能的外加剂，包括膨胀剂、防冻剂、着色剂等。

外加剂掺入混凝土拌和物中的方法不同，其效果也不同。

（1）先掺法。它是将粗细集料、外加剂与水泥混合，然后加水搅拌。其优点是使用方便，省去了减水剂溶解、储存、冬季施工的防冻等工序和设施；缺点是塑化效果较差，特别是粉状减水剂受潮易结块或者有较大颗粒不易分散拌匀，直接影响使用效果。

（2）同掺法。它是将外加剂溶解成一定浓度的溶液，搅拌时同粗、细集料、水泥和水一起加入搅拌。同掺法的优点是，与先掺法相比，容易搅拌均匀；与滞水法相比，搅拌时间短，搅拌机生产效率高；另外由于稀释为溶液，对计量和自动化控制比较方便。同掺法的缺点是增加了外加剂的溶解、储存、冬季防冻保温等措施。外加剂中不溶物或溶解度较小的物质易沉淀，造成溶液浓度的差异，因此在使用中应注意充分溶解与搅拌，防止沉淀，随拌随用。

（3）滞水法。它是在搅拌过程中减水剂滞后于加水 1~3min（当以溶液加入时称为溶液滞水法；以干粉加入时称为干粉滞水法）。其优点是能提高高效外加剂在某些水泥中的使用效果，可提高流动性、减水率、强度和节约更多的水泥，减少外加剂的掺量，提高外加剂对水泥的适应性；缺点是搅拌时间延长、搅拌机生产效率降低。

（4）后掺法。外加剂不在搅拌时加入，而是在运输途中或在施工现场分几次或一次加入，再经继续或两次、多次搅拌，成为混凝土拌和物。其优点是可减少、抑制混凝土在长距离运输过程中的分层离析和坍落度损失，可提高混凝土拌和物的流动性、减水率、强度和降低外加剂掺量、节约水泥等，并可提高外加剂对水泥的适应性；缺点是需要设置运输车辆及增加搅拌次数，延续搅拌时间。

混凝土外加剂虽然具有改善混凝土的性能、节约水泥用量等特点，但其使用方法和掺量有严格的规定，如不按规定施工，后果是严重的。

（六）混凝土的掺合料（外掺料）

为了节约水泥，改善混凝土性能，在普通混凝土中可掺入一些矿物粉末，称为掺合料，常用的有粉煤灰、硅粉等。

1. 粉煤灰

粉煤灰掺入混凝土时，粉煤灰具有火山灰活性作用，它吸收氢氧化钙后生成水化硅酸钙凝胶，成为胶凝材料的一部分；微珠球状颗粒，具有增大混凝土拌和物流动性、减少泌水、改善混凝土和易性的作用。粉煤灰水化反应很慢，它在混凝土中长期以固体颗粒形态存在，具有填充集料空隙的作用，可提高混凝土密实性。粉煤灰可代替部分水泥，成本低廉，可获得显著的经济效益。

混凝土中掺入粉煤灰时，常与减水剂、引气剂或阻锈剂同时掺用，称为双掺技术。减水剂可以克服某些粉煤灰增大混凝土需水量的缺点；引气剂可以解决粉煤灰混凝土抗冻性能较低的问题；阻锈剂可以改善粉煤灰混凝土抗碳化性能，防止钢筋锈蚀。

2. 硅粉（硅灰）

硅粉也称硅灰，是从冶炼硅铁和其他硅金属工厂的废烟气中回收的副产品。硅粉呈灰白色，颗粒极细，是水泥粒径的 $1/50 \sim 1/100$，比表面积为 $20 \sim 25 \mathrm{m^2/g}$。主要成分为 SiO_2，活性很高，是一种新型改善混凝土性能的掺合料。

硅粉掺入混凝土中，可以改善混凝土拌和物和易性，配制高强混凝土，改善混凝土的孔隙结构，提高耐久性。硅粉混凝土的抗冲磨性随硅粉掺量的增加而提高，硅粉混凝土抗侵蚀性较好。

硅粉掺入混凝土的方法，有内掺法（取代等质量水泥）、外掺法（水泥用量不变）及硅粉和粉煤灰共掺法等多种。无论采用哪种掺法，都必须同时掺入适量高效减水剂，以使硅粉在水泥浆体内充分分散。

第二节　混凝土主要技术性质

混凝土在未凝结硬化以前，称为混凝土拌和物。混凝土拌和物必须具有良好的和易性，便于施工，以保证能获得良好的浇筑质量，拌和物凝结硬化以后应具有足够的强度，以保证建筑物能安全地承受设计荷载，并应具有与所处环境相适应的耐久性。

一、混凝土拌和物的和易性

拌和好的混凝土必须满足其性能要求，目前评定混凝土拌和物的性能指标主要是和易性。

（一）和易性的概念

和易性是指混凝土拌和物易于施工操作（拌和、运输、浇筑、捣实）并能获得质量均匀、成型密实的性能。和易性是一项综合的技术性质，包括流动性、黏聚性和保水性等3个方面的含义。

（1）流动性。它是指混凝土拌和物在本身自重或施工机械振捣的作用下，能产生流动，并均匀密实地填满模板的性能。其大小直接影响施工时振捣的难易和成型的质量。

（2）黏聚性。它是指混凝土拌和物在施工过程中其组成材料之间有一定的黏聚力，不致产生分层和离析的现象。它反映了混凝土拌和物保持整体均匀性的能力。

（3）保水性。它是指混凝土拌和物在施工过程中，保持水分不易析出、不致产生严重泌水现象的能力。有泌水现象的混凝土拌和物，分泌出来的水分易形成透水的开口连通孔隙，影响混凝土的密实性而降低混凝土的质量。

混凝土拌和物的流动性、黏聚性和保水性之间是互相联系、互相矛盾的。和易性就是这3个方面性质在某种具体条件下矛盾统一的概念。

（二）和易性的测定及指标选择

1. 和易性测定

目前，尚没有能够全面反映混凝土拌和物和易性的测定方法。在工地和实验室，通常是测定拌和物的流动性，同时辅以直观经验评定黏聚性和保水性，来评价和易性。对塑性和流动性混凝土拌和物，用坍落度测定；对干硬性混凝土拌和物，用维勃稠度测定。

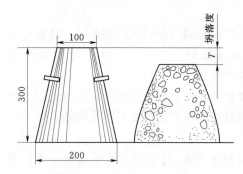

图 10-3　坍落度测定示意图

（1）坍落度。

坍落度测定方法是将被测的混凝土拌和物按规定方法装入高为 300mm 的标准截圆锥筒（称坍落筒）内，分层插实，装满刮平，垂直向上提起坍落筒，拌和物因自重而下落，其下落的距离以 mm 为单位（精确至 5mm），即为该拌和物的坍落度，以 T 表示（图 10-3）。

当坍落度值大于 220mm 时，坍落度已经不能很好地反映混凝土拌和物的和易性，此时实验室往往测定其坍落扩散度。坍落扩散度是测量混凝土扩散后最终的最大直径和最小直径，最大直径和最小直径的差值不超过 50mm 时，用其算术平均值作为坍落扩散度数值。

坍落度越大，混凝土拌和物流动性越大。根据坍落度的大小将混凝土拌和物分为低塑性混凝土（$T=10\sim40mm$）、塑性混凝土（$T=50\sim90mm$）、流动性混凝土（$T=100\sim150mm$）、大流动性混凝土（$T=160\sim190mm$）和流态混凝土（$T=200\sim220mm$）等5种级别。

（2）维勃稠度（VB 稠度值）。

对于干硬或较干稠的混凝土拌和物（$T<10mm$），坍落度试验测不出拌和物稠度变化情况，宜用维勃稠度测定其和易性。

维勃稠度测定仪（简称维勃计）是瑞士 V. 勃纳（Bahrner）提出的测定混凝土拌和物稠度的方法，国际标准化协会推荐，我国将其定为测定混凝土拌和物干硬性的试验方法。

试验采用图 10-4 所示装置，将坍落筒置于容器之内，并固定在规定的振动台上。先在坍落筒内填满混凝土，抽出坍落筒。然后，将附有滑杆的透明圆板放在混凝土顶部，开动马达振动至圆板的全部面积与混凝土接触时为止。测定所经过的时间（s）作为拌和物的稠度值，称为维勃稠度值。维勃稠度值越大，混凝土拌和物越干稠。这种方法适用于集料粒径不大于 40mm、维勃稠度在 5～30s 之间的拌和物稠度的测定。

混凝土按维勃稠度值大小可分四级：超干硬性（VB≥31s）；特干硬性（VB＝30～21s）；干硬性（VB＝20～11s）；半干硬性（VB＝10～5s）。

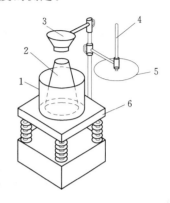

黏聚性的检查方法是用捣棒在已坍落的混凝土锥体侧面轻轻敲打。如果锥体逐渐下沉，则表示黏聚性良好，如果锥体倒坍、部分崩裂或出现离析现象，则表示黏聚性不好。

保水性以混凝土拌和物中稀浆析出的程度来评定，坍落筒提起后如有较多的稀浆从底部析出，锥体部分的混凝土也因失浆而集料外露，则表明此混凝土拌和物的保水性能不好。如坍落筒提起后无稀浆或仅有少量稀浆自底部析出，则表示此混凝土拌和物保水性良好。

图 10-4　维勃稠度测定示意图
1—圆柱形容器；2—坍落筒；3—漏斗；4—测杆；5—透明圆盘；6—振动台

2. 坍落度的调整

（1）在按初步配合比计算好试拌材料的同时，内外还须备好两份为调整坍落度用的水泥和水。备用水泥和水的比例符合原定水灰比，其用量可为原计算用量的 5％和 10％。

（2）当测得的坍落度小于规定要求时，可掺入备用的水泥或水，掺量可根据坍落度相差的大小确定；当坍落度过大，黏聚性和保水性较差时，可保持砂率一定，适当增加砂和石子的用量。如保水性较差，可适当增大砂率，即其他材料不变，适当增加砂的用量。

3. 流动性（坍落度）的选择

正确选择混凝土拌和物的流动性（坍落度），对于保证混凝土质量及节约水泥有着重要意义。坍落度的选择要根据构件截面的大小、钢筋间距、运输距离和方式、浇筑方法以及环境等条件来确定。当构件截面尺寸较小或钢筋较密，或采用人工插捣时，坍落度可选择大些；反之，如构件截面尺寸较大，或钢筋较疏，或采用振动器振捣时，坍落度可选择小些。

《水工混凝土施工规范》（SL 677—2014）中，混凝土浇筑时的坍落度见表 10-13。

表 10-13　　　　混凝土浇筑时的坍落度　　　　单位：mm

混凝土类别	坍落度	混凝土类别	坍落度
素混凝土	10～40	配筋率超过 1％的钢筋混凝土	50～90
配筋率不超过 1％的钢筋混凝土	30～60	泵送混凝土	140～220

注　表中系指采用机械振捣的坍落度，采用人工振捣时可适当增大。有温控要求或高、低温季节浇筑混凝土时，混凝土的坍落度可根据具体情况酌量增减。

（三）影响和易性的主要因素

1. 水泥品种及水泥浆的数量

不同品种的水泥需水量不同，因此相同配合比时拌和物的稠度也有所不同。需水量大的拌和物的坍落度较小，一般采用火山灰水泥、矿渣水泥时，拌和物的坍落度较普通水泥时小些。

混凝土拌和物中水泥浆的多少也直接影响混凝土拌和物流动性的大小。在水胶比不变的条件下，单位体积拌和物中，水泥浆越多，拌和物的流动性越大。但若水泥浆过多，将会出现流浆现象，使拌和物的黏聚性变差，对混凝土的强度与耐久性会产生一定影响，且水泥用量也大，不经济；水泥浆过少，则不能填满集料空隙或不能很好地包裹集料表面，不易成型。因此，混凝土拌和物中水泥浆的含量应以满足流动性要求为准。

2. 水胶比

水胶比是水与水泥和其他掺料（如粉煤灰等）混合物的质量之比。在水泥用量不变的情况下，水胶比越小，则水泥浆越稠，混凝土拌和物的流动性越小。当水胶比过小时，会使施工困难，不能保证混凝土的密实性。增加水胶比会使流动性加大，但水胶比过大，又会造成混凝土拌和物的黏聚性和保水性不良，产生泌水、离析现象，并严重影响混凝土的强度及耐久性。所以水胶比不能过大或过小。水胶比应根据混凝土强度和耐久性要求，通过混凝土配合比设计确定。

无论是水泥浆的多少，还是水泥浆的稀稠，对混凝土拌和物流动性起决定作用的是用水量的大小。

3. 砂率

砂率是指混凝土拌和物内，砂的质量占砂、石总质量的百分数。单位体积混凝土中，在水泥浆量一定的条件下，砂率过小，则砂浆数量不足以填满石子的空隙体积，而且不能形成足够的砂浆层以包裹石子表面，这样，不仅拌和物的流动性小，而且黏聚性及保水性均较差，产生离析、流浆现象。若砂率过大，集料的总表面积及空隙率增大，包裹砂子表面的水泥浆层相对减薄，甚至水泥浆不足以包裹所有砂粒，使砂浆干涩，拌和物的流动性随之减小。砂率对坍落度的影响如图 10-5 所示。因此，砂率不能过小也不能过大，应选取最优砂率，即在水泥用量和水胶比不变的条件下，拌和物的黏聚性、保水性符合要求，同时流动性最大的砂率。同理，在水胶比和坍落度不变的条件下，水泥用量最小的砂率也是最优砂率。为了节约水泥，在工程中常采用最优砂率。

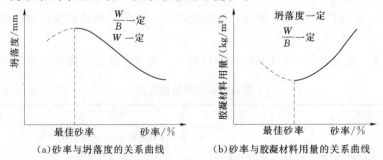

（a）砂率与坍落度的关系曲线　（b）砂率与胶凝材料用量的关系曲线

图 10-5　砂率与坍落度及胶凝材料用量的关系曲线

W—拌和水用量，kg；B—胶凝材料用量，kg；$\dfrac{W}{B}$—水胶比

4. 原材料品种及性质

水泥的品种、颗粒细度，集料的颗粒形状、表面特征、级配、外加剂等对混凝土拌和物和易性都有影响。采用矿渣水泥拌制的混凝土流动性比普通水泥拌制的混凝土流动性小，且保水性差；水泥颗粒越细，混凝土流动性越小，但黏聚性及保水性较好。卵石拌制的混凝土拌和物比碎石拌制的流动性好；河砂拌制的混凝土流动性好；级配好的集料，混凝土拌和物的流动性也好。加入减水剂和引气剂可明显提高拌和物的流动性；引气剂能有效地改善拌和物的保水性和黏聚性。

5. 时间和温度

拌和后的混凝土拌和物，随时间的延长和水分的减少而逐渐变得干稠，流动性减小。其原因是一部分水已与水泥水化，一部分水被骨料吸收，一部分水蒸发，以及混凝土凝聚结构的逐渐形成，致使混凝土拌和物的流动性变差。

6. 施工方面

混凝土拌制后，随时间的延长和水分的减少而逐渐变得干稠，流动性减小。施工中环境的温度、湿度变化，搅拌时间及运输距离的长短，称料设备、搅拌设备及振捣设备的性能等都会对混凝土和易性产生影响。因此，施工中为保证一定的和易性，必须注意环境温度的变化，采用相应的措施。

二、混凝土的强度

强度是混凝土最重要的力学性质，因为混凝土主要用于承受荷载或抵抗各种作用力。混凝土的强度包括抗压强度、抗拉强度、抗弯强度和抗剪强度以及与钢筋的黏结强度等，其中抗压强度最大，抗拉强度最小，故混凝土主要用来承受压力。

混凝土强度与混凝土的其他性能关系密切。一般来说，混凝土的强度越高，其刚性、不透水性、抵抗风化和某些介质侵蚀的能力也就越高，通常用混凝土强度来评定和控制混凝土的质量。

（一）混凝土的抗压强度

混凝土的抗压强度，是指其标准试件在压力作用下直到破坏时单位面积所能承受的最大应力。混凝土结构物常以抗压强度为主要参数进行设计，而且抗压强度与其他强度及变形有良好的相关性。因此，抗压强度常作为评定混凝土质量的指标，并作为确定强度等级的依据，在实际工程中提到的混凝土强度一般是指抗压强度。

1. 混凝土的立方体抗压强度与强度等级

按照国家标准《普通混凝土力学性能试验方法标准》（GB/T 50081—2002），制作边长为 150mm 的立方体试件，在标准养护条件［温度（20±2）℃、相对湿度在 95% 以上］下，养护至 28d 龄期，用标准试验方法测得的极限抗压强度，称为混凝土标准立方体抗压强度，以 f_{cu} 表示。

按《混凝土结构设计规范》（GB 50010—2010）的规定，在立方体极限抗压强度总体分布中，具有 95% 强度保证率的立方体试件抗压强度，称为混凝土立方体抗压强度标准值（以 MPa 即 N/mm^2 计），以 $f_{cu,k}$ 表示。立方体抗压强度标准值是按数据统计处理方法达到规定保证率的某一数值，它不同于立方体试件抗压强度。

混凝土强度等级是按混凝土立方体抗压强度标准值来划分的，采用符号 C 和立方体抗压强度标准值表示（混凝土的标准养护时间为 28d，若采用长龄期养护时，须在符号 C 右下角注明养护时间，如养护时间为 90d，强度 15MPa，则表示为 $C_{90}15$）。可分为 C7.5、C10、C15、C20、C25、C30、C35、C40、C45、C50、C55、C60 等 12 个等级。例如，强度等级为 C25 的混凝土，是指 $25MPa \leqslant f_{cu,k} < 30MPa$ 的混凝土。

测定混凝土立方体试件抗压强度，也可以按粗集料最大粒径的尺寸选用不同的试件尺寸。但在计算其抗压强度时，应乘以换算系数，以得到相当于标准试件的试验结果。选用边长为 100mm 的立方体试件，换算系数为 0.95；选用边长为 200mm 的立方体试件，换算系数为 1.05。

在实际混凝土工程中，为了说明某一工程中混凝土实际达到的强度，常把试块放在与该工程相同的环境下养护（简称同条件养护），按需的龄期进行测试，作为现场混凝土质量控制的依据。

2. 混凝土棱柱体（轴心）抗压强度

确定混凝土强度等级采用立方体试件，但是实际工程中钢筋混凝土构件型式极少是立方体的，大部分是棱柱体或圆柱体。为了使测得的混凝土强度接近于混凝土构件的实际情况，在钢筋混凝土结构计算中，计算轴心受压构件（如柱子、桁架的腹杆等）时，都采用混凝土的轴心抗压强度作为设计依据。

按棱柱体抗压强度的标准试验方法，制成边长为 150mm×150mm×300mm 的标准试件，在标准养护 28d 的条件下，测其抗压强度，即为棱柱体抗压强度（f_{ck}）。

通过试验分析，有

$$f_{ck} \approx 0.67 f_{cu,k}$$

3. 影响混凝土抗压强度的因素

硬化后的混凝土在未受到外力作用前，由于水泥水化造成的化学收缩和物理收缩引起浆体体积的变化，在粗骨料与砂浆界面上产生了分布极不均匀的拉应力，从而导致了界面上形成了许多微细的裂缝。另外，还因为混凝土成型后的泌水作用，某些上升的水分为粗骨料颗粒所阻止，因而聚集于粗骨料的下缘，混凝土硬化后就成为了界面裂缝，而此时当混凝土受力时，这些预存的界面裂缝就会逐渐扩大、延长并会合而连通起来，形成可见的裂缝，致使混凝土丧失连续性而遭到完全破坏。所以，影响混凝土强度的因素主要取决于水泥石的强度及其与骨料的黏结强度，另外还与材料之间的比例关系（水胶比、胶骨比、集料级配）、施工方法（拌和、运输、浇筑、养护）以及试验条件（龄期、试件形状与尺寸、试验方法、温度及湿度）等有关。

（1）水泥强度等级和水胶比。水泥强度的大小直接影响着混凝土强度的高低。在配合比相同的条件下，所用的水泥强度等级越高，配制的混凝土强度也越高。当用同一种水泥（品种及强度等级相同）时，混凝土的强度主要取决于水胶比。水胶比越大，混凝土强度越低，这是因为水泥与其他掺合料水化时所需的化学结合水一般只占水泥质量的 23% 左右，但在实际拌制混凝土时，为了获得必要的流动性，常需要加入较多的水（占水泥质量的 40%～70%）。多余的水分残留在混凝土中形成水泡，蒸发后形成气孔，使混凝土密实度降低，强度下降。水胶比大，则水泥浆稀，硬化后的水泥石与集料黏结力差，混凝土的强度也低。但是，如果水胶比过小，拌和物过于干硬，在一定的捣实成形条件下，无法保证浇筑质量，混凝土中将出现较多的蜂窝、孔洞，强度也将下降。试验证明，混凝土强度，随水胶比的增大而降低，成曲线关系，而混凝土强度和胶水比的关系则成直线关系，如图 10-6 所示。

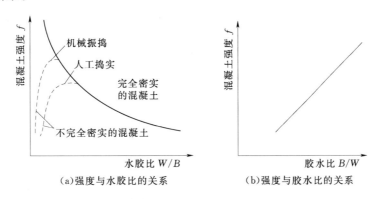

(a)强度与水胶比的关系　　　(b)强度与胶水比的关系

图 10-6　混凝土强度与水胶比及胶水比的关系

应用数理统计方法，水泥的强度、水胶比、混凝土强度之间的线性关系可用以下经验公式表示，即

$$f_{cu} = \alpha_a f_{ce}(B/W - \alpha_b) \tag{10-3}$$

式中　f_{cu}——混凝土强度（28 天），MPa；

　　　f_{ce}——水泥 28 天抗压强度实测值，MPa；

　α_a、α_b——回归系数，与集料品种、水泥品种等因素有关；

　　　B/W——胶水比。

一般水泥厂为了保证水泥的出厂强度等级，其实际抗压强度往往比其强度等级要高些。当无法取得水泥 28 天抗压强度实测值时，可用式（10-4）计算，即

$$f_{ce} = r_c f_{ce,k} \tag{10-4}$$

式中　$f_{ce,k}$——水泥强度等级值，MPa；

　　　r_c——水泥强度等级值的富余系数，可按实际统计资料确定，若无实际资料，则取 $r_c = 1.13$。

f_{ce} 值也可根据 3 天强度或快测强度推定 28 天强度关系式推定得出。

上面的经验公式，一般适用于流动性混凝土和低流动性混凝土，不适用于干硬性混凝土。对流动性混凝土而言，只有在原材料相同、工艺措施相同的条件下 α_a、α_b 才可视为常数。因此必须结合工地的具体条件，如施工方法及材料的质量等，进行不同水灰比的混凝土强度试验，求出符合当地实际情况的 α_a、α_b 系数，这样既能保证混凝土的质量，又能取得较高的经济效果。若无试验条件，可按《普通混凝土配合比设计技术规程》（JGJ 55—2011）提供的经验数值：采用碎石时，$\alpha_a = 0.46$、$\alpha_b = 0.07$；采用卵石时，$\alpha_a = 0.48$、$\alpha_b = 0.33$。

强度公式可解决两个问题：一是混凝土配合比设计时，估算应采用的 W/B 值；二是混凝土质量控制过程中，估算混凝土 28 天可以达到的抗压强度。

（2）集料的种类与级配。集料中有害杂质过多且品质低劣时，将降低混凝土的强度。集料表面粗糙，则与水泥石黏结力较大，混凝土强度高。集料级配良好、砂率适当，能组成密实的骨架，混凝土强度也较高。

（3）混凝土外加剂与掺合料。在混凝土中掺入早强剂可提高混凝土早期强度；掺入减水剂可提高混凝土强度；掺入一些掺合料可配制高强度混凝土。详细内容见混凝土外加剂及掺合料部分。

（4）养护温度和湿度。混凝土浇筑成型后，所处的环境温度和湿度对混凝土的强度影响很大。混凝土的硬化，在于水泥的水化作用，周围温度升高，水泥水化速度加快，混凝土强度发展也就加快；反之，温度降低时，水泥水化速度降低，混凝土强度发展将相应迟缓。当温度降至冰点以下时，混凝土的强度停止发展，并且由于孔隙内水分结冰而引起膨胀，使混凝土的内部结构遭受破坏。混凝土早期强度低，更容易冻坏。湿度适当时，水泥水化能顺利进行，混凝土强度得到充分发展。如果湿度不够，会影响水泥水化作用的正常进行，甚至停止水化。这不仅严重降低混凝土的强度，而且水化作用未能完成，使混凝土结构疏松，渗水性增大，或形成干缩裂缝，从而影响其耐久性。

因此，混凝土成形后一定时间内必须保持周围环境有一定的温度和湿度，使水泥充分水化，以保证获得较好质量的混凝土。

（5）硬化龄期。混凝土在正常养护条件下，其强度将随着龄期的增长而增长。最初7～14d内，强度增长较快，28d达到设计强度。以后增长缓慢，但若保持足够的温度和湿度，强度的增长将延续几十年。普通水泥制成的混凝土，在标准条件下，混凝土强度的发展大致与其龄期的对数成正比关系（龄期不小于3d），即

$$f_n = f_{28} \frac{\lg n}{\lg 28} \tag{10-5}$$

式中　　f_n——n（$n \geqslant 3$）天龄期混凝土的抗压强度，MPa；

f_{28}——28d龄期混凝土的抗压强度，MPa；

$\lg n$、$\lg 28$——n和28的常用对数。

根据上述经验公式可由已知龄期的混凝土强度，估算其他龄期的强度。

（6）施工工艺。混凝土的施工工艺包括配料、拌和、运输、浇筑、养护等工序，每一道工序对其质量都有影响。若配料不准确，误差过大；搅拌不均匀；拌和物运输过程中产生离析；振捣不密实；养护不充分等均会降低混凝土强度。因此，在施工过程中，一定要严格遵守施工规范，确保混凝土的强度。

（二）混凝土的抗拉强度

混凝土在直接受拉时，很小的变形就会开裂，它在断裂前没有残余变形，是一种脆性破坏。混凝土的抗拉强度一般为抗压强度的1/10～1/20。我国采用立方体（国际上多用圆柱体）的劈裂抗拉试验来测定混凝土的抗拉强度，称为劈裂抗拉强度 $f_{st}^{劈}$，劈裂抗拉强度 $f_{st}^{劈}$ 与抗压强度之间的关系可近似地表示为

$$f_{st}^{劈} = 0.23 f_{cu,k}^{2/3} \tag{10-6}$$

抗拉强度对于开裂现象有重要意义，在结构设计中抗拉强度是确定混凝土抗裂度的重要指标。对于某些工程（如混凝土路面、水槽、拱坝），在对混凝土提出抗压强度要求的

同时，还应提出抗拉强度要求。

三、混凝土的耐久性

硬化后的混凝土除了具有设计要求的强度外，还应具有与所处环境相适应的耐久性。混凝土的耐久性是一项综合素质，混凝土所处的条件不同，其耐久性的含义也不同，有时指单一性质，有时指多个性质。混凝土的耐久性通常包括抗渗性、抗冻性、抗磨性、抗侵蚀性等。

1. 混凝土的抗渗性

抗渗性是指混凝土抵抗压力水、油等液体渗透的性能。混凝土的抗渗性主要与其密实度及内部孔隙的大小和构造有关。

混凝土的抗渗性用抗渗等级（P）表示，即以 28d 龄期的标准试件，按标准试验方法进行试验时所能承受的最大水压力（MPa）来确定。混凝土的抗渗等级可划分为 P2、P4、P6、P8、P10、P12 等 6 个等级，相应表示混凝土抗渗试验时一组 6 个试件中 4 个试件未出现渗水时的最大水压力分别为 0.2MPa、0.4MPa、0.6MPa、0.8MPa、1.0MPa、1.2MPa。

提高混凝土抗渗性能的措施有：提高混凝土的密实度，改善孔隙构造，减少渗水通道；减小水灰比；掺加引气剂；选用适当品种的水泥；注意振捣密实、养护充分等。

水工混凝土的抗渗等级，应根据结构所承受的水压力大小和结构类型及运用条件来选用，见表 10-14。

表 10-14　　　　　　　　　混凝土抗渗等级最小允许值

结 构 类 型 及 运 用 条 件		抗渗等级
大体积混凝土结构的下游面外部或建筑物内部		P2
大体积混凝土结构的挡水面外部	$H<30m$	P4
	$H=30\sim70m$	P6
	$H=70\sim150m$	P8
	$H>150m$	P10
混凝土及钢筋混凝土结构构件（其背面能自由渗水者）	$i<10$	P4
	$i=10\sim30$	P6
	$i=30\sim50$	P8
	$i>50$	P10

注　1. 表中 H 为水头，i 为最大水力梯度。水力梯度系指水头与该处结构厚度的比值。
　　2. 当建筑物的表层设有专门可靠的防水层时，表中规定的抗渗等级可适当降低。
　　3. 承受侵蚀作用的建筑物，其抗渗等级不得低于 P4。
　　4. 埋置在地基中的混凝土及钢筋混凝土结构构件（如基础防渗墙等），可根据防渗要求参照表中第三项的规定选择其抗渗等级。
　　5. 对背水面能自由渗水的混凝土及钢筋混凝土结构构件，当水头小于 10m 时，其抗渗等级可根据表中第三项降低一级。
　　6. 对严寒、寒冷地区且水力梯度较大的结构，其抗渗等级应按表中的规定提高一个等级。

2. 混凝土的抗冻性

混凝土的抗冻性是指混凝土在饱和水状态下能经受多次冻融循环而不破坏，同时强度也不严重降低的性能。混凝土受冻后，混凝土中水分受冻结冰，体积膨胀，当膨胀力超过其抗拉强度时，混凝土将产生微细裂缝，反复冻融使裂缝不断扩展，混凝土强度降低甚至破坏，影响建筑物的安全。

混凝土的抗冻性以抗冻等级（F）表示。抗冻等级按 28d 龄期的试件用快冻试验方法测定，分为 F50、F100、F150、F200、F300、F400 等 6 个等级，相应表示混凝土抗冻性试验能经受 50、100、150、200、300、400 次的冻融循环。

影响混凝土抗冻性能的因素主要有水泥品种、强度等级、水胶比、集料的品质等。提高混凝土抗冻性的最主要措施是：提高混凝土密实度；减小水胶比；掺加外加剂；严格控制施工质量，注意捣实，加强养护等。

提高混凝土抗冻性的有效途径是掺入引气剂，在混凝土内部产生互不连通的微细气泡，不仅截断了渗水通道，使水分不易渗入，而且气泡有一定的适应变形能力，对冰冻的破坏有一定的缓冲作用。此外，可采用减少水胶比、提高水泥强度等级等措施。

混凝土抗冻等级应根据工程所处环境及工作条件，按有关规范来选择，见表 10－15。

表 10－15　　　　　　　　　　　　混 凝 土 抗 冻 等 级

气 候 分 区	严寒		寒冷		温和
年冻融循环次数/次	≥100	<100	≥100	<100	—
受冻后果严重且难以检修的部位： （1）水电站尾水部位、蓄能电站进出口的冬季水位变化区，闸门槽二期混凝土，轨道基础。 （2）冬季通航或受电站尾水位影响的不通航船闸的水位变化区。 （3）流速大于 25m/s、过冰、多沙或多推移质的溢洪道，或其他输水部位的过水面及二期混凝土。 （4）冬季有水的露天钢筋混凝土压力水管、渡槽、薄壁闸门井	F300	F300	F300	F200	F100
受冻后果严重但有检修条件的部位： （1）大体积混凝土结构上游面冬季水位变化区。 （2）水电站或船闸的尾水渠及引航道的挡墙、护坡。 （3）流速小于 25m/s 的溢洪道、输水洞、引水系统的过水面。 （4）易积雪、结霜或饱和的路面、平台栏杆、挑檐及竖井薄壁等构件	F300	F200	F200	F150	F50
受冻较重部位： （1）大体积混凝土结构外露的阴面部位。 （2）冬季有水或易长期积雪结冰的渠系建筑物	F200	F200	F150	F150	F50
受冻较轻部位： （1）大体积混凝土结构外露的阳面部位。 （2）冬季无水干燥的渠系建筑物。 （3）水下薄壁构件。 （4）流速大于 25m/s 的水下过水面	F200	F150	F100	F100	F50
水下、土中及大体积内部的混凝土	F50	F50	—	—	—

注　1. 气候分区划分标准为：严寒：最冷月平均气温低于 −10℃；寒冷：最冷月平均气温高于 −10℃，但低于 −3℃；温和：最冷月平均气温高于 −3℃。

　　2. 冬季水位变化区是指运行期可能遇到的冬季最低水位以下 0.5～1m 至冬季最高水位以上 1m（阳面）、2m（阴面）、4m（水电站尾水区）的部位。

　　3. 阳面指冬季大多为晴天，平均每天有 4h 阳光照射，不受山体或建筑物遮挡的表面；否则均按阴面考虑。

　　4. 最冷月平均气温低于 −25℃地区的混凝土抗冻等级应根据具体情况研究确定。

　　5. 在无抗冻要求的地区，混凝土抗冻等级也不宜低于 F50。

3. 混凝土的抗侵蚀性

混凝土在外界侵蚀性介质（软水，含酸、盐水等）作用下，结构受到破坏、强度降低的现象称为混凝土的侵蚀。混凝土侵蚀的原因主要是外界侵蚀性介质对水泥石中的某些成分（氢氧化钙、水化铝酸钙等）产生破坏作用所致。

4. 混凝土的抗磨性及抗气蚀性

磨损冲击与气蚀破坏，是水工建筑物常见的病害之一。当高速水流中挟带砂、石等磨损介质时，这种现象更为严重。因此，水利工程要有较高的抗磨性及抗气蚀性。

提高混凝土抗侵蚀性的主要途径是：选用坚硬耐磨的集料，选 C_3S 含量较多的高强度硅酸盐水泥，掺入适量的硅粉和高效减水剂以及适量的钢纤维；采用 C50 以上的混凝土；集料最大粒径不大于 20mm；改善建筑物的体型；控制和处理建筑物表面的不平整度等。

5. 混凝土的碳化

混凝土的碳化作用是空气中二氧化碳与水泥石中的氢氧化钙作用，生成碳酸钙和水。碳化过程是二氧化碳由表及里向混凝土内部逐渐扩散的过程。在硬化混凝土的孔隙中，充满了饱和氢氧化钙溶液，使钢筋表面产生一层难溶的三氧化二铁和四氧化三铁薄膜，它能防止钢筋锈蚀。碳化引起水泥石化学组成发生变化，使混凝土碱度降低，减弱了对钢筋的保护作用，导致钢筋锈蚀；碳化还将显著增加混凝土的收缩，降低混凝土抗拉、抗弯强度。但碳化可使混凝土的抗压强度增大。其原因是碳化放出的水分有助于水泥的水化作用，而且碳酸钙减少了水泥石内部的孔隙。

提高混凝土抗碳化能力的措施有：减小水胶比；掺入减水剂或引气剂；保证混凝土保护层的厚度及质量；充分湿养护等。

6. 混凝土的碱-集料反应

混凝土的碱-集料反应是指水泥中的碱（Na_2O 和 K_2O）与集料中的活性 SiO_2 发生反应，使混凝土发生不均匀膨胀，造成裂缝、强度下降等不良现象，从而威胁建筑物安全。常见的有碱-氧化硅反应、碱-硅酸盐反应、碱-碳酸盐反应 3 种类型。

防止碱-集料反应的措施有：采用低碱水泥（$Na_2O < 0.6\%$）并限制混凝土总碱量不超过 $2.0 \sim 3.0 kg/m^3$；掺入活性混合料；掺用引气剂和不用含活性 SiO_2 的集料；保证混凝土密实性和重视建筑物排水，避免混凝土表面积水和接缝存水。

7. 提高混凝土耐久性的措施

混凝土所处的环境和使用条件不同，对其耐久性的要求也不同，根据其具体的条件采取相应措施以提高混凝土的耐久性。从上述对混凝土的耐久性的分析来看，耐久性的各个性能与混凝土的组成材料、混凝土的孔隙率、孔隙构造密切相关。因此，提高混凝土耐久性的措施主要有以下几种：

（1）合理选择水泥品种。

（2）严格控制混凝土的水胶比及保证足够的水泥用量。JGJ 55—2011《普通混凝土配合比设计规程》规定了水胶比最大允许值或混凝土的最小胶凝材料用量，分别见表 10 - 16 和表 10 - 17。钢筋混凝土中矿物掺合料最大掺量见表 10 - 18。

（3）长期处于潮湿和严寒环境中的混凝土应掺用引气剂。

（4）严格控制原材料的质量，使之符合规范要求。

（5）掺用加气剂或减水剂。

（6）严格控制施工质量。在混凝土施工中，应搅拌均匀、振捣密实及加强养护。

表 10-16　　　　　　　　　　　水胶比最大允许值

部　位	严寒地区	寒冷地区	温和地区
上、下游水位以上（坝体外部）	0.50	0.55	0.60
上、下游水位变化区（坝体外部）	0.45	0.50	0.55
上、下游最低水位以下（坝体外部）	0.50	0.55	0.60
基础	0.50	0.55	0.60
内部	0.60	0.65	0.65
受水流冲刷部位	0.45	0.50	0.50

注　1. 在有环境水浸蚀情况下，水位变化区外部及水下混凝土最大允许水胶比减小 0.05。

　　2. 表中规定的水胶比最大允许值，已考虑了掺用减水剂和引气剂的情况，否则酌情减少 0.05。

表 10-17　　　　　　　混凝土的最大水胶比与最小胶凝材料用量

最大水胶比	最小胶凝材料用量/(kg/m³)		
	素混凝土	钢筋混凝土	预应力混凝土
0.60	250	280	300
0.55	280	300	300
0.50	320		
≤0.45	330		

表 10-18　　　　　　　钢筋混凝土中矿物掺合料最大掺量

矿物掺合料种类	水胶比	最大掺量/%	
		硅酸盐水泥	普通硅酸盐水泥
粉煤灰	≤0.40	≤45	≤35
	>0.40	≤40	≤30
粒化高炉矿渣粉	≤0.40	≤65	≤55
	>0.40	≤55	≤45
钢渣粉	—	≤30	≤20
磷渣粉	—	≤30	≤20
硅灰	—	≤10	≤10
复合掺合料	≤0.40	≤60	≤50
	>0.40	≤50	≤40

注　1. 采用其他通用硅酸盐水泥时，宜将水泥混合材掺量 20% 以上的混合材量计入矿物掺合料。

　　2. 复合掺合料各组分的掺量不宜超过单掺时的最大掺量。

　　3. 在混合使用两种或两种以上矿物掺合料时，矿物掺合料总掺量应符合表中复合掺合料的规定。

第三节　混凝土配合比设计

混凝土配合比是指混凝土中各组成材料（水泥、水、砂、石）用量之间的比例关系。

配合比设计就是根据原材料的性能和对混凝土的技术要求，通过计算和试配调整，确定出满足工程技术经济指标的混凝土各组成材料的用量。

一、混凝土配合比设计的基本要点

（一）基本资料

（1）混凝土强度设计等级。

（2）工程特征，如工程所处环境、结构断面、钢筋最小净距等。

（3）耐久性要求，如抗冻性、抗侵蚀、耐磨、碱-集料等。

（4）水泥强度等级和品种。

（5）砂、石的种类，石子最大粒径、密度等。

（6）施工方法等。

（二）混凝土配合比设计要求

混凝土配合比设计，应满足下列 4 项要求。

1. 满足混凝土结构设计所要求的强度等级

不论是何种混凝土结构，在设计时都会对不同的结构部位提出不同的"设计强度"要求。为了保证结构物的可靠性，在配制混凝土配合比时，必须要考虑到结构物的重要性、施工单位施工水平、施工环境因素等，采用一个比设计强度高的"配制强度"，才能满足设计强度的要求。但是"配制强度"的高低一定要适宜，太低结构物不安全，太高会造成浪费。

2. 满足施工所要求的混凝土拌和物的和易性

按照结构物断面尺寸和形状、配筋的配置情况、施工方法及设备等，合理确定混凝土拌和物的工作性。

3. 满足混凝土的耐久性

根据结构物所处的环境条件，为保证结构的耐久性，在设计混凝土配合比时应考虑允许的"最大水胶比"和"最小胶凝材料用量"。

4. 满足经济性的要求

在满足混凝土设计强度、工作性和耐久性的前提下，在配合比设计中要尽量降低高价材料（如水泥）的用量，并考虑应用当地材料和工业废料（如粉煤灰），以配制成性能优良、价格便宜的混凝土。

（三）混凝土配合比设计参数

混凝土配合比设计有 3 个参数。

1. 水胶比（W/B）

水胶比是混凝土中水与胶凝材料质量的比值，是影响混凝土强度和耐久性的主要因素。其确定原则是在满足强度和耐久性的前提下，尽量选择较大值，以节约水泥。

2. 砂率（β_s）

砂率是指砂子质量占砂石总质量的百分率。砂率是影响混凝土拌和物和易性的重要指标。砂率的确定原则是在保证混凝土拌和物黏聚性和保水性要求的前提下尽量取小值。

3. 单位用水量

单位用水量是指 $1m^3$ 混凝土的用水量，反映混凝土中水泥浆与集料之间的比例关系。在混凝土拌和物中，水泥浆的多少显著影响混凝土的和易性，同时也影响强度和耐久性。其确定原则是在达到流动性要求的前提下取较小值。

水胶比、砂率、单位用水量是混凝土配合比设计的 3 个重要参数。

（四）混凝土配合比的表示方法

（1）单位用量表示法。即以每立方米混凝土中各项材料的质量表示，如胶凝材料 300kg、水 180kg、砂 720kg、石子 1200kg。

（2）相对用量表示法。即以水泥质量为 1 的各项材料相互间的质量比及水胶比来表示，将上例换算成质量比为胶凝材料：砂：石＝1：2.4：4，水胶比＝0.60。

二、混凝土配合比设计步骤

（一）计算"初步配合比"

1. 确定混凝土配制强度 $f_{cu,0}$

混凝土的设计强度等级根据结构设计确定。为了使所配制的混凝土在工程使用时具有必需的强度保证率，配合比设计时的混凝土配制强度应大于设计要求的强度等级，混凝土配制强度按式（10-7）计算，即

$$f_{cu,0} \geqslant f_{cu,k} + 1.645\sigma \tag{10-7}$$

式中　$f_{cu,0}$——混凝土配制强度，MPa；

　　　　$f_{cu,k}$——混凝土立方体抗压强度标准值，MPa；

　　　　σ——由施工单位质量管理水平确定的混凝土强度标准差，MPa。

混凝土强度标准差 σ 按式（10-8）计算，即

$$\sigma = \sqrt{\frac{\sum_{t=1}^{n} f_{cu,i}^2 - nm_{f_{cu}}^2}{n-1}} \tag{10-8}$$

式中　$f_{cu,i}$——第 i 组混凝土试件立方体抗压强度值，MPa；

　　　　$m_{f_{cu}}$——n 组混凝土试件立方体抗压强度平均值，MPa；

　　　　n——统计周期内相同等级的试件组数，$n \geqslant 30$ 组。

混凝土强度等级不大于 C30 级，其强度标准差计算值低于 3.0MPa，计算配制强度时的标准差取 3.0MPa。混凝土强度等级大于 C30 且小于 C60 时：计算 $\sigma \geqslant 4.0$MPa，按式（10-8）计算结果取值；计算 $\sigma < 4.0$MPa，则 σ 取值 4.0MPa。

当无历史统计资料时，强度标准值可根据强度等级按表 10-19 规定取用。

表 10-19　　　　　混凝土强度标准差 σ 值（JGJ 55—2011）　　　　　单位：MPa

混凝土抗压强度标准值	≤C20	C25～C40	C50～C55
混凝土抗压强度标准差 σ	4.0	5.0	6.0

注　施工中应根据现场施工时段强度的统计结果调整 σ 值。

2. 确定初步水胶比

（1）普通混凝土的水胶比 W/B 由经验公式（10-9）计算，即

$$\frac{W}{B} = \frac{\alpha_a f_b}{f_{cu,0} + \alpha_a \alpha_b f_b} \tag{10-9}$$

式中 W/B——混凝土水胶比；

$f_{cu,0}$——混凝土的配制强度，MPa；

α_a、α_b——回归系数；

f_b——胶凝材料（水泥与矿物掺合料按使用比例混合）。

当无胶凝材料实测强度时，采用的胶凝材料强度按式（10-10）计算，即

$$f_{ce} = \gamma_f \gamma_s f_{ce} \tag{10-10}$$

式中 γ_f、γ_s——粉煤灰影响系数和粒化高炉矿渣粉影响系数，见表10-20；

f_{ce}——水泥28天实测胶砂抗压强度，MPa。

表 10-20　　　　　　粉煤灰影响系数和粒化高炉矿渣粉影响系数

掺量/%	粉煤灰影响系数 γ_f	粒化高炉矿渣粉影响系数 γ_s
0	1.00	1.00
10	0.90~0.95	1.00
20	0.80~0.85	0.95~1.00
30	0.70~0.75	0.90~1.00
40	0.60~0.65	0.80~0.90
50	—	0.70~0.85

注 1. 宜采用Ⅰ级、Ⅱ级粉煤灰宜取上限值。

2. 采用S75级粒化高炉矿渣粉宜取下限值，采用S95级粒化高炉矿渣粉宜取上限值，采用S105级粒化高炉矿渣粉可取上限值加0.05。

3. 当超出表中的掺量时，粉煤灰和粒化高炉矿渣粉影响系数应经试验确定。

（2）按耐久性校核水胶比。按式（10-9）计算所得的水灰比，按强度要求计算得到的结果。在确定采用的水胶比时，还应根据混凝土所处的环境条件，耐久性要求的允许最大水胶比（表10-17）进行校核，从中选择小者。

3. 确定单位用水量

当水胶比确定后，单位用水量决定了混凝土中水泥浆与集料质量的比例关系。单位用水量取决于集料特性以及混凝土拌和物施工和易性的要求，按以下方法选用。

（1）当水胶比在0.4~0.8范围时，根据粗集料的品种、粒径及施工要求的混凝土拌和物流动性按表10-21、表10-22选取。

表 10-21　　　　　水工常态混凝土单位用水量参考值（DL/T 5330—2015）　　　单位：kg/m³

混凝土坍落度 /mm	卵石最大粒径				碎石最大粒径			
	20mm	40mm	80mm	150mm	20mm	40mm	80mm	150mm
10~30	160	140	120	105	175	155	135	120
30~50	165	145	125	110	180	160	140	125

续表

混凝土坍落度 /mm	卵石最大粒径				碎石最大粒径			
	20mm	40mm	80mm	150mm	20mm	40mm	80mm	150mm
50～70	170	150	130	115	185	165	145	130
70～90	175	155	135	120	190	170	150	135

注 1. 本表适用于细度模数为 2.6～2.8 的天然中砂，当使用细砂或粗砂时，用水量需增加或减少 3～5kg/m³。

2. 采用人工砂时，用水量需增加 5～10kg/m³。

3. 掺入火山灰质掺料时，用水量需增加 10～20kg/m³；采用Ⅰ级粉煤灰时，用水量可减少 5～10kg/m³。

4. 采用外加剂时，用水量应根据外加剂的减水率适当调整，外加剂的减水率应通过试验确定。

5. 本表适用于骨料含水状态为饱和面干状态。

表 10 - 22   **混凝土单位用水量选用表（JGJ 55—2011）**   单位：kg/m³

项目	指标	卵石最大粒径/mm				碎石最大粒径/mm			
		10	20	31.5	40	16	20	31.5	40
坍落度 /mm	10～30	190	170	160	150	200	185	175	165
	35～50	200	180	170	160	210	195	185	175
	55～170	210	190	180	170	220	205	195	185
	75～90	215	195	185	175	230	215	205	195
维勃 稠度 /s	16～20	175	160		145	180	170		155
	11～15	180	165		150	185	175		160
	5～10	185	170		155	190	180		165

注 1. 本表用水量系采用中砂时的平均取值，采用细砂时，1m³ 混凝土用水量可增加工 5～10kg，采用粗砂则可减少 5～10kg。

2. 掺用各种外加剂或掺合料时，用水量应相应调整。

3. 本表不适用于水胶比小于 0.4 或大于 0.8 的混凝土以及采用特殊成型工艺的混凝土。

（2）水胶比小于 0.4 的混凝土以及特殊成型工艺的混凝土用水量通过试验确定。

4. 计算单位胶凝材料用量

（1）按强度要求计算单位用灰量。每立方米混凝土拌和物的用水量（m_{w0}）选定后，即可根据强度或耐久性要求和已求得的水胶比值计算单位水泥用量，即

$$m_{b0} = \frac{m_{w0}}{\dfrac{W}{B}} \qquad\qquad (10 - 11)$$

式中 $\dfrac{W}{B}$——混凝土水胶比；

      m_{b0}——计算配合比每立方米混凝土中胶凝材料用量，kg/m³；

      m_{w0}——计算配合比每立方米混凝土的用水量，kg/m³。

      每立方米混凝土的矿物掺合料用量（m_{f0}）：

$$m_{f0} = m_{b0}\beta_f \qquad\qquad (10 - 12)$$

式中 m_{f0}——计算配合比每立方米混凝土中矿物掺合料用量，kg/m³；

      β_f——矿物掺合料掺量，%，可按表（10 - 18）确定。

每立方米混凝土的水泥用量（m_{c0}）：

$$m_{c0} = m_{b0} - m_{f0} \qquad (10-13)$$

式中　m_{c0}——计算配合比每立方米混凝土中水泥用量，kg/m^3。

（2）按耐久性要求校核单位胶凝材料用量。根据混凝土耐久性要求，普通水泥混凝土的最小胶凝材料用量，依结构的所处环境条件应不得小于表 10-17 中的规定。按强度要求由式（10-11）计算的单位胶凝材料用量应不低于表 10-17 规定的最小胶凝材料用量。

5. 砂率的选定

（1）坍落度为 10～60mm 的混凝土。当无历史资料可参考时，砂率可根据粗集料品种、粒径及水胶比按表 10-23 选取。

表 10-23　　　　　　水工常态混凝土砂率参考值（DL/T 5330—2005）　　　　　%

骨料最大粒径 /mm	水　胶　比			
	0.40	0.50	0.60	0.70
20	36～38	38～40	40～42	42～44
40	30～32	32～34	34～36	36～38
80	24～26	26～28	28～30	30～32
150	20～22	22～24	24～26	26～28

注　1. 本表适用于卵石、细度模数为 2.6～2.8 的天然中砂拌制的混凝土。

　　2. 砂的细度模数每增减 0.1，砂率相应增减 0.5%～1.0%。

　　3. 使用碎石时，砂率需增加 3%～5%。

　　4. 使用人工砂时，砂率需增加 2%～3%。

　　5. 掺用引气剂时，砂率可减小 2%～3%；掺用粉煤灰时，砂率可减小 1%～2%。

（2）坍落度大于 60mm 的混凝土砂率，可经试验确定，也可在表 10-24 的基础上，按坍落度每增大 20mm，砂率增大 1% 的幅度予以调整。

表 10-24　　　　　　　　混凝土砂率选用表（JGJ 55—2011）　　　　　　　%

水胶比 W/B	卵石最大粒径/mm			碎石最大粒径/mm		
	10	20	40	16	20	40
0.40	26～32	25～31	24～30	30～35	29～34	27～32
0.50	30～35	29～34	28～33	33～38	32～37	30～35
0.60	33～38	32～37	31～36	36～41	35～40	33～38
0.70	36～41	35～40	34～39	39～44	38～43	36～41

注　1. 本表数值系中砂的选用砂率，对细砂或粗砂，可相应地减小或增大砂率。

　　2. 本表适用于坍落度为 10～60mm 的混凝土。对坍落度大于 60mm 的混凝土，应在本表的基础上，按坍落度每增大 20mm，砂率增大 1% 的幅度予以调整。

　　3. 只用一个单粒级粗集料配制混凝土时，砂率应适当增大。

　　4. 对薄壁构件砂率取偏大值。

（3）坍落度小于 10mm 的混凝土及使用外加剂或掺合料的混凝土，其砂率应经试验确定。

6. 计算粗、细集料单位用量

（1）质量法。又称假定表观密度法。此法是假定混凝土拌和物的表观密度为一固定值，混凝土拌和物各组成材料的单位用量之和即为其表观密度。在砂率为已知的条件下，粗、细集料的单位用量可用式（10-14）计算，得

$$\begin{cases} m_{f0}+m_{c0}+m_{g0}+m_{s0}+m_{w0}=m_{cp} \\ \beta_s=\dfrac{m_{s0}}{m_{g0}+m_{s0}}\times100\% \end{cases}$$ (10-14)

式中　m_{f0}、m_{c0}、m_{g0}、m_{s0}、m_{w0}——每立方米混凝土中的矿物掺合料、水泥、粗集料、细集料和水的用量，kg；

β_s——混凝土的砂率，%；

m_{cp}——每立方米混凝土拌和物的湿表观密度，kg/m³，其值可根据施工单位积累的试验资料确定，当缺乏资料时，可根据集料粒径以及混凝土强度等级，在2350～2450kg/m³范围内选定。

（2）体积法。又称绝对体积法。该法是假定混凝土拌和物的体积等于各组成材料绝对体积法和混凝土拌和物中所含空气之和。在砂率为已知的条件下。粗、细集料的单位用量可由式（10-15）求得，即

$$\begin{cases} \dfrac{m_{f0}}{\rho_f}+\dfrac{m_{c0}}{\rho_c}+\dfrac{m_{g0}}{\rho_g}+\dfrac{m_{s0}}{\rho_s}+\dfrac{m_{w0}}{\rho_w}+0.01\alpha=1 \\ \beta_s=\dfrac{m_{s0}}{m_{g0}+m_{s0}}\times100\% \end{cases}$$ (10-15)

式中　m_{f0}、m_{c0}、m_{g0}、m_{s0}、m_{w0}、β_s——符号意义同前；

ρ_f——矿物掺合料密度，kg/m³，可按《水泥密度测定方法》（GB/T 208—2014）测定；

ρ_c——水泥密度，kg/m³，可取2900～3100kg/m³；

ρ_w——水的密度，kg/m³，可取1000kg/m³；

ρ_s、ρ_g——粗、细集料的表观密度，kg/m³。

α——混凝土的含气量百分数，%，在不使用引气型外加剂时，取值为1。

通过以上6个步骤计算，可将矿物掺合料、水泥、水、粗集料、细集料的用量全部求出，得到初步配合比，而以上各项计算多数利用经验公式或经验资料获得，因而配合比所制得的混凝土不一定符合实际要求，所以应对配合比进行试配、调整和确定。

（二）试配、调整提出基准配合比

1. 试配

（1）材料要求。试配混凝土所用各种原材料，要与实际工程使用的材料相同，粗、细集料的称量均以干燥状态为基准。如不是干燥的集料配制，称料时应在用水量中扣除集料的水，集料也应增加。但在以后试配调整时仍应取原计算值，不计该项增减数值。

（2）搅拌方法和拌和物数量。混凝土的搅拌方法，应尽量与生产时使用方法相同。试拌时，每盘混凝土数量一般应不少于表10-25中的建议值。如需要进行抗折强度试验，则应根据实际需要计算拌和用量。采用机械搅拌时，拌和量不应小于搅拌额定搅拌量的

1/4。

表 10 - 25   混凝土试配的最小搅拌量

粗骨料最大公称粒径/mm	最小拌和物数量/L
≤31.5	20
40.0	25

2. 校核工作性，调整配合比

按初步配合比计算出试配所需的材料用量，配制混凝土拌和物。首先通过试验测定混凝土的坍落度，同时观察拌和物黏聚性和保水性。当不符合要求时，应进行调整。调整的基本原则如下：若流动性太大，可在砂率不变的条件下，适当增加砂、石的用量；若流动性太小，应在保持水胶比不变的情况下调整，调整时可参考表 10 - 26。适当增加水和胶凝材料；若黏聚性和保水性不良时，实质上是混凝土中砂浆不足或砂浆过多，可适当增大砂率或适当降低砂率，调整和易性满足要求时的配合比，是可供混凝土强度试验用的基准配合比，即当试拌调整工作完成后，应测出混凝土拌和物的实际表观密度。

表 10 - 26   条件变动时材料用量调整参考值

条件变化情况	大致的调整值		条件变化情况	大致的调整值	
	加水量	砂率		加水量	砂率
坍落度增减 10mm	±2%～±4%		砂率增减 1%	±2kg/m³	
含气量增减 1%	∓3%	∓0.5%	砂细度模数增减 0.1		±0.5%

3. 计算基准配合比

调整之后的基准配合比的计算可根据式（10 - 16）计算，即

$$\begin{cases} m_{fJ} = \dfrac{\rho_{ct1} \times 1m^3}{m_{fs} + m_{ws} + m_{cs} + m_{ss} + m_{gs}} m_{fs} \\[3mm] m_{cJ} = \dfrac{\rho_{ct1} \times 1m^3}{m_{fs} + m_{ws} + m_{cs} + m_{ss} + m_{gs}} m_{cs} \\[3mm] m_{wJ} = \dfrac{\rho_{ct1} \times 1m^3}{m_{fs} + m_{ws} + m_{cs} + m_{ss} + m_{gs}} m_{ws} \\[3mm] m_{sJ} = \dfrac{\rho_{ct1} \times 1m^3}{m_{fs} + m_{ws} + m_{cs} + m_{ss} + m_{gs}} m_{ss} \\[3mm] m_{gJ} = \dfrac{\rho_{ct1} \times 1m^3}{m_{fs} + m_{ws} + m_{cs} + m_{ss} + m_{gs}} m_{gs} \end{cases} \qquad (10-16)$$

式中　m_{fJ}、m_{cJ}、m_{wJ}、m_{sJ}、m_{gJ}——基准配合比混凝土每立方米的矿物掺合料用量、水泥用量、水用量、细集料用量和粗集料用量，kg；

　　m_{fs}、m_{cs}、m_{ws}、m_{ss}、m_{gs}——试拌时混凝土中矿物掺合料、水泥、水、细集料和粗集料的实际用量，kg；

　　ρ_{ct1}——混凝土拌和物表观密度实测值，kg/m³。

（三）检验强度、确定试验配合比

1. 制作试件、检验强度

经过和易性调整试验得出的混凝土基准配合比，其水胶比不一定选用恰当，混凝土的强度不一定符合要求，所以应对混凝土强度进行复核。混凝土强度试验时至少采用 3 个不同的配合比。其中一个是基准配合比，另两组的水胶比则分别增加及减少 0.05，用水量应于基准配合比相同，砂率可分别增加 1％和减少 1％。

每组配合比制作一组（3 块）试件，在制作混凝土强度试件时，应检验混凝土拌和物的坍落度（或维勃稠度）、黏聚性、保水性及拌和物的表观密度，并以此结果作为代表相应配合比的混凝土拌和物的性能。按标准条件养护 28d，根据试验得出的混凝土强度与其相对应的胶水比关系，用作图法或内插法求出混凝土强度与其相应的胶水比。

2. 确定试验室配合比

根据强度检验结果修正配合比，步骤如下。

（1）确定用水量应在基准配合比用水量的基础上，根据制作强度试件时测得的坍落度或维勃稠度值加以适当调整。

（2）确定胶凝材料用量取用水量乘以由"强度与胶水比"关系定出的胶水比得出。

（3）确定粗、细集料用量，应在基准配合比的粗集料和细集料用量的基础上，按选定的胶水比进行调整后确定。

3. 根据实测拌和物湿表观密度修正配合比

由强度复核之后的配合比，还应根据实测的混凝土拌和物的表观密度作校正，以确定 $1m^3$ 混凝土中各种材料的用量，其步骤如下：

（1）计算配合比调整后的混凝土拌和物的计算表观密度，即

$$\rho_{c,c} = m_{fh} + m_{ch} + m_{wh} + m_{sh} + m_{gh} \tag{10-17}$$

式中　　　　　　　　　　$\rho_{c,c}$——混凝土表观密度计算值，kg/m^3；

m_{fh}、m_{ch}、m_{wh}、m_{sh}、m_{gh}——配合比调整后的单位体积混凝土中矿物掺合料、水泥、水、细骨料和粗骨料的计算用量，kg/m^3。

（2）计算混凝土密度校正系数，即

$$\delta = \frac{\rho_{c,t2}}{\rho_{c,c}} \tag{10-18}$$

式中　　$\rho_{c,t2}$——混凝土表观密度实测值，kg/m^3；

$\rho_{c,c}$——混凝土表观密度计算值，kg/m^3。

当混凝土表观密度计算值与实测值之差的绝对值不超过计算值的 2％时，按以上原则确定的配合比即为确定的设计配合比；当两者之差超过 2％时，应将配合比中每项材料用量乘以校正系数 δ，即为确定的设计配合比，即

$$\begin{cases} m'_f = m_{fh}\delta \\ m'_c = m_{ch}\delta \\ m'_s = m_{sh}\delta \\ m'_g = m_{gh}\delta \\ m'_w = m_{wh}\delta \end{cases} \tag{10-19}$$

（四）混凝土施工配合比的确定

混凝土的实验室配合比所用砂、石是以饱和面干状态（工民建为干燥状态）为标准计量的，且不含有超、逊径。但施工时，实际工地上存放的砂、石都含有一定的水分，并常存在一定数量的超、逊径。所以，在施工现场，应根据集料的实际情况进行调整，将实验室配合比换算为施工配合比。

1. 集料含水率的调整

依据现场实测砂、石表面含水率（砂、石以饱和面干状态为基准）或含水率（砂、石以干燥状态为基准），在配料时，从加水量中扣除集料表面含水量或含水量，并相应增加砂、石用量。假定工地测出砂的表面含水率为 $a\%$，石子的表面含水率为 $b\%$，设施工配合比 1m^3 混凝土各材料用量为 m_f、m_c、m_s、m_g、m_w，则

$$\begin{cases} m_f = m_{fh} \\ m_c = m_{ch} \\ m_s = m_{sh}(1+a\%) \\ m_g = m_{gh}(1+b\%) \\ m_w = m_{wh} - m_{sh}a\% - m_{gh}b\% \end{cases} \quad (10-20)$$

2. 集料超、逊径调整

根据施工现场实测某级集料超、逊径颗粒含量，将该级集料中超径含量计入上一级集料，逊径含量计入下一级集料中，则该级集料调整量为

调整量＝（该级超径量＋该级逊径量）－（下级超径量＋上级逊径量） (10-21)

三、混凝土配合比设计举例

【例 10-2】 试设计某室内现浇钢筋混凝土 T 形梁混凝土配合比设计。

原始资料：

（1）已知混凝土设计强度等级为 C30，无强度历史统计资料，要求混凝土拌和物坍落度为 30～50mm。

（2）组成材料。

水泥：强度等级为 42.5 的硅酸盐水泥，富裕系数为 1.13，密度为 $3.1\times10^3\text{kg/m}^3$，无矿物掺合料。

砂：中砂，表观密度为 $2.65\times10^3\text{kg/m}^3$。

碎石：最大粒径为 31.5mm，表观密度为 $2.7\times10^3\text{kg/m}^3$。

设计要求：

（1）按题给资料计算出初步配合比。

（2）按初步配合比在实验室进行试拌调整，得出实验室配合比。

【解】

（1）确定混凝土配制强度 $f_{cu,0}$。按题意已知，设计要求混凝土强度为 30MPa，无历史统计资料，查表 10-19 知标准差为 5.0MPa。混凝土配制强度为

$$f_{cu,0} = f_{cu,k} + 1.645\sigma = 30 + 1.645\times5 = 38.2(\text{MPa})$$

（2）计算水胶比 $\dfrac{W}{B}$：

1）按强度要求计算水胶比，因无矿物掺合料，故水胶比即为水灰比。

a. 计算水泥实际强度。由题意已知采用强度等级为 42.5 硅酸盐水泥，富裕系数为 1.13，则水泥实际强度为

$$f_{ce}=\gamma_c\times f_{ce,k}=1.13\times42.5=48(\text{MPa})$$

b. 计算水胶比。已知混凝土配制强度为 38.2MPa，水泥实际强度为 48MPa，本单位无混凝土强度回归系数统一资料，查表得回归系数 $\alpha_a=0.46$、$\alpha_b=0.07$，计算水胶比为

$$\frac{W}{B}=\frac{W}{C}\frac{\alpha_a f_{ce}}{f_{cu,0}+\alpha_a\alpha_b f_{ce}}=\frac{0.46\times48}{38.2+0.46\times0.07\times48}=0.56$$

2）按耐久性校核水胶比。根据混凝土所处环境，查表 10-16，允许最大水胶比为 0.60，按强度计算的水胶比满足耐久性要求，采用 0.56。

（3）选用单位用水量 m_{w0}。由题意已知，要求混凝土拌和物坍落度为 30～50mm，碎石最大粒径为 31.5mm。查表 10-22 选用混凝土用水量为 185kg/m³。

（4）计算单位水泥用量 m_{w0}：

1）已知混凝土单位水用量为 185kg/m³，水胶比为 0.56，混凝土单位胶凝材料用量为

$$m_{b0}=\frac{m_{w0}}{\dfrac{W}{B}}=\frac{185}{0.56}=330(\text{kg/m}^3)$$

2）按耐久性校核单位胶凝材料用量。根据混凝土所处环境，查表 10-17，最小胶凝材料用量不得小于 300kg/m³，按强度计算单位胶凝材料用量符合耐久性要求，采用单位胶凝材料用量 330kg/m³。因无矿物掺合料，故 $m_{c0}=m_{b0}=330$kg/m³。

（5）选定砂率 β_s。按已知集料采用碎石，最大粒径 31.5mm，水胶比为 0.56，查表 10-24，选取砂率为 0.33。

（6）计算砂石用量：

1）采用质量法计算。已知单位胶凝材料用量为 330kg/m³，单位用水量为 185kg/m³，混凝土拌和物湿表观密度为 2400kg/m³，砂率为 0.33，得

$$\begin{cases}m_{g0}+m_{s0}=m_{cp}-m_{c0}-m_{f0}-m_{w0}=2400-330-0-1885\\[2mm]\beta_s=\dfrac{m_{s0}}{m_{g0}+m_{s0}}\times100\%=0.33\end{cases}$$

解方程组得：$m_{s0}=622$kg/m³，$m_{g0}=1263$kg/m³。

按质量法计算得初步配合比：

$$m_{c0}:m_{s0}:m_{g0}:m_{w0}=330:622:1263:185$$

即：$1.88:3.83$，$W/B=0.56$；

2）调整和易性，提出基准配合比：

a. 计算试样材料用量。按计算初步配合比取样 15L，则各种材料的用量为

水泥：$330\times0.015=4.95(\text{kg})$ 砂：$622\times0.015=9.33(\text{kg})$

石子：$1263\times0.015=18.95(\text{kg})$ 水：$185\times0.015=2.78(\text{kg})$

b. 调整和易性。按计算材料用量拌制混凝土拌和物，测定其坍落度为 10mm。为满足施工和易性要求，保持水胶比不变，增加 5% 水泥浆，故二次拌和用水量为 $2.78 \times (1+5\%) = 2.92(\text{kg})$，水泥用量为 $4.95 \times (1+5\%) = 5.20(\text{kg})$。再经拌和，测得坍落度为 40mm，黏聚性和保水性也良好，满足施工和易性要求，并测得拌和物表观密度为 2416kg/m^3。

c. 提出基准配合比。则由式（10-13）得

$$m_{cJ} = \frac{\rho_{ct} \times 1\text{m}^3}{m_{ws} + m_{cs} + m_{ss} + m_{gs}} \times m_{cs} = \frac{2416 \times 1}{2.92 + 5.2 + 9.33 + 18.95} \times 5.2 = 345(\text{kg})$$

$$m_{wJ} = \frac{\rho_{ct} \times 1\text{m}^3}{m_{ws} + m_{cs} + m_{ss} + m_{gs}} \times m_{ws} = \frac{2416 \times 1}{2.92 + 5.2 + 9.33 + 18.95} \times 2.92 = 194(\text{kg})$$

$$m_{sJ} = \frac{\rho_{ct} \times 1\text{m}^3}{m_{ws} + m_{cs} + m_{ss} + m_{gs}} \times m_{ss} = \frac{2416 \times 1}{2.92 + 5.2 + 9.33 + 18.95} \times 9.33 = 619(\text{kg})$$

$$m_{gJ} = \frac{\rho_{ct} \times 1\text{m}^3}{m_{ws} + m_{cs} + m_{ss} + m_{gs}} \times m_{gs} = \frac{2416 \times 1}{2.92 + 5.2 + 9.33 + 18.95} \times 18.95 = 1258(\text{kg})$$

故可得出基准配合比为：$m_{cJ} : m_{sJ} : m_{gJ} : m_{wJ} = 345 : 619 : 1258 : 194$

3）检验确定、测定试验室配合比：

a. 检验强度。以 0.56 为基准，选用 0.51、0.56 和 0.61 共 3 个水胶比，分别拌制 3 个试样，其中对 0.51 和 0.61 进行和易性调整，满足设计要求。分别作成试块，实测 28d 抗压强度结果见表 3-28。

表 10-27　　　　　　　　不同水胶比的混凝土强度值

试样编号	W/B	B/W	抗压强度/MPa
I	0.51	1.96	45.3
II	0.56	1.79	39.5
III	0.61	1.64	34.2

经内插计算得，相应混凝土配制强度 38.2MPa 的胶水比 $B/W = 1.75$，即水胶比为 0.57。

b. 混凝土实验室配合比。根据新确定的水胶比，在用水量保持不变的情况下，可计算出实验室配合比，即

$$m_c : m_s : m_g : m_w = 340 : 621 : 1261 : 194$$

根据此配合比实测出混凝土拌和物的湿表观密度为 2402kg/m^3，计算配合比校正系数 $\delta = \frac{\rho_{c,t2}}{\rho_{c,c}} = \frac{2402}{2416} = 0.99$，二者之差不超过计算值的 2%，故可不再进行调整。

因此，实验室配合比为 $m_c : m_s : m_g : m_w = 340 : 621 : 1261 : 194$

第四节　混凝土质量评定与控制

混凝土在生产与施工中，由于原材料性能波动的影响、施工操作的误差、试验条件的影响等，混凝土的质量就会有所波动。为了使混凝土的质量变化满足规范要求，就必须在各个方面对混凝土进行质量控制。

一、混凝土的质量检查及波动原因

（一）混凝土质量检查

混凝土质量检查是对混凝土质量的均匀性进行有目的的抽样测试及评价，包括对原材料、混凝土拌和物和硬化后混凝土的质量检查。

混凝土拌和物的质量检查主要是对拌和物和易性、水灰比和含气量的检查。硬化后混凝土的质量检查是在施工现场规范规定的方法抽取有代表性的试样，将试样养护到规定龄期进行强度和耐久性检测。

（二）混凝土质量波动原因

1. 偶然性因素

偶然性因素是施工过程中无法或难以控制的因素，如水泥、砂、石材质量的不均匀性以及气候的微小变化、称量的微小误差、操作人员技术的微小差异。这些因素在技术上不易识别和消除，经济上也不值得去消除，因为这些因素引起质量微小波动在工程上是可以接受的。工程质量只有偶然性因素影响时，生产处于稳定状态，质量数据的大小、方向不定，但都在平均值附近波动，即混凝土质量呈正常波动。

2. 系统性因素

系统性因素则是可控制、易消除的因素。这类因素不经常发生，但对工程质量影响较大。系统性因素有一定的规律性，对工程质量影响的大小、方向不变。如混凝土搅拌故障、任意改变水灰比、随意添加用水量、水泥用量严重不足这些因素对混凝土质量影响很大，造成混凝土强度不足等。这是质量的波动，属于非正常波动，即非正常变异。混凝土的质量控制目的主要在于发现和排除系统性因素，使混凝土质量呈正常波动。

二、混凝土质量评定

由于混凝土质量的波动将直接反映到最终的强度上，而混凝土的抗压强度与混凝土其他性能有着紧密的相关性，能较好地反映混凝土的全面质量，因此工程中常以混凝土抗压强度作为重要的质量控制指标，并以此作为评定混凝土生产质量水平的依据。

（一）混凝土强度波动规律

在一定施工条件下，对同一种混凝土进行随机取样，制作 n 组试件（ $n \geqslant 30$ ），测得其28d 龄期的抗压强度，然后以混凝土强度为横坐标，以混凝土强度出现的概率为纵坐标，绘制出混凝土强度概率分布曲线。实践证明，混凝土的强度分布曲线一般为正态分布曲线，如图 10 - 7 所示。

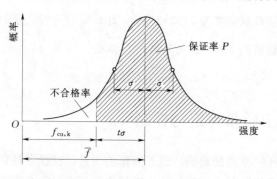

图 10 - 7 混凝土正态分布曲线

正态分布曲线特点：以强度平均值为对称轴，左右两边的曲线是对称的；距离对称轴越远的值出现的概率越小，并逐渐趋近于零；曲线和横坐标之间的面积为概率的总和，等于100%；对称轴两边出现的概率相等；在对称轴两侧的曲线上各有一个拐点，拐点距离平均值的距离即为标准差。

（二）混凝土强度常用统计量

1. 强度平均值$\overline{f}_{cu}$

$$\overline{f}_{cu} = \frac{1}{n} \sum_{i=1}^{n} f_{cu,i} \tag{10-22}$$

式中　$\overline{f}_{cu}$——混凝土抗压强度的算术平均值，MPa；

　　　n——混凝土强度试件组数；

　　　$f_{cu,i}$——第i组混凝土试件的抗压强度，MPa。

混凝土强度平均值只能反映混凝土总体强度水平，而不能说明混凝土强度波动的大小。

2. 混凝土强度标准差

标准差σ又称为均方差，是分布曲线上拐点到对称轴的距离，是评定混凝土质量均匀性的一种指标，可用式（10-23）计算，即

$$\sigma = \sqrt{\frac{\sum_{i=1}^{n} (f_{cu,i} - \overline{f}_{cu})^2}{n-1}} \tag{10-23}$$

式中　$\overline{f}_{cu}$——混凝土抗压强度的算术平均值，MPa；

　　　n——混凝土强度试件组数，不小于30；

　　　$f_{cu,i}$——第i组混凝土试件的抗压强度，MPa。

标准差σ小，正态分布曲线窄而高，说明强度值分布集中，则混凝土质量均匀性好，混凝土质量控制较好；标准差σ大，正态分布曲线宽而矮时，说明混凝土强度的波动较大，即混凝土施工质量控制较差。

3. 变异系数

变异系数也是用来评定混凝土质量均匀性的指标。在相同生产管理水平下，混凝土的强度标准差会随强度平均值的提高或降低而增大或减小，它反映的是绝对波动量的大小。对平均强度水平不同的混凝土之间质量稳定性的比较，可考虑用相对波动的大小，即变异系数C_V，其计算式为

$$C_V = \frac{\sigma}{\overline{f}_{cu}} \tag{10-24}$$

C_V值越小，说明混凝土质量越均匀，施工管理水平越高。

（三）混凝土强度保证率P（%）与质量评定

混凝土的强度保证率P（%）是指混凝土强度总体中，不小于设计强度等级的概率，在混凝土强度正态分布曲线图中以阴影面积表示，如图10-7所示。低于设计强度等级（$f_{cu,k}$）的强度所出现的概率为不合格率。

混凝土强度保证率P（%）的计算方法为：首先根据混凝土设计等级（$f_{cu,k}$）、混凝土强度平均值（$\overline{f}_{cu}$）、标准差（σ）或变异系数（C_V），计算出概率度（t），即

$$t = \frac{\overline{f}_{\mathrm{cu}} - f_{\mathrm{cu,k}}}{\sigma} \tag{10 - 25}$$

则强度保证率 P（％）就可由正态分布曲线方程积分求得，即

$$P = \frac{1}{\sqrt{2\pi}} \int_{t}^{\infty} \mathrm{e}^{-\frac{t^2}{2}} \mathrm{d}t \tag{10 - 26}$$

根据我国《混凝土强度检验评定标准》（GB/T 50107—2010）中规定，在统计周期内，根据混凝土强度的值和保证率，可以将混凝土生产单位管理水平划分为优良、一般及差 3 个等级，如表 10 - 28 所示。

表 10 - 28　　　　　　　　现场集中搅拌混凝土的生产质量水平

生产质量水平	优良		一般		差	
混凝土强度等级	＜C20	≥C20	＜C20	≥C20	＜C20	≥C20
混凝土强度标准差 σ/MPa	≤3.5	≤4.0	≤4.5	≤5.5	＞4.5	＞5.5

三、混凝土质量控制

1. 对原材料质量控制

在混凝土施工中，力图保证混凝土质量的稳定性，各组成原材料的质量均需满足相应的技术标准，且各组成材料的质量必须满足工程设计与施工的要求。

2. 严格计量

严格控制各组成组分量的用量，做到称量准确，各组成材料的计量误差满足《水工混凝土施工规范》（SL 677—2014）的规定，即水泥、掺合料、水、外加剂的误差控制在 1％以内，粗、细骨料的计量误差控制在 2％以内。

3. 施工过程的控制

拌和物在运输时要防止分层、泌水、流浆等现象，且尽量缩短运输时间；浇筑时按规定的方法进行，并严格限制卸料高度，防止离析；振捣均匀，严格漏振和过量振动；保证足够的温、湿度，加强对混凝土的养护。

4. 混凝土配制强度

在施工中配制混凝土时，如果所配制混凝土的强度平均值等于设计强度，如图 10 - 8 所示。这时混凝土强度保证率只有 50％。因此，为了保证工程混凝土具有设计所要求的 95％强度保证率，在进行混凝土配合比设计时，必须使混凝土的配制强度大于设计强度。

$$f_{\mathrm{cu,0}} \geqslant f_{\mathrm{cu,k}} + 1.645\sigma \tag{10 - 27}$$

式中　　$f_{\mathrm{cu,0}}$——混凝土配制强度，MPa；

　　　　$f_{\mathrm{cu,k}}$——设计的混凝土强度标准值，MPa；

　　　　σ——混凝土强度标准差，MPa。

由式（10 - 27）可知，设计要求的混凝土强度保证率越大，则所对应的值就越大，配制强度就越高。

5. 混凝土质量控制图

为了掌握分析混凝土质量波动情况，及时分析发现的问题，将水泥强度、混凝土坍落

度、混凝土强度等检验结果绘成质量控制图。

质量控制图的横坐标为按时间测得的质量指标子样编号，纵坐标为质量指标的特征值，中间一条横坐标为中心控制线，上、下两条线为控制界线。图10-8所示为混凝土坍落度、混凝土强度等质量检查结果绘成图，称为质量控制图。为小批量混凝土强度控制图，图中横坐标表示浇筑时间或试件编号，纵坐标表示强度测定值，各点表示连续测得的强度，中心线表示平均强度，上、下控制线为 $\overline{f}_{cu} \pm 3\sigma$。

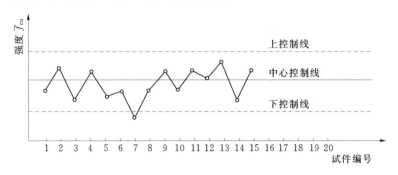

图10-8 混凝土强度控制图

从质量控制图的变动趋势可以判断施工是否正常。如果测得的各点在中心线附近较多，即为施工正常。如果各点显著偏离中心线或分布在一侧，尤其是有些点超出上、下控制线，说明混凝土质量均匀性已下降，应立即查明原因，加以解决。

第五节　其他混凝土

一、水工沥青混凝土

（一）水工沥青混凝土组成

水工沥青混凝土是由沥青、石子和砂及填充料按适当比例配制而成。通常情况下由以下3部分组成。

1. 石油沥青

沥青混凝土用的沥青材料，应根据气候条件、建筑物工作条件、沥青混凝土的种类和施工方法等条件选择。水工沥青混凝土多采用60甲或100甲的道路石油沥青配制。

2. 粗、细骨料

沥青混凝土一般选用质地坚硬、密实、清洁、不含过量有害杂质、级配良好的碱性岩石（如石灰岩、白云岩、玄武岩、辉绿岩等），并且要有良好的黏结性。

细骨料可采用天然砂或人工砂，均应级配良好、清洁、坚固、耐久，不含有害杂质。

3. 外加剂

为改善沥青混凝土的性能而掺入的少量物质，称为外加剂。常用的有石棉、消石灰、聚酰胺树脂及其他物质。例如，掺入石棉可提高沥青混凝土的热稳定性、抗弯强度、抗裂性等，掺入消石灰、聚酰胺树脂可提高沥青与酸性矿料的黏聚性、水稳定性。

（二）技术性质

水工沥青混凝土的技术性质应满足工程的设计要求，具有与施工条件相适应的和易性。其主要技术性质包括和易性、力学性质、抗渗性、热稳定性、柔性和水稳定性等。

1. 施工和易性

和易性是指沥青混凝土在拌和、运输、摊铺及压实过程中具有与施工条件相适应、既保证质量又便于施工的性能。沥青混凝土和易性目前尚无成熟的测定方法，多是凭经验判定。

沥青混凝土的和易性与组成材料的性质、用量及拌和质量等多种因素有关。使用黏滞性较小的沥青，能配制成流动性高、松散性强、易于施工的沥青混凝土，当使用黏滞性大的沥青时，流动性及分散性较差；沥青用量过多时易出现泛油，使运输时卸料困难，并难以铺平。矿质混合料中，粗、细骨料的颗粒大小相差过大，缺乏中间颗粒，则容易产生离析分层；使用未经烘干的矿粉，易使沥青混凝土结块、质地不均匀，不易摊铺；矿粉用量过多，使沥青混凝土黏稠，但矿粉用量过少，则会降低沥青混凝土的抗渗性、强度及耐久性等。

2. 抗渗性

沥青混凝土的抗渗性用渗透系数（cm/s）来表示。防渗用沥青混凝土的渗透系数一般为 $10^{-7} \sim 10^{-10}$ cm/s；排水层用沥青混凝土的渗透系数一般为 $10^{-1} \sim 10^{-2}$ cm/s。

沥青混凝土的抗渗性取决于矿质混合料的级配、填充空隙的沥青用量以及碾压后的密实程度。一般情况下，矿料的级配良好、沥青用量较多、密实性好的沥青混凝土，其抗渗性较强。沥青混凝土的抗渗性与孔隙率之间的关系，孔隙率越小其渗透系数就越小、抗渗性越好。一般孔隙率在 4% 以下时，渗透系数可小于 10^{-7} cm/s。因此，在设计和施工中，常以 4% 的孔隙率作为控制防渗沥青混凝土的控制指标。

沥青混凝土的抗渗性还与其所受的压力有关。实践证明，抗渗性能随着水压的增加而增强。

3. 力学性质

沥青混凝土的力学性质包括抗压、拉伸、弯曲、剪切强度和变形。一般地，沥青混凝土的破坏强度和破坏变形是随温度、加荷速度等因素而异。大量试验研究认为，沥青混合料的破坏和变形可分为 3 种类型：Ⅰ型—脆性破坏、Ⅱ型—过渡性破坏、Ⅲ型—流动性破坏。

影响沥青混合料破坏强度、破坏应变和变形模量的因素除了温度和加荷速度外，还与沥青的针入度、针入度指数、沥青用量有关。在矿料级配相同的条件下，沥青的针入度增大，针入度指数减小，沥青用量增多，沥青混合料的破坏类型就由Ⅰ型逐渐向Ⅲ型转变，其破坏强度降低而破坏应变增加。

沥青混凝土在低温或短时间荷载作用下，它近于弹性；而在高温或长时间荷载下就表现出黏弹性或近于黏性。因此，测定沥青混凝土的力学性能，要特别注意在实际使用条件下的性能。

一般情况下，沥青混凝土的抗拉强度为 $0.5 \sim 5$ MPa；抗压强度为 $5 \sim 40$ MPa；抗弯强度为 $3 \sim 12$ MPa。延性破坏应变为 10^{-2}，脆性破坏应变为 10^{-3}。

4. 热稳定性

热稳定性是指沥青混凝土在高温下，承受外力不断作用，抵抗永久变形、不发生过大的累积塑性变形的能力和抵抗塑性流动的性能。当温度升高时，沥青的黏滞性降低，使沥青与矿料的黏结力下降而导致沥青混凝土的强度降低、塑性增加。因此，沥青混凝土必须具有良好的热稳定性。

影响沥青混凝土热稳定性的因素主要是：沥青的黏度和用量、矿质混合料的性能和级配、填充料的品种及用量。适当的沥青用量可以使矿料颗粒更多地以结构沥青的形式相连接，增加混合料的黏聚力和内摩擦力，增加沥青混合料的抗剪变形能力。在矿料选择上，应挑选粒径大的、有棱角的颗粒，以提高矿料的内摩擦角。另外，还可以加入一些外加剂，来改善沥青混合料的热稳定性。

5. 柔性

柔性是指沥青混凝土在自重或外力作用下，适应变形而不产生裂缝的性质。柔性好的沥青混凝土适应变形能力大，即使产生裂缝，在高水头的作用下也能自行封闭。

沥青混凝土的柔性主要取决于沥青的性质及用量、矿质混合料的级配以及填充料与沥青用量的比值。采用增加沥青用量并减少填充料（矿粉）用量的方法，是解决用低延伸度沥青配制具有较高柔性沥青混凝土的一种有效方法。同时，沥青混凝土的柔性，可以根据工程中的具体情况，通过弯曲试验或拉伸试验，测出试件破坏时梁的挠跨比或极限拉伸值，予以评定。

6. 耐久性

耐久性是指沥青混凝土在使用过程中抵抗环境因素的能力。它包括沥青混合料的抗老化性、水稳定性和抗疲劳性等综合素质。由于水工沥青混凝土多处于潮湿环境，因此这里着重关注它的水稳定性。

沥青混凝土水稳定性不足表现在，水分浸入会削弱沥青与骨料之间的黏结力，使沥青与骨料剥离而逐渐破坏，或遭受冻融作用而破坏。因此，沥青混凝土的水稳定性，取决于沥青混凝土的密实程度及沥青与矿料间的黏结力，沥青混凝土的孔隙率越小，水稳定性越高。一般认为孔隙率小于4%时，其水稳定性是有保证的。采用黏滞性大的沥青及碱性矿料都能提高沥青混凝土的水稳定性。

二、抗渗混凝土

抗渗等级不小于 P6 级的混凝土简称抗渗混凝土。

抗渗混凝土所用的原材料应满足下列要求：粗集料宜采用连续级配，其最大粒径不宜大于 40mm，含泥量不得大于 1.0%，泥块含量不得大于 0.5%；细骨料的含泥量不得大于 3.0%，泥块含量不得大于 1.0%；外加剂宜采用防水剂、膨胀剂、引气剂、减水剂或引气减水剂；宜掺用矿物掺合料。

抗渗混凝土配合比设计应符合以下规定：每立方米混凝土中水泥和矿物掺合料总量不宜小于 320kg；砂率宜为 35%～45%；供试配用的最大水灰比应符合表 10 - 29 的规定。掺用引气剂的抗渗混凝土，其含气量宜控制在 3%～5%。

进行抗渗混凝土配合比设计时，应增加抗渗性能试验，试配要求的抗渗水压值应比设

计值提高 0.2MPa。试配时应采用水胶比最大的配合比做抗渗试验，其试验结果应符合式（10-28）要求，即

$$P_t \geqslant \frac{P}{10} + 0.2 \qquad (10-28)$$

式中　P_t——6 个试件中 4 个未出现渗水时的最大水压值，MPa；

　　　P——设计要求的抗渗等级，如 P6 级，则取 $P=6$MPa。

表 10-29　　抗渗混凝土最大水胶比 (JGJ 55—2011)

抗渗等级	最大水胶比	
	C20~C30	C30 以上
P6	0.60	0.55
P8~P12	0.55	0.50
>P12	0.50	0.45

掺引气剂的混凝土还应进行含气量试验，试验结果应使含气量控制在 3.0%~5.0%内。

三、抗冻混凝土

抗冻等级不小于 F50 级的混凝土，简称抗冻混凝土。

抗冻混凝土所用原材料应符合下列要求：水泥应优先选用强度等级不小于 42.5MPa 的硅酸盐水泥或普通水泥，不宜使用火山灰质硅酸盐水泥；宜选用连续级配的粗骨料，其含泥量不得大于 1.0%，泥块含量不得大于 0.5%；细骨料含泥量不得大于 3.0%，泥块含量不得大于 1.0%；抗冻等级 F100 及以上的混凝土所用的粗、细骨料均应进行坚固性试验，试验结果应符合国家现行标准规定。抗冻混凝土宜采用减水剂，对抗冻等级 F100 及以上的混凝土应掺引气剂，掺用后混凝土的含气量应符合表 10-30 的规定。

表 10-30　　长期处于潮湿和严寒环境中混凝土的最小含气量 (JGJ 55—2011)

粗骨料最大粒径/mm	最小含气量值/%	粗骨料最大粒径/mm	最小含气量值/%
≥40	4.5	20	5.5
25	5.0		

抗冻混凝土试配用的最大水胶比和最小胶凝材料用量应符合表 10-31 的要求，进行抗冻混凝土配合比设计时应增加抗冻性能试验。

表 10-31　　抗冻混凝土的最大水胶比 (JGJ 55—2011)

抗冻等级	最 大 水 胶 比		最小胶凝材料用量 /(kg/m³)
	无引气剂时	掺引气剂时	
F50	0.55	0.60	300
F100	0.50	0.55	320
≥F150	—	0.50	350

四、高强混凝土

C60 及以上强度等级的混凝土，简称高强混凝土。强度等级超过 C100 的混凝土，称为超高强混凝土。

配制高强混凝土所用原材料应符合以下规定：应选用强度等级不低于 42.5 级且质量稳定的硅酸盐水泥或普通水泥；对强度等级为 C60 级的混凝土，其粗骨料的最大粒径不应大于 31.5mm，对强度等级高于 C60 级的混凝土，其粗骨料的最大粒径不应大于 25mm，针片状颗粒含量不宜大于 5.0%，含泥量不应大于 0.5%，泥块含量不宜大于 0.2%，碎石立方体抗压强度不应小于要求配制的混凝土抗压强度标准值的 1.5 倍；细骨料宜采用中砂，细度模数为 2.6～3.0，含泥量不应大于 2.0%，泥块含量不应大于 0.5%。掺用高效减水剂或缓凝高效减水剂及优质的矿物掺合料。

高强混凝土配合比设计时，可根据现有试验资料选取基准配合比中的水灰比；水泥用量不应大于 500kg/m³，水泥和矿物掺合料的总量不应大于 600kg/m³；砂率及采用的外加剂和掺合料的品种、掺量应通过试验确定；在试配与确定配合比时，其中一个为基准配合比，另外两个配合比的水灰比较之基准配合比分别增加或减少 0.02～0.03，并用不少于 6 次的重复试验验证，最后按强度试验结果中略高于配制强度的配合比作为混凝土配合比。

高强混凝土的特点是抗压强度高、变形小；在相同的受力条件下能减小构件体积，降低钢筋用量；致密坚硬、耐久性能好；脆性比普通混凝土高；抗拉、抗剪强度随抗压强度的提高有所增长，但拉压比和剪压比都随之降低。主要用于混凝土桩基、预应力轨枕、电杆、大跨度薄壳结构、桥梁、输水管等。

五、泵送混凝土

混凝土拌和物的坍落度不低于 100mm，并在泵压作用下经管道实行垂直及水平输送的混凝土。

泵送混凝土所采用的原材料应符合下列要求：选用硅酸盐水泥、普通硅酸盐水泥、矿渣水泥、粉煤灰水泥，不宜采用火山灰水泥。粗骨料的最大粒径与输送管径之比，当泵送高度在 50m 以下时，对碎石不宜大于 1∶3，对卵石不宜大于 1∶2.5；泵送高度在 50～100m 时，对碎石不宜大于 1∶4，对卵石不宜大于 1∶3；泵送高度在 100m 以上时，对碎石不宜大于 1∶5，对卵石不宜大于 1∶4；粗骨料应采用连续级配，且针片状颗粒含量不宜大于 10%。宜采用中砂，其通过 0.315mm 筛孔的颗粒含量不应小于 15%。泵送混凝土应掺用泵送剂或减水剂，并宜掺用优质粉煤灰或其他活性矿物掺合料。

泵送混凝土的用水量与水泥及矿物掺合料的总量之比不宜大于 0.60，水泥和矿物掺合料的总量不宜小于 300kg/m³，砂率宜为 35%～45%，掺用引气型外加剂时，其混凝土含气量不宜大于 4%。

泵送混凝土适用于需要采用泵送工艺混凝土的高层建筑，超缓凝泵送剂用于大体积混凝土，含防冻组分的泵送剂适用于冬季施工混凝土。

六、大体积混凝土

混凝土结构物实体最小尺寸不小于1m，或预计会因水泥水化热引起混凝土内外温差过大而导致裂缝的混凝土，称为大体积混凝土。

大体积混凝土所用原材料应符合下列要求：水泥应选用水化热低、凝结时间长的水泥，如低热矿渣硅酸盐水泥、中热硅酸盐水泥、矿渣硅酸盐水泥、火山灰质硅酸盐水泥、粉煤灰硅酸盐水泥；当采用硅酸盐水泥或普通硅酸盐水泥时，应采取相应措施延缓水化热的释放；粗骨料宜采用连续级配，细骨料宜采用中砂；宜掺用缓凝剂、减水剂和减少水泥水化热的掺合料。

大体积混凝土在保证强度及和易性的前提下，应提高掺合料及骨料的含量，以降低每立方米混凝土的水泥用量，满足低热性要求。

七、碾压混凝土

碾压混凝土是一种超干硬性混凝土。水灰比可达 $0.70\sim0.90$，水泥用量少，混凝土放热量低，浇筑时一般不需人工降温，可分层连续浇筑，大大加快了施工进度。适用于大坝及公路等大体积及连续施工的大面积混凝土工程。

八、轻混凝土

轻混凝土是指干表观密度小于 1950kg/m^3 的混凝土。

轻骨料具有表观密度小、表面多孔粗糙、吸水性强等特点，因此，其拌和物的和易性与普通混凝土有明显的不同。轻骨料混凝土拌和物的黏聚性和保水性好，但流动性差。因而拌和物的用水量应由两部分组成：一部分为使拌和物获得要求流动性的用水量，称为净用水量；另一部分为轻骨料 1h 的吸水量，称为附加水量。

轻骨料混凝土的强度，主要取决于轻骨料的强度和水泥石的强度。轻骨料混凝土的弹性模量小。轻骨料混凝土的收缩和徐变，比普通混凝土相应大，热膨胀系数比普通混凝土小 20% 左右。

轻骨料混凝土主要适用于高层和多层建筑、软土地基、大跨度结构、抗震结构、要求节能的建筑和旧建筑的加层等。

九、绿色高性能混凝土

绿色高性能混凝土首先应当是绿色建材。应具备以下特点。

（1）尽量减少水泥熟料，以减少产生大量的 CO_2 对大气的污染，降低资源与能源消耗。代之以工业废料为主的超细活性掺合料。最新技术表明，超细掺合料已可以代替 $60\%\sim80\%$ 水泥熟料，最终水泥将成为少量掺入混凝土的"外加剂"。

（2）尽量多用工业废料，以改善环境，保持混凝土的可持续发展。如粉煤灰、矿渣、硅灰等，它们取代水泥后不仅不会降低性能，反而可以得到耐久性好、耐腐蚀、寿命长、性能稳定的高性能混凝土。既吸纳了工业废料又得到了高性能混凝土，实现了材料的可持续发展。

（3）使用各种化学矿物外加剂，可提高混凝土质量，减少混凝土构筑物的尺寸，减少资源、能源消耗。另外，尽量做到无施工缺陷的混凝土，提高使用寿命，特别是在严酷自然条件下，如寒冷、腐蚀、海水、潮湿等条件下的使用寿命。

十、商品混凝土

商品混凝土是相对于施工现场搅拌的混凝土而言的一种商品化的混凝土。商品混凝土是把混凝土的生产过程，从原材料选择、混凝土配合比设计、外加剂与掺合料的选用、混凝土的拌制、混凝土输送到工地等一系列过程从一个个施工现场集中到搅拌站，由搅拌站统一经营管理，把各种各样成品混凝土供应给施工单位以商品形式售出。

商品混凝土可保证混凝土的质量，由于分散于工地搅拌的混凝土受技术条件和设备条件的限制，混凝土质量不够均匀，而混凝土搅拌站，从原材料到产品生产过程都有严格的控制管理，计量准确、检验手段完备，使混凝土的质量得到充分保证。

十一、补偿收缩混凝土

普通水泥混凝土在硬化过程中特别是在干燥过程中产生体积收缩，一般砂浆收缩率为 0.1%～0.2%，混凝土收缩率为 0.04%～0.06%。收缩使混凝土产生裂缝，降低强度及耐久性。补偿收缩混凝土由膨胀水泥（或低热微膨胀水泥）和砂、石料及水组成，或由普通水泥、砂、石、水及膨胀剂组成。其特性是体积不收缩或有适当的膨胀量，可用于防水结构、抗裂结构或其他需要大面积浇筑且不能设收缩缝的结构。

第六节　砂　　浆

一、砂浆的组成材料

1. 胶凝材料

砌筑砂浆常用的胶凝材料有水泥、石灰、石膏等。在选用时应根据使用环境、用途等合理选择，在干燥环境条件下使用的砂浆既可以选用气硬性胶凝材料，又可以选用水硬性胶凝材料，在潮湿环境下或水中使用的砂浆必须选用水硬性胶凝材料。

配制砂浆用的水泥强度一般为砂浆强度的 4～5 倍为宜。

2. 掺加料及外加剂

为了改善砂浆的和易性，节约水泥用量，在砂浆中常掺入适量的掺加料或外加剂。可在纯水泥砂浆中掺入石灰膏、黏土膏、磨细生石灰粉、粉煤灰等无机塑化剂或皂化松香、微沫剂、纸浆废液等有机塑化剂。

石灰、黏土均应制成稠度为 12cm 膏状体掺砂浆中。黏土应选颗粒细、黏性好、含砂量及有机物含量少的为宜。

3. 砂

配制砌筑砂浆用砂应符合砂浆用砂的技术要求，一般宜采用中砂，毛石砌筑则宜选用粗砂。砂的最大粒径因受灰缝厚度的限制，一般不超过灰缝厚度的 1/5～1/4。

《砌体结构工程施工质量验收规范》（GB 50203—2011）规定砂的含泥量不大于 5%。

4. 拌和用水

砂浆拌和用水的技术要求与混凝土拌和用水是相同的。

二、砂浆技术性质

新拌的砂浆应满足下列性质。

（1）满足和易性要求。

（2）满足设计种类和强度等级要求。

（3）具有足够黏结力。

（一）和易性

砂浆的和易性是指砂浆拌和物在施工中既便于操作，又能保证工程质量的性质。和易性好的砂浆，在运输和施工过程中不易产生分层、泌水现象，能在粗糙的砌筑底面上铺成均匀的薄层，使灰缝饱满密实，且能与底面很好地黏结成整体，既便于施工又能保证工程质量。砂浆的和易性包括流动性和保水性两个方面。

1. 流动性

砂浆流动性表示砂浆在自重或外力作用下流动的性能。用"沉入度"表示。

用砂浆稠度仪通过试验测定沉入度值，如图 10-9 所示，以标准圆锥体在砂浆内自由沉入 10s，沉入深度用 cm 数值表示。沉入值大，则砂浆流动性大。流动性过大，硬化后强度将会降低；流动性过小，则不便于施工操作，因此新拌砂浆应具有适宜的流动性。

砂浆流动性的大小与砌体种类、施工条件及气候条件等因素有关。

2. 保水性

砂浆的保水性是指砂浆保持水分的能力。用"分层度"或"泌水率"表示。

保水性可用砂浆分层度测定仪测定，如图 10-10 所示。将拌好的砂浆置于容器中，测其沉入度 K_1，静置 30min 后，去掉上面 20cm 厚砂浆，将下面剩余 10cm 砂浆倒出拌和均匀，测其沉入度 K_2，两次沉入度的差（K_1-K_2）称为分层度，以 cm 表示。砂浆分层度 1~3cm 保水性好。《砌筑砂浆配合比设计规程》（JGJ/T 98—2010）规定，砌筑砂浆的分层度不应大于 30mm。分层度大于 30mm，砂浆容易离析，不便于施工；分层度接近于零的砂浆，易产生裂缝，不宜作为抹面砂浆。

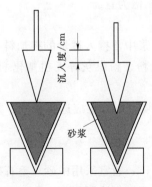

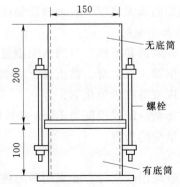

图 10-9　沉入度测定示意图　　　图 10-10　砂浆分层度筒（单位：mm）

（二）硬化砂浆的技术性质

硬化后的砂浆应满足抗压强度及黏结强度的要求。

1. 强度等级

砂浆硬化后应具有足够的强度。砂浆在砌体中的主要作用是传递压力，所以应具有一定的抗压强度。其抗压强度是确定强度等级的主要依据。

砌筑砂浆强度等级是用尺寸为 70.7mm×70.7mm×70.7mm 立方体试件，在标准温度（20℃±3℃）及规定湿度条件下养护 28d 的平均抗压极限强度（MPa）来确定的。

砌筑砂浆强度等级有 M20、M15、M10、M7.5、M5、M2.5 等 6 个等级。它们的抗压强度依次不低于 20MPa、15MPa、10MPa、7.5MPa、5MPa、2.5MPa。

2. 强度

砌筑砂浆的实际强度与其所砌筑材料的吸水性有关。当用于不吸水的材料（如致密的石材）时，砂浆强度主要取决于水泥的强度和水灰比，即

$$f_{28} = A f_{ce} \left(\frac{C}{W} - B \right) \tag{10-29}$$

式中　f_{28}——砂浆 28 天抗压强度，MPa；

　　　f_{ce}——水泥实测强度，MPa；

　　　$\dfrac{C}{W}$——灰水比；

　　A、B——经验系数，当用普通水泥时，A 取 0.29，B 取 0.4。

当用于吸水的材料（如烧土砖）时，原材料及灰砂比相同时，砂浆拌和时加入水量虽稍有不同，但经材料吸水，保留在砂浆中的水分仍相差不大，砂浆的强度主要取决于水泥强度和水泥用量，而与用水量关系不大，所以，可用式（10-30）表示，即

$$f_{28} = \frac{\alpha f_{ce} Q_c}{1000} + \beta \tag{10-30}$$

式中　f_{28}——砂浆 28 天抗压强度，MPa；

　　　f_{ce}——水泥实测强度，MPa；

　　　Q_c——1m³ 砂浆中水泥用量，kg；

　　α、β——砂浆的特征系数，取值见表 10-32。

表 10-32　　　　　　　　　　　**α、β 系 数 取 值 表**

砂 浆 品 种	α	β
水泥混合砂浆	1.50	−4.25
水泥砂浆	1.03	3.50

注　各地区也可用本地区试验资料确定 α、β 值，统计用的试验组数不得少于 30 组。

除上述因素外，砂的质量、掺合料的品种和用量也影响砂浆的强度。

3. 黏结强度

砂浆与其所砌筑材料的黏结力称为黏结强度。一般情况下，砂浆的抗压强度越高，其黏结强度也越高。另外，砂浆的黏结强度与所砌筑材料的表面状态、清洁程度、湿润状态、施工水平及养护条件等也密切相关。

三、水工砂浆配合比设计

砂浆配合比设计是按照工程要求，根据原材料的技术性质来确定组成砂浆材料的用量比例。按照《水工混凝土配合比设计规程》（DL/T 5330—2005）规定，水工砂浆配合比设计应按下列要求和步骤进行。

1. 砂浆配合比设计的基本原则

（1）砂浆的技术指标要求与其接触的混凝土的设计指标相适应。

（2）砂浆所使用的原材料应与其接触的混凝土所使用的原材料相同。

（3）砂浆应与其接触的混凝土所使用的掺合料品种、掺量相同，减水剂的掺量为混凝土掺量的70％左右。当掺引气剂时，其掺量应通过试验确定，以含气量达到7％～9％时的掺量为宜。

（4）采用体积法计算每立方米砂浆各项材料用量。

2. 砂浆配制强度的确定

（1）砂浆的强度等级应按砂浆设计龄期立方体抗压强度标准值划分。水工砂浆的强度等级采用符号 M 加设计龄期下角标再加立方体抗压强度标准值表示，如 $M_{90}15$；若设计龄期为 28d，则省略下角标，如 M15。砂浆设计龄期立方体抗压强度标准值系指按照标准方法制作养护的边长为 7.07cm 的立方体试件，在设计龄期用标准试验方法测得的具有设计保证率的抗压强度，以 N/mm^2 或 MPa 计。

（2）砂浆配制抗压强度按式（10-31）计算，即

$$f_{m,0} = f_{m,k} + t\sigma \tag{10-31}$$

式中　　$f_{m,0}$——砂浆配制抗压强度，MPa；

$f_{m,k}$——砂浆设计龄期立方体抗压强度标准值，MPa；

t——概率度系数，由给定的保证率 P 选定，其值按表 10-33 选用；

σ——砂浆立方体抗压强度标准差，MPa。

表 10-33　　　　　　　　　　保证率和概率度系数关系

保证率 $P/\%$	70.0	75.0	80.0	84.1	85.0	90.0	95.0	97.7	99.9
概率度系数 t	0.525	0.675	0.840	1.0	1.040	1.280	1.645	2.0	3.0

（3）当设计龄期为 28d 时，抗压强度保证率 P 为 95％。其他龄期砂浆抗压强度保证率应符合设计要求。

（4）砂浆抗压强度标准差 σ，宜按同品种砂浆抗压强度统计资料确定。

1）统计时，砂浆抗压强度试件总数应不少于 25 组。

2）根据近期相同抗压强度、相同生产工艺和配合比的同品种砂浆抗压强度资料，砂浆抗压强度标准差 σ 按式（10-32）计算，即

$$\sigma = \sqrt{\frac{\sum_{i=1}^{n} f_{m,i}^2 - n m_{fm}^2}{n-1}} \tag{10-32}$$

式中　　$f_{m,i}$——第 i 组试件抗压强度，MPa；

m_{fm}——n 组试件的抗压强度平均值，MPa；

n——试件组数。

3）当无近期同品种砂浆抗压强度统计资料时，σ 值可按表 10-34 取用。施工中应根据现场施工时段抗压强度的统计结果调整 σ 值。

表 10-34   **标 准 差 σ 选 用 值**

设计龄期砂浆抗压强度标准值/MPa	≤10	15	≥20
砂浆抗压强度标准差/MPa	3.5	4.0	4.5

3. 砂浆配合比的计算（按照有掺合料的情况设计）

（1）可选择与其接触混凝土的水胶比作为砂浆初选水胶比。

（2）砂浆配合比设计时用水量可按表 10-35 确定。

表 10-35   **砂浆参考用水量（稠度 40～60mm）**

水泥品种	砂子细度	用水量/(kg/m³)
普通硅酸盐水泥	粗砂	270
	中砂	280
	细砂	310
矿渣硅酸盐水泥	粗砂	275
	中砂	285
	细砂	315
稠度±10mm	用水量±（8～10kg/m³)	

（3）砂浆的胶凝材料用量（$m_{\mathrm{c}}+m_{\mathrm{p}}$）、水泥用量（$m_{\mathrm{c}}$）和掺合料用量（$m_{\mathrm{p}}$）按式（10-33）～式（10-35）计算，即

$$m_{\mathrm{c}}+m_{\mathrm{p}}=\frac{m_{\mathrm{w}}}{\dfrac{W}{B}} \tag{10-33}$$

$$m_{\mathrm{c}}=(1-P_{\mathrm{m}})(m_{\mathrm{c}}+m_{\mathrm{p}}) \tag{10-34}$$

$$m_{\mathrm{p}}=P_{\mathrm{m}}(m_{\mathrm{c}}+m_{\mathrm{p}}) \tag{10-35}$$

式中 m_{c}——每立方米砂浆的水泥用量，kg；

        m_{p}——每立方米砂浆的掺合料用量，kg；

        m_{w}——每立方米砂浆的用水量，kg；

        $\dfrac{W}{B}$——水胶比；

        P_{m}——掺合料掺量，kg。

（4）砂子用量由已确定的用水量和胶凝材料用量，根据体积法计算，即

$$V_{\mathrm{s}}=1-\left(\frac{m_{\mathrm{w}}}{\rho_{\mathrm{w}}}+\frac{m_{\mathrm{c}}}{\rho_{\mathrm{c}}}+\frac{m_{\mathrm{p}}}{\rho_{\mathrm{p}}}+a\right) \tag{10-36}$$

$$m_{\mathrm{s}}=\rho_{\mathrm{s}}V_{\mathrm{s}} \tag{10-37}$$

式中 V_{s}——每立方米砂浆中砂的绝对体积，m³；

m_w——每立方米砂浆的用水量，kg；

m_c——每立方米砂浆的水泥用量，kg；

m_p——每立方米砂浆的掺合料用量，kg；

a——含气量，一般为 7% ～ 9%；

ρ_w——水的密度，kg/m³；

ρ_c——水泥密度，kg/m³；

ρ_p——掺合料密度，kg/m³；

ρ_s——砂子饱和面干表观密度，kg/m³；

m_s——每立方米砂浆的砂子用量，kg。

（5）列出砂浆各项材料的计算用量和比例。

4. 砂浆配合比的试配、调整和确定

（1）按计算的配合比进行试拌，固定水胶比，调整用水量直至达到设计要求的稠度。由调整后的用水量提出进行砂浆抗压强度试验用的配合比。

（2）砂浆抗压强度试验至少应采用 3 个不同的配合比，其中一个应为上一步确定的配合比，其他配合比的用水量不变，水胶比依次增减，变化幅度为 0.05。当不同水胶比的砂浆稠度不能满足设计要求时，可通过增、减用水量进行调整。

（3）测定满足设计要求的浆稠时每立方米砂浆的质量、含气量及抗压强度，根据 28d 龄期抗压强度试验结果，绘出抗压强度与水胶比（或砂灰比）关系曲线，用作图法或计算法求出与砂浆配制强度（$f_{m,0}$）相对应的水胶比（或砂灰比）。

（4）按式（10-33）～式（10-37）计算出每立方米砂浆中各项材料用量及比例，并经试拌确定最终配合比。

小　结

本章主要学习了水利工程中最常用的建筑材料混凝土与砂浆，掌握混凝土主要技术性质与混凝土配合比设计，在施工现场会进行混凝土质量评定与控制，掌握水工砂浆主要技术性质与砂浆配合比设计，熟悉混凝土的组成材料及各种材料的技术要求。

自 测 练 习 题

一、简答题

1. 普通混凝土由哪些材料组成？它们在混凝土中各起什么作用？

2. 影响混凝土强度的主要因素有哪些？

3. 混凝土拌和物的和易性包括哪些内容？它们之间的关系如何？如何测定？

4. 混凝土对粗集料有哪几个方面的要求？

5. 配制混凝土应满足哪四项基本要求？通过哪些技术指标满足其要求？

6. 试述混凝土耐久性的含义。耐久性要求的项目有哪些？提高耐久性有哪些措施？

7. 在对砂、石的质量要求中，应限制哪些有害物质的含量？为什么要限制？

8. 何谓砂浆？砂浆与混凝土有哪些异同？砂浆的分类及用途是什么？

9. 砂浆和易性测定与混凝土和易性测定有何不同？

10. 水工砂浆配合比设计有哪些主要步骤？

二、计算题

1. 对某工地的用砂试样进行筛分析试验，筛孔尺寸由大到小的分计筛余量分别为 20g、70g、80g、100g、150g、60g，筛底为20g。求此砂样的细度模数并判断级配情况。

2. 已知某混凝土配合比为 $m_C : m_S : m_G : m_W = 300 : 630 : 1320 : 180$，若工地砂、石含水率分别为 5%、3%。求该混凝土的施工配合比（用每立方米混凝土各材料用量表示）。

第十一章　建　筑　钢　材

第一节　建筑用钢的技术性能

在建筑结构工程中，对钢材的选用要考虑其使用性能，它包括钢材的力学性能和钢材的工艺性能，钢材力学性能主要有拉伸、塑性、冲击韧性和耐疲劳性等。工艺性能是钢材在加工制造过程中所表现的特性，包括冷弯性能、焊接性能、热处理性能等。

一、钢材的力学性能

（一）拉伸性能

拉伸性能是建筑钢材最重要的技术性能。通过拉伸性能试验得到钢材的屈服强度、抗拉强度和伸长率是 3 项重要的技术指标。

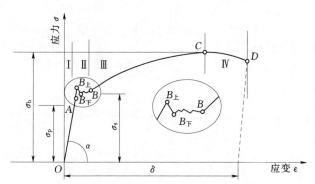

图 11-1　低碳钢受拉的应力-应变曲线

拉伸试验是先将钢材做成标准试件，然后在试验机上缓慢施加拉伸荷载，在加荷载过程中观察钢材的应力-应变的过程，直至试件拉断为止。描绘出整个拉伸过程的应力-应变曲线，如图 11-1 所示，在钢材的应力-应变曲线图中，大致经历了 4 个阶段。

1. 弹性阶段（OA 段）

应力从零逐渐增大时，认为钢材仅发生弹性变形，一直达到弹性极限为止。OA 段是一条直线，应力与应变成正比。应力与应变的比值为常数，即弹性模量（E），$E=\sigma/\varepsilon$。弹性模量是衡量材料产生弹性变形难易程度的指标。

2. 屈服阶段（AB 段）

应力超过 A 点以后，应力与应变值不再成正比关系，荷载继续增加，试件发生显著的、不可恢复的变形，此阶段为屈服阶段。此阶段的最高点 $B_{\text{上}}$ 称为屈服上限，最低点 $B_{\text{下}}$ 称为屈服下限。由于 $B_{\text{下}}$ 比较稳定，容易测定，所以，一般以 $B_{\text{下}}$ 对应的应力为屈服点（即屈服强度），用 σ_{s} 表示，即

$$\sigma_{\text{s}}=\frac{F_{\text{S}}}{A} \tag{11-1}$$

式中　σ_{s}——钢材的屈服强度，MPa；

　　　F_{S}——钢材试件屈服点时的荷载，N；

A——钢材试件截面面积，mm^2。

对于屈服现象不明显的钢材，如中碳钢和高碳钢（硬钢），屈服现象不明显，伸长率小。这类钢材由于没有明显的屈服阶段，不能测定屈服点，规定以产生 0.2% 的残余变形时的应力值作为屈服强度（$\sigma_{0.2}$）。

3. 强化阶段（BC 段）

当荷载超过屈服点以后，试件抵抗塑性变形的能力又重新提高，应力继续增加，故称为强化阶段，当荷载到达 C 点时，应力达到极限值。C 点的强度称为抗拉强度，用 σ_b 表示，即

$$\sigma_b = \frac{F_c}{A} \tag{11-2}$$

式中　σ_b——钢材的抗拉强度，MPa；

　　　F_c——钢材试件极限荷载，N；

　　　A——钢材试件截面面积，mm^2。

在工程使用的钢材中，希望有高的 σ_s 值，并有一定的屈强比（屈服强度和抗拉强度之比 σ_s/σ_b，能反映钢材的利用率和结构安全的可靠程度）。屈强比越小，材料的可靠性越高，不易发生危险的脆性断裂，但是如果屈强比太小，材料的有效利用率太低，造成钢材资源的浪费，所以建筑结构钢材合理的屈强比一般为 0.60~0.75。

4. 颈缩阶段（CD 段）

当荷载超过 C 点后，试件的变形已不再是均匀的，在试件的某个部位出现加速变细，断面急剧缩小，直到断裂。试件出现变细加速的部位称为"颈缩"。

（二）塑性

试件的塑性指标是伸长率，用 δ 来表示，伸长率是时间拉断后总伸长量与原始长度比值的百分率。计算公式为

$$\delta = \frac{l_1 - l_0}{l_0} \times 100\% \tag{11-3}$$

式中　δ——试件的伸长率，%；

　　　l_0——拉伸前的标距长度，mm；

　　　l_1——拉断后的标距长度，mm。

伸长率表明钢材塑性变形的能力，它是钢材的重要技术指标。钢材塑性好，不仅便于进行各种冷加工，而且能保证钢材在建筑中安全使用，不会因超载或震动而引起构件的突然破坏。

（三）冲击韧性

冲击韧性是指钢材抵抗冲击荷载的能力。冲击韧性指标是通过 V 型缺口试件的冲击韧性试验确定的。其冲击韧性用 a_k（J/cm^2）来表示，计算公式为

$$a_k = \frac{A_K}{A} \tag{11-4}$$

式中　a_k——冲击韧性，J/cm^2；

A_K——冲击功，J；

　A——试件断面积，cm^2。

a_k 值越大，说明钢材的冲击韧性越好；a_k 值越小，说明钢材的脆性越大。故用于重要结构的钢材，特别是承受冲击振动荷载的结构所使用的钢材，必须保证冲击韧性。

（四）耐疲劳性

钢材在交变应力（忽有忽无、忽拉忽压）作用下，在远低于抗拉强度时就发生断裂，这种现象称为钢材的疲劳破坏。疲劳破坏的危险应力用疲劳极限来表示。其含义是试件在交变应力作用下，不发生疲劳破坏的最大应力值。在设计承受反复荷载且须进行疲劳验算的结构时，应当了解所用钢材的疲劳极限。

研究表明，钢材的疲劳破坏是拉应力引起的，首先在局部开始形成微细裂缝，由于裂缝尖端处产生应力集中而使裂缝迅速扩展直至钢材断裂。疲劳破坏常常是突然发生的，往往造成严重事故。

二、钢材的工艺性能

钢材的冷弯性能、冷加工性能及时效处理、焊接性能都是钢材的工艺性能。良好的工艺性能，能保证钢材进行顺利的加工。

1. 冷弯性能

冷弯性能是指常温下对钢材试件按规定进行弯曲（90°或 180°），钢材承受弯曲变形的能力。冷弯性能是钢材的重要工艺性能。

冷弯试验是将钢材试件以规定尺寸的弯心进行试验，弯曲至规定的程度（90°或 180°），检验钢材试件承受塑性变形的能力及其缺陷，如钢材因冶炼过程产生的气孔、杂质以及焊接时局部脆性和焊接接头质量缺陷等。所以，冷弯指标不仅对加工性能有要求，而且也是评定钢材塑性和保证钢材塑性和焊接接头质量的重要指标之一。

2. 冷加工性能及时效处理

将钢材在常温下进行冷拉、冷拔或冷轧，使其产生塑性变形，从而提高钢材的强度。这个过程称为冷加工强化处理。

经强化处理后钢材的塑性和韧性降低。由于塑性变形中产生内应力，故钢材的弹性模量降低。但是使钢材的屈服点提高。

钢材经冷加工后，在常温下存放 15～20d 或加热至 100～200℃，保持一定时间，其屈服强度、抗拉强度及硬度进一步提高，而塑性及韧性继续降低，弹性模量基本恢复，这种现象称为时效。前者称为自然时效，后者称为人工时效。

3. 焊接性能

在建筑工程中，各种钢结构、钢筋及预埋件等均采用焊接加工，所以要求钢材具有良好的可焊性。钢材在焊接过程中，局部高温受热，焊后急冷，会造成局部变形和硬脆倾向。可焊性好的钢材在焊接加工后，局部硬脆倾向小，才能使焊接牢固可靠。

可焊性好坏主要取决于钢材的化学成分与含量。含碳量小于 0.25% 的碳素钢具有良好的可焊性。加入合金元素（如硅、锰、钒、钛等）也将增大焊接处的硬脆性，降低可焊性。此外，焊前预热和焊后热处理，可使可焊性差的钢材焊接质量得到提高。

第二节　建筑钢材的技术标准及应用

一、碳素结构钢

1. 碳素结构钢的牌号及其表示方法

碳素结构钢按照屈服点可分为 Q195、Q215、Q235、Q275。钢的牌号由代表屈服强度的字母（Q）、屈服强度数值、质量等级符号（A、B、C、D）、脱氧方法符号（F、Z、TZ）等 4 个部分按顺序组成，如 Q235AF，F 代表沸腾钢，Z 代表镇静钢，TZ 代表特殊镇静钢。在牌号组成表示方法中，"Z"与"TZ"符号可以省略。

2. 碳素结构钢的技术要求

碳素结构钢的牌号和化学成分（熔炼分析）应符合表 11-1 的规定。

表 11-1　　　　　　　　　　碳素结构钢的牌号和化学成分

牌号	统一数字代号	等级	直径/mm	脱氧方法	化学成分（质量分数）/%，≤				
					C	Si	Mn	P	S
Q195	U11952	—	—	F、Z	0.12	0.30	0.50	0.035	0.040
Q215	U12152	A	—	F、Z	0.15	0.35	1.20	0.045	0.050
	U12155	B							0.045
Q235	U12352	A	—	F、Z	0.22	0.35	1.40	0.045	0.050
	U12355	B			0.20				0.045
	U12358	C		Z	0.17			0.040	0.040
	U12359	D		TZ				0.035	0.035
Q275	U12752	A	—	F、Z	0.24	0.35	1.50	0.045	0.050
	U12755	B	≤40	Z	0.21			0.045	0.045
			>40		0.22				
	U12758	C	—	Z	0.20			0.040	0.040
	U12759	D		TZ				0.035	0.035

注　表中为镇静钢、特殊镇静钢牌号的统一数字，沸腾钢牌号的统一数字代号如下：

Q195F—U11950；

Q215AF—U12150，Q215BF—U12153；

Q235AF—U12350，Q235BF—U12353；

Q275AF—U12750。

经需方同意，Q235B 的碳含量可不大于 0.22%。

碳素结构钢的力学性能应符合表 11-2 的规定。

表 11－2　　　　　　　　　　碳素结构钢的力学性能

牌号	等级	屈服强度 R_{eH}/(N/mm²)，≥ 厚度（直径）/mm						抗拉强度 R_m/(N/mm²)	断后伸长率 A/%，≥ 厚度（或直径）/mm					冲击试验（V型缺口）	
		≤16	>16~40	>40~60	>60~100	>100~150	>150~200		≤40	>16~40	>40~60	>100~150	>150~200	温度/℃	冲击吸收功（纵向），≥
Q195	—	195	185	—	—	—	—	315~430	33	—	—	—	—	—	—
Q215	A	215	205	195	185	175	165	335~450	31	30	29	27	26	—	—
	B													+20	27
Q235	A	235	225	215	215	195	185	370~500	26	25	24	22	21	—	—
	B													+20	27
	C													—	
	D													−20	
Q275	A	275	265	255	245	225	215	410~540	22	21	20	18	17	—	—
	B													+20	27
	C													—	
	D													−20	

注　Q195 的屈服强度值仅供参考，不作交货条件。

厚度大于 100mm 的钢材，抗拉强度下限允许降低 20N/mm²，宽带钢（包括剪切钢板）抗拉强度上限不作交货条件。

厚度小于 25mm 的 Q235B 级钢材，如供方能保证冲击吸收功值合格，经需方同意，可不检验。

碳素结构钢的冷弯性能应符合表 11－3 的规定。

表 11－3　　　　　　　　　　碳素结构钢的冷弯性能

牌号	试样方向	冷弯试验 180°，$B=2a$ 钢材厚度（或直径）b/mm	
		≤60	>60~100
		弯心直径 d	
Q195	纵	0	—
	横	0.5a	
Q215	纵	0.5a	1.5a
	横	a	2a
Q235	纵	a	2a
	横	1.5a	2.5a
Q275	纵	1.5a	2.5a
	横	2a	3a

注　B 为试样宽度；a 为试样厚度（或直径）。

钢材厚度（或直径）大于 100mm 时，弯曲试验由双方协商确定。

由表 11－1～表 11－3 可知，碳素结构钢随着牌号的增大，含碳量相应的增大，强度提高，塑性和韧性降低，冷弯性能逐渐变差。

二、优质碳素结构钢

根据国家标准《钢铁产品牌号表示方法》（GB/T 221—2008）规定，优质碳素结构钢牌号通常由 5 部分组成：

第一部分：以两位阿拉伯数字表示平均碳含量（以万分之几计）。

第二部分（必要时）：较高含锰量的优质碳素结构钢，加锰元素符号 Mn。

第三部分（必要时）：钢材冶金质量，即高级优质钢、特级优质钢分别以 A、E 表示，优质钢不用字母表示。

第四部分（必要时）：脱氧方式表示符号，即沸腾钢、半镇静钢、镇静钢分别以"F""b""z"表示，但镇静钢表示符号通常可以省略。

第五部分（必要时）：产品用途、特性或工艺方法表示符号。

优质碳素结构钢牌号的表示方法见表 11-4。

表 11-4 优质碳素结构钢牌号表示

序号	产品名称	第一部分	第二部分	第三部分	第四部分	第五部分	牌号示例
1	优质碳素结构钢	碳含量 0.05%～0.11%	锰含量 0.25%～0.50%	优质钢	沸腾钢	—	08F
2	优质碳素结构钢	碳含量 0.47%～0.55%	锰含量 0.50%～0.80%	高级优质钢	镇静钢	—	50A
3	优质碳素结构钢	碳含量 0.48%～0.56%	锰含量 0.70%～1.00%	特级优质钢	镇静钢	—	50MnE

三、低合金高强度结构钢（GB/T 1591—2008）

1. 低合金高强度结构钢的牌号及化学成分

钢的牌号由代表屈服强度的汉语拼音字母、屈服强度数值、质量等级符号 3 个部分组成。如 Q345D。其中：Q 表示钢的屈服强度的"屈"字汉语拼音的首位字母；345 表示屈服强度数值，单位为 MPa；D 表示质量等级为 D 级。

当需方要求钢板具有厚度方向性能时，则在上述规定的牌号后加上代表厚度方向（Z 向）性能级别的符号，如 Q345DZ15 [Z 是 Z 向（厚度方向）性能，15 是断面收缩率数值]。低合金高强度结构钢牌号可分为 Q345、Q390、Q420、Q450、Q500、Q550、Q620、Q690。

2. 低合金高强度结构钢的力学性能

当需方要求做弯曲试验时，弯曲试验应符合表 11-5 的规定。当供方保证弯曲合格时，可不做弯曲试验。

表 11-5 弯 曲 试 验 参 数 表

牌号	试样方向	180°弯曲试验 [d＝弯心直径（直径），a＝试样厚度（直径）]	
		钢材厚度（直径，边长）/mm	
		≤16	16～100
Q345 Q390 Q420 Q460	宽度不小于 600mm 扁平材，拉伸试验取横向试样；宽度小于 600mm 的扁平材、型材及棒材取纵向试样	$d＝2a$	$d＝3a$

表 11－6　　钢材的拉伸性能

拉伸试验 [a,b,c]

以下公称厚度（直径、边长）下屈服强度 R_{eL}/MPa

牌号	质量等级	≤16mm	>16~40mm	>40~63mm	>63~80mm	>80~100mm	>100~150mm	>150~200mm	>200~250mm	>250~400mm
Q345	A、B、C、D、E	≥345	≥335	≥325	≥315	≥305	≥285	≥275	≥265	≥265
Q390	A、B、C、D、E	≥390	≥370	≥350	≥330	≥330	≥310	—	—	—
Q420	A、B、C、D、E	≥420	≥400	≥380	≥360	≥360	≥340	—	—	—
Q460	C、D、E	≥460	≥440	≥420	≥400	≥400	≥380	—	—	—
Q500	C、D、E	≥500	≥480	≥470	≥450	≥440	—	—	—	—
Q550	C、D、E	≥550	≥530	≥520	≥500	≥490	—	—	—	—
Q620	C、D、E	≥620	≥600	≥590	≥570	—	—	—	—	—
Q690	C、D、E	≥690	≥670	≥660	≥640	—	—	—	—	—

以下公称厚度（直径、边长）下抗拉强度 R_m/MPa

牌号	≤40mm	>40~63mm	>63~80mm	>80~100mm	>100~150mm	>150~250mm	>250~400mm
Q345	470~630	470~630	470~630	470~630	450~600	450~600	450~600
Q390	490~650	490~650	490~650	490~650	470~620	—	—
Q420	520~680	520~680	520~680	520~680	500~650	—	—
Q460	550~720	550~720	550~720	550~720	530~700	—	—
Q500	610~770	600~760	590~750	540~730	—	—	—
Q550	670~830	620~810	600~790	590~780	—	—	—
Q620	710~880	690~880	670~860	—	—	—	—
Q690	770~940	750~920	730~900	—	—	—	—

以下公称厚度（直径、边长）下断后伸长率 A/%

牌号	≤40mm	>40~63mm	>63~100mm	>100~150mm	>150~250mm	>250~400mm
Q345	≥20	≥19	≥19	≥18	≥17	—
Q390	≥21	≥20	≥20	≥19	≥18	≥17
Q420	≥20	≥19	≥19	≥18	—	—
Q460	≥19	≥18	≥18	≥16	—	—
Q500	≥17	≥16	≥16	—	—	—
Q550	≥17	≥16	≥16	—	—	—
Q620	≥16	≥15	≥15	—	—	—
Q690	≥15	≥14	≥14	—	—	—

a　当屈服不明显时，可测量 $R_{p0.2}$ 代替下屈服强度。
b　宽度≥600mm扁平材，拉伸试验取横向试样；宽度小于600mm的扁平材，型材及棒材取纵向试样，断后伸长率最小值相应提高 1%（绝对值）。
c　厚度>250~400mm的数值适用于扁平材。

钢的拉伸性能应符合表 11-6 的规定。进行拉伸和弯曲试验时，钢板、钢带应取横向试样；宽度小于 600mm 的钢带、型钢和钢棒应取纵向试样。

四、常用的建筑钢材

（一）热轧钢筋

热轧钢筋按表面形状分为热轧光圆钢筋和热轧带肋钢筋。

1. 热轧光圆钢筋的级别、代号

经热轧成形并自然冷却的成品，其横截面为圆形，且表面为光滑的钢筋混凝土配筋用钢材，称为热轧光圆钢筋（HPB）。

（1）尺寸、外形、重量及允许偏差。热轧光圆钢筋的公称直径范围是 5.5～20mm。本部分推荐的公称直径为 6.5mm、8mm、10mm、12mm、16mm、20mm。

钢筋的公称横截面积与理论重量列于表 11-7 中。

表 11-7 　　　　　　　　　钢筋的公称横截面积与理论重量

公称直径/mm	公称横截面面积/mm²	理论重量/（kg/m）
5.5	23.76	0.187
6.5	33.18	0.260
8	50.27	0.395
10	78.54	0.617
12	113.1	0.888
14	153.9	1.21
16	201.1	1.58
18	254.5	2.00
20	314.2	2.47

注　表中理论重量按密度为 7.85g/cm³ 计算。公称直径 6.5mm 的产品为过渡性产品。

（2）光圆钢筋的截面形状及尺寸允许偏差：

1）光圆钢筋的截面形状如图 11-2 所示。

2）光圆钢筋的直径允许偏差和不圆度应符合表 11-8 的规定。钢筋可按直条或盘条交货，直条钢筋定尺长度应在合同中注明。按定尺长度交货的直条钢筋，其长度允许偏差范围为 0～±50mm。

3）重量及允许偏差。钢筋按实际重量交货，也可以按理论重量交货。钢筋实际重量与理论重量的偏差符合表 11-9 的规定。

按盘卷交货的钢筋，每根盘条重量应不小于 500kg，每盘重量应不小于 1000kg。

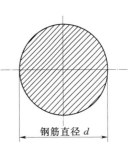

图 11-2　光圆钢筋
截面形状

表 11 - 8 光圆钢筋的直径允许偏差和不圆度

公称直径/mm	允许偏差/mm	不圆度/mm
5.5 6.5 8 10 12	±0.3	≤0.3
14 16 18 20	±0.4	≤0.4

表 11 - 9 钢筋实际重量与理论重量的偏差

公称直径/mm	实际重量与理论重量的偏差/%	公称直径/mm	实际重量与理论重量的偏差/%
6~12	±7	14~22	±5

2. 技术要求

（1）牌号和化学成分。钢筋按屈服强度特征值分为 HPB235 和 HPB300。钢筋牌号及化学成分（熔炼分析）规定见表 11 - 10。

表 11 - 10 钢筋牌号及化学成分

牌号	化学成分（质量分数）/%，≤				
	C	Si	Mn	P	S
HPB235	0.22	0.30	0.65	0.045	0.045
HPB300	0.25	0.55	1.50		

钢中残余元素铬、镍、铜含量应各不大于 0.30%。钢筋的成品化学成分允许偏差应符合 GB/T 222 的规定。

（2）钢筋的力学性能和工艺性能。钢筋的屈服强度 R_{el}、抗拉强度 R_m、断后伸长率 A、最大力总伸长率 A_{gt} 等力学性能特征值应符合表 11 - 11 的规定。表中所列各力学性能特征值可作为交货检验的最小保证值。

表 11 - 11 钢筋的力学性能和工艺性能

牌号	R_{el} /MPa	R_m /MPa	A /%	A_{gt} /%	冷弯试验 180° d—弯芯直径 a—钢筋公称直径
	≥				
HPB235	235	370	23.0	10.0	$d=a$
HPB300	300	420			

（3）表面质量。钢筋应无有害的表面缺陷，按盘卷交货的钢筋应将头尾有害缺陷部分切除。试样可使用钢丝刷清理，清理后的重量、尺寸、横截面积和拉伸性能满足本部分的要求，锈皮、表面不平整或氧化铁不作为拒收的理由。当带有上述规定的缺陷以外的表面缺陷的试样不符合拉伸性能或弯曲性能要求时，则认为这些缺陷是有害的。

3. 热轧带肋钢筋

（1）牌号。经热轧成形并自然冷却的横截面为圆形的，且表面通常带有两条纵肋和沿长度方向均匀分布的横肋的钢筋，称为热轧带肋钢筋（HRB）。热轧带肋钢筋分为HRB335、HRB400、HRB500 等 3 个牌号。钢筋牌号的构成机器含义见表 11-12。

表 11-12 钢筋牌号的构成机器含义

类 别	牌 号	牌号构成	英文字母含义
普通热轧钢筋	HRB335	由 HRB+屈服强度特征值构成	HRB-热轧带肋钢筋的英文（Hot rolled Rib-bed Bars）缩写
	HRB400		
	HRB500		
细晶粒热轧钢筋	HRBF335	由 HRBF+屈服强度特征值构成	HRBF-在热轧带肋钢筋的英文缩写后加"细"的英文（Fine）首位字母
	HRBF400		
	HRBF500		

（2）尺寸、外形和重量。钢筋的公称直径范围为 6~50mm，本标准推荐的热轧带肋钢筋的公称直径为 6mm、8mm、10mm、12mm、16mm、20mm、25mm、32mm、40mm和 50mm。公称横截面面积和公称重量见表 11-13。

表 11-13 热轧带肋钢筋公称横截面面积和公称重量

公称直径/mm	公称横截面面积/mm²	理论重量/(kg/m)
6	28.27	0.222
8	50.27	0.395
10	78.54	0.617
12	113.1	0.888
14	153.9	1.21
16	201.1	1.58
18	254.5	2.00
20	314.1	2.47
22	380.1	2.98
25	490.9	3.85
28	615.8	4.83
32	804.2	6.31
36	1018	7.99
40	1257	9.87
50	1964	15.42

注 表中理论重量按密度为 7.85g/cm² 计算。

（3）热轧带肋钢筋的表面形状及尺寸允许偏差。热轧带肋钢筋采用月牙肋表面形状时，其形状如图 11-3 所示，尺寸和允许偏差应符合表 11-14 的规定。

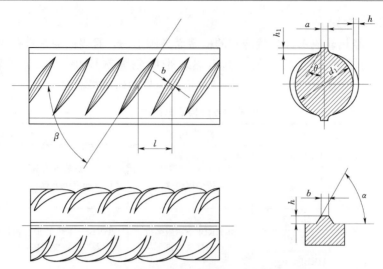

图 11-3　月牙肋钢筋（带纵肋）表面及其截面形状

d_1—钢筋内径；α—横肋斜角；h—横肋高度；β—横肋与轴线夹角；h_1—纵肋高度；

θ—纵肋斜角；a—纵肋顶宽；l—横肋间距；b—横肋顶宽

表 11-14　　　　　　　热轧带肋钢筋月牙肋尺寸和允许偏差　　　　　单位：mm

公称直径 d	内径 d_1		横肋高 h		纵肋高 h_1, $\leqslant$	横肋宽 b	纵肋宽 a	间距 l		横肋末端最大间隙（公称周长的 10% 弦长）
	公称尺寸	允许偏差	公称尺寸	允许偏差				公称尺寸	允许偏差	
6	5.8	±0.3	0.6	±0.3	0.8	0.4	1.0	4.0		1.8
8	7.7		0.8	+0.4 −0.3	1.1	0.5	1.5	5.5		2.5
10	9.6		1.0	±0.4	1.3	0.6	1.5	7.0	±0.5	3.1
12	11.5	±0.4	1.2	+0.4 −0.5	1.6	0.7	1.5	8.0		3.7
14	13.4		1.4		1.8	0.8	1.8	9.0		4.3
16	15.4		1.5		1.9	0.9	1.8	10.0		5.0
18	17.3		1.6	±0.5	2.0	1.0	2.0	10.0		5.6
20	19.3		1.7		2.1	1.2	2.0	10.0		6.2
22	21.3	±0.5	1.9		2.4	1.3	2.5	10.5	±0.8	6.8
25	24.2		2.1	±0.6	2.6	1.5	2.5	12.5		7.7
28	27.2		2.2		2.7	1.7	3.0	12.5		8.6
32	31.0	±0.6	2.4	+0.8 −0.7	3.0	1.9	3.0	14.0		9.9
36	35.0		2.6	+1.0 −0.8	3.2	2.1	3.5	15.0	±1.0	11.1
40	38.7	±0.7	2.9	±1.1	3.5	2.2	3.5	15.0		12.4
50	48.5	±0.8	3.2	±1.2	3.8	2.5	4.0	16.0		15.5

注　1. 纵肋斜角 θ 为 0°~30°。

　　2. 尺寸 a、b 为参考数据。

（4）长度及允许偏差。钢筋通常按定尺长度交货，具体交货长度应在合同中注明。钢筋可以盘卷交货，每盘应是一条钢筋，允许每批有 5％的盘数（不足两盘时可有两盘）由两条钢筋组成，其盘重及盘径由供需双方协商确定。

钢筋按定尺交货时的长度允许偏差为±25mm。当要求最小长度时，其偏差为＋50mm，当要求最大长度时，其偏差为－50mm。

（5）钢筋牌号及化学成分和碳含量。钢筋牌号及化学成分和碳含量应符合表 11-15 的规定。根据需要，钢中还可加入 V、Nb、Ti 等元素。

表 11-15　　　　　　　　　钢筋牌号及化学成分和含碳量

牌　号	化学成分（质量分数）/％，≤					
	C	Si	Mn	P	S	C_{eq}
HRB335						0.52
HRB400						0.54
HRB500						0.55
RRB335	0.25	0.80	1.60			—
RRB400						
RRB500						

（6）钢的力学性能。钢的屈服强度、抗拉强度、断后伸长率 A、最大力总伸长率等力学性能应符合表 11-16 的规定。表 11-16 所列各力学性能特征值，可作为交货检验的最小保证值。

表 11-16　　　　　　　　　力 学 性 能 特 征 值

牌　号	R_{eL}/MPa	R_m/MPa	A/％	A_{gt}/％
	≥			
HRB335	335	455	17	7.5
HRB400	400	540	17	7.5
HRB500	500	630	16	7.5
RRB335	335	390	16	5.0
RRB400	400	460	16	5.0
RRB500	500	575	14	5.0

直径 28～40mm 各牌号钢筋的断后伸长率 A 可降低 1％；直径大于 40mm 各牌号钢筋的断后伸长率 A 可降低 2％。

（二）冷轧带肋钢筋

1. 牌号、尺寸、重量及允许偏差

热轧圆盘条经冷轧后，在其表面带有沿长度方向均匀分布的三面或二面横肋的钢筋称为冷轧带肋钢筋。《冷轧带肋钢筋》（GB 13788—2008）中规定，冷轧带肋钢筋使用代号 CRB 表示，其分为 CRB550、CRB650、CRB800、CRB970 等 4 个牌号。CRB550 为普通钢筋混凝土用钢筋，其他牌号为预应力混凝土用钢筋。

冷轧带肋钢筋的表面横肋呈月牙形，横肋沿钢筋横截面周圈上均匀分布，其中三面肋钢筋有一面肋的倾角必须与另两面反向，二面肋钢筋一面肋的倾角必须与另一面反向。横肋中心线和国内钢筋纵轴线夹角 β 为 $40°\sim60°$。横肋两侧面和钢筋表面斜角 α 不得小于 $45°$，横肋与钢筋表面呈弧形相交。

CRB550 钢筋的公称直径范围为 $4\sim12\text{mm}$，CRB650 及以上牌号钢筋的公称直径为 4mm、5mm、6mm。

三面肋和二面肋钢筋的尺寸、重量及允许偏差应符合表 11-17 的规定。

表 11-17　　　　　　三面肋和二面肋钢筋的尺寸、重量及允许偏差

公称直径 d/mm	公称横截面积 /mm²	质量		横肋中点高		横肋 1/4 处高 $h_{1/4}$ /mm	横肋顶宽 b /mm	横肋间距		相对肋面积，≥
		理论质量 /(kg/m)	允许偏差 /%	h /mm	允许偏差 /%			l /mm	允许偏差 /%	
4	12.6	0.099		0.30		0.24		4.0		0.036
4.5	15.9	0.125		0.32		0.26		4.0		0.039
5	19.6	0.154		0.32		0.26		4.0		0.039
5.5	23.7	0.186		0.40		0.32		5.0		0.039
6	28.3	0.222		0.40	$+0.10$ -0.05	0.32		5.0		0.039
6.5	33.2	0.261		0.46		0.37		5.0		0.045
7	38.5	0.302		0.46		0.37		5.0		0.045
7.5	44.3	0.347		0.55		0.44		6.0		0.045
8	50.3	0.395	±4	0.55		0.44	$\sim0.2d$	6.0	$+15$	0.045
8.5	56.7	0.445		0.55		0.44		7.0		0.045
9	63.6	0.499		0.75		0.60		7.0		0.052
9.5	70.8	0.556		0.75		0.60		7.0		0.052
10	78.5	0.617		0.75		0.60		7.0		0.052
10.5	86.5	0.679		0.75	±0.10	0.60		7.4		0.052
11	95.0	0.746		0.85		0.65		7.4		0.056
11.5	103.8	0.815		0.95		0.76		8.4		0.056
12	113.1	0.888		0.95		0.76		8.4		0.056

注　横肋 1/4 处高、横肋顶宽仅供孔型设计用，二面肋钢筋允许有高度不大于 $0.5h$ 的纵肋。

冷轧带肋钢筋的牌号和化学成分应符合表 11-18 的规定。

表 11-18　　　　　　冷轧带肋钢筋的牌号和化学成分

钢筋牌号	盘条牌号	化学成分（质量分数）/%					
		C	Si	Mn	V、Ti	S	P
CRB550 CRB650	Q215	0.09~0.15	≤0.30	0.25~0.55	—	≤0.050	≤0.045
	Q235	0.14~0.22	≤0.30	0.30~0.65	—	≤0.050	≤0.045
CRB800	24MnTi	0.19~0.27	0.17~0.37	1.20~1.60	Ti：0.01~0.05	≤0.045	≤0.045
	20MnSi	0.17~0.25	0.40~0.80	1.20~1.60	—	≤0.045	≤0.045
CRB970	41MnSiV	0.37~0.45	0.60~1.10	1.00~1.40	V：0.05~0.12	≤0.045	≤0.045
	60	0.57~0.65	0.17~0.37	0.50~0.80	—	≤0.035	≤0.035

冷轧带肋钢筋的力学性能和工艺性能应符合表 11 - 19 的规定。冷轧带肋钢筋反复弯曲试验的弯曲半径应符合表 11 - 20 的规定。对于相关技术要求的细则，参考《冷轧带肋钢筋》（GB 13788—2008）。

表 11 - 19 　　　　　　　冷轧带肋钢筋的力学性能和工艺性能

钢筋牌号	$R_{p0.2}$/MPa, $\geqslant$	R_m/MPa, $\geqslant$	伸长率/%, $\geqslant$		弯曲试验 180°	反复弯曲次数	应力松弛初始应力应当是公称抗拉强度的70%
			$A_{11.3}$	A_{100}			1000h 松弛率/%, $\leqslant$
CRB550	500	550	8.0	—	$D=3d$	—	—
CRB650	585	650	—	4.0	—	3	8
CRB800	720	800	—	4.0	—	3	8
CRB970	875	970	—	4.0	—	3	8

注　D 为弯曲直径，d 为钢筋公称直径。

表 11 - 20 　　　冷轧带肋钢筋反复弯曲试验的弯曲半径（GB 13788—2008）

钢筋公称直径/mm	4	5	6
弯心半径/mm	10	15	15

2. 冷轧带肋钢筋的表面质量与交货状态

钢筋通常按盘卷交货，CRB550 钢筋也可按直条交货，钢筋按直条交货时，其长度及允许偏差按供需双方协商确定。直条钢筋的每米弯曲度不小于 4mm，总弯曲度不大于钢筋全长的 0.4%。盘卷钢筋的重量不小于 100kg，每盘应由一根钢筋组成，CRB650 及以上牌号钢筋不得有焊接接头。钢筋按冷加工状态交货，允许冷轧后进行低温回火处理。

钢筋表面不得有裂纹、折叠、结疤、油污及其他影响使用的缺陷。钢筋表面可有浮锈，但不得有锈皮及目视可见的麻坑等腐蚀现象。

（三）预应力混凝土用钢丝和钢绞线（GB/T 5223—2014）

1. 钢丝

由优质碳素结构钢经冷加工、热处理、冷轧、绞捻等过程制得。其特点是：强度高、安全可靠，便于施工。无明显屈服点，强度高、柔韧性好、无接头、质量稳定、施工简便等，使用时按要求长度切割，用于大荷载、大跨度、曲线配筋的预应力钢筋混凝土结构。

2. 钢绞线

钢绞线是将若干根碳素钢丝经绞捻及热处理后制成的。钢绞线强度高、柔性好，特别适用于曲线配筋的预应力钢筋混凝土结构、大跨度屋架及吊车梁。

预应力钢绞线以盘或卷状态交货，每盘钢绞线应由一整根组成，如无特殊要求，每盘钢绞线的长度不小于 200m。成品钢绞线的表面不能有润滑剂、油渍等降低钢绞线与混凝土黏结力的物质。钢绞线表面允许有轻微的浮锈，但不得锈蚀成目视可见的麻坑。

（四）型钢

按照钢的冶炼质量不同，型钢分为普通型钢和优质型钢。普通型钢按现行金属产品目录又分为大型型钢、中型型钢、小型型钢。普通型钢按其断面形状又可分为工字钢、槽钢、角钢、圆钢等。型钢的规格以反映其断面形状的主要轮廓尺寸来表示。常用规格的型钢有工字钢、槽钢和角钢（等边角钢和不等边角钢）。工字钢、槽钢、角钢广泛应用于工业建筑和金属结构，如厂房、桥梁、船舶、运输机械等，但型钢往往配合使用。

（五）钢板

钢板按其厚度分厚钢板（厚度为 20～60mm）、中厚钢板（厚度为 4～20mm）、薄钢板（厚度小于 4mm）。

在建筑工程中，厚钢板很少使用，一般多用中厚钢板，与各种型钢组成钢结构。花纹钢板具有防化作用，多用于工业建筑的工作平台和楼梯踏步板。

薄钢板表面有镀锌（俗称白铁皮）和不镀锌之分。镀锌钢板（白铁皮）抗腐蚀性好，多用于制作成落水管、通风管，压制成波形后可作为不保温车间的屋面和墙面。

薄钢板上涂有瓷质釉料，烧制后即成搪瓷。搪瓷板可用作饰面材料，并制成卫生洁具（浴缸、洗涤盆、水箱等）。

薄钢板上敷以塑料薄层即成涂塑钢板，具有良好的防锈、防水和装饰性能，可以作为屋面板、墙面、排气及通风管道。

（六）钢管

钢管按生产工艺分为无缝钢管和焊接钢管。焊接钢管又有镀锌（俗称白铁管）和不镀锌之分，此外还有电线管。

无缝钢管主要用于压力管道或一些特定的钢结构中。镀锌钢管主要用于室内给水管道，但由于其耐腐蚀性差，正逐渐被塑铝管、塑铜管所取代。

第三节　钢材的检验

一、钢的宏观检验方法

利用肉眼或 10 倍以下的低倍放大镜观察金属材料内部组织及缺陷的检验。常用的方法有断口检验、低倍检验、塔形车削发纹检验及硫印试验等。可以检验钢材在不同断面上的缺陷，如缩孔、疏松、偏析、气泡、夹杂物、"白点"、在不同界面上是否有发纹（细裂纹缺陷）等。

二、钢的微观检验方法

显微检验：显微检验又叫作高倍检验，是将制备好的试样，按规定的放大倍数在显微镜下进行观察测定，以检验金属材料的组织及缺陷的检验方法。一般检验夹杂物、晶粒度、脱碳层深度、晶间腐蚀等。

三、规格尺寸的检验

规格尺寸指金属材料主要部位（长、宽、厚、直径等）的公称尺寸。

公称尺寸（名义尺寸）：是人们在生产中想得到的理想尺寸，但它与实际尺寸有一定差距。

尺寸偏差：实际尺寸与公称尺寸之差值叫尺寸偏差。大于公称尺寸叫正偏差，小于公称尺寸叫负偏差。在标准规定范围内叫允许偏差，超过范围叫尺寸超差，超差属于不合格品。

交货长度（宽度）：是金属材料交货主要尺寸，指金属材料交货时应具有的长（宽）度规格。

四、数量的检验

金属材料的数量，一般是指重量（除个别例垫板、鱼尾板以件数计），数量检验方法有按实际重量计量：按实际重量计量的金属材料一般应全部过磅检验。对有牢固包装（如箱、盒、桶等），在包装上均注明毛重、净重和皮重。如薄钢板、硅钢片、铁合金可进行抽检数量不少于一批的 5％，如抽检重量与标记重量出入很大，则须全部开箱称重。

按理论换算计量：以材料的公称尺寸（实际尺寸）和相对密度计算得到的重量，对那些定尺的型板等材料都可按理论换算，但在换算时要注意换算公式和材料的实际相对密度。

五、表面质量检验

表面质量检验主要是对材料、外观、形状、表面缺陷的检验，主要有椭圆度、弯曲、扭转、弯曲度、镰刀弯（侧面弯）、瓢曲度、表面裂纹、耳了、刮伤、结疤、黏结、氧化铁皮、折叠、麻点和皮下气泡。

表面缺陷产生的原因主要是由于生产、运输、装卸、保管等操作不当。根据对使用的影响不同，有的缺陷是根本不允许超过限度。有些缺陷虽然不存在，但不允许超过限度；各种表面缺陷是否允许存在，或者允许存在程度，在有关标准中均有明确规定。

六、化学成分检验

化学成分是决定金属材料性能和质量的主要因素。因此，标准中对绝大多数金属材料规定了必须保证的化学成分，有的甚至作为主要的质量、品种指标。化学成分可以通过化学的、物理的多种方法来分析鉴定，目前应用最广的是化学分析法和光谱分析法。此外，设备简单、鉴定速度快的火花鉴定法，也是对钢铁成分鉴定的一种实用的简易方法。

七、内部质量检验的保证条件

金属材料内部质量的检验依据是根据材质适应不同的要求，保证条件也不同，在出厂和验收时必须按保证条件进行检验，并符合要求，保证条件分为以下几种：

（1）基本保证条件。对材料质量最低要求，无论是否提出，都得保证，如化学成分、基本机械性能等。

（2）附加保证条件。指根据需方在订货合同中注明要求才进行检验，并保证检验结果符合规定的项目。

（3）协议保证条件。供需双方协商并在订货合同中加以保证的项目。

（4）参考条件。双方协商进行检验项目，但仅作参考条件，不作考核。

小　　结

本章主要学习了建筑用钢的技术性能、建筑钢材的技术标准及应用、钢材的检验，掌握水利工程中常用建筑钢材的用途和质量检验方法，熟悉建筑用钢的技术性能和技术标准。

自 测 练 习 题

一、单项选择题

1. 钢材的设计强度所取的值是（　　）。

A. 屈服强度　　　　　B. 抗拉强度　　　　　C. 抗压强度　　　　　D. 抗剪强度

2. 普通碳素结构钢随钢号增加，钢材的（　　）。

A. 强度增加、塑性增加　　　　　　　　B. 强度增加、塑性降低

C. 强度降低、塑性增加　　　　　　　　D. 强度降低、塑性降低

3. 在低碳钢的应力—应变图中，有线性关系的是（　　）阶段。

A. 弹性阶段　　　　　B. 屈服阶段　　　　　C. 强化阶段　　　　　D. 破坏阶段

4. 伸长率是衡量钢材（　　）的指标。

A. 弹性　　　　　　　B. 塑性　　　　　　　C. 脆性　　　　　　　D. 韧性

5. 钢材抵抗冲击荷载的能力称为（　　）。

A. 塑性　　　　　　　B. 冲击韧性　　　　　C. 弹性　　　　　　　D. 硬度

二、简答题

1. 钢结构设计时，是以钢材的什么强度作为设计依据的？

2. 钢材的屈强比的大小与钢材的可靠性及结构安全性有何关系？

3. 何谓钢材的冷加工强化？

4. 钢筋的屈服强度与极限强度有何意义？

第十二章 土工合成材料

第一节 土工合成材料类型

我国《土工合成材料应用技术规范》（GB 50290—2014）将土工合成材料分为土工织物、土工膜、土工复合材料和土工特种材料四大类。

一、土工织物

土工织物又称土工布，它是由聚合物纤维制成的透水性土工合成材料。按制造方法不同，土工织物可分为织造（有纺）型土工织物与非织造型（无纺）土工织物两大类。

（一）织造型土工织物

1. 结构

织造型土工织物是问世最早的土工织物产品，又称为有纺土工织物。它是由单丝或多丝织成的，或由薄膜形成的扁丝编织成的布状卷材。其制造工序是：将聚合物原材料加工成丝、纱、带，再借织机织成平面结构的布状产品。织造时有相互垂直的两组平行丝，如图 12-1 所示。沿织机（长）方向的称经丝，横过织机（宽）方向的称纬丝。

单丝的典型直径为 0.5mm，它是将聚合物热熔后从模具中挤压出来的连续长丝。在挤出的同时或刚挤出后将丝拉伸，使其中的分子定向，以提高丝的强度。多丝是由若干根单丝组成的，在制造高强度土工织物时常采用多丝。扁丝是由聚合物薄片经利刀切成的薄条，在切片前后都要牵引拉伸以提高其强度，宽度约为 3mm，是其厚度的 10～20 倍。

目前，大多数编织土工织物是由扁丝织成，而圆丝和扁丝结合成的织物有较高的渗透性，如图 12-2 所示。

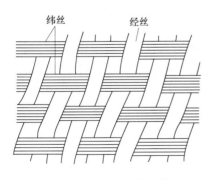

图 12-1 土工织物的经纬丝

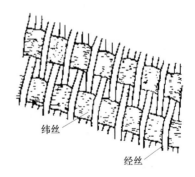

图 12-2 圆丝和扁丝织成的织物

2. 织造型式

织造型土工织物有 3 种基本的织造型式，即平纹、斜纹和缎纹。平纹是最简单、应用最多的织法，其形式是经、纬纹一上一下，如图12-1、图12-2所示。斜纹是经丝跳越几根纬丝。最简单的形式是经丝二上一下，如图12-3所示。缎纹是经丝和纬丝长距离地跳越，如经丝五上一下，这种织法适用于衣料类产品。

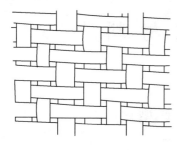

图12-3　斜纹土工织物网

3. 各产品的特性

不同的丝和纱以及不同的织法，织成的产品具有不同的特性。平纹织物有明显的各向异性，其经、纬向的摩擦系数也不一样；圆丝织物的渗透性一般比扁丝的高，每百米长的经丝间穿越的纬丝越多，织物越密越强，渗透性越低。单丝的表面积较多丝的表面积小，其防止生物淤堵的性能好。聚丙烯的老化速度比聚酯和聚乙烯的要快。由此可见，可以借助调整丝（纱）的材质、品种和织造方式等来得到符合工程要求的强度、经纬强度比、摩擦系数、等效孔径和耐久性等项指标。

（二）非织造型土工织物

非织造型土工织物又称无纺土工织物，是由短纤维或喷丝长纤维按随机排列制成的絮垫，经机械缠合，或热黏合，或化学黏合而成的布状卷材。

1. 热黏合

热黏合是将纤维在传送带上成网，让其通过两个反向转动的热辊之间热压，纤维网受热达到一定温度后，部分纤维软化熔融，互相黏连，冷却后得到固化。这种方法主要用于生产薄型土工织物，厚度一般为0.5～1.0mm。由于纤维是随机分布的，织物中形成无数大小不一的开孔，又无经纬丝之分，故其强度的各向异性不明显。

纺黏合是热黏合中的一种，是将聚合物原材料经过熔融、挤压、纺丝成网、纤维加固后形成的产品。该种织物厚度薄而强度高，渗透性大。由于制造流程短、产品质量好、品种规格多、成本低、用途广，近年来在我国发展较快。

2. 化学黏合

化学黏合是通过不同工艺将黏合剂均匀地施加到纤维网中，待黏合剂固化，纤维之间便互相粘连，使之得以加固，厚度可达3mm。常用的黏合剂有聚烯酯、聚酯乙烯等。

3. 机械黏合

机械黏合是以不同的机械工具将纤维加固。机械黏合有针刺法和水刺法两种。针刺法利用装在针刺机底板上的许多截面为三角形或菱形且侧面有钩刺的针，由机器带动，做上下往复运动，让网内的纤维互相缠结，从而织网得以加固。产品厚度一般在1mm以上，孔隙率高，渗透性大，反滤、排水性能好，在工程中应用很广。水刺法是利用高压喷射水流射入纤维网，使纤维互相缠结加固。产品柔软，主要用于卫生用品，工程中尚未应用。

二、土工膜

土工膜是透水性极低的土工合成材料。根据原材料不同，可分为聚合物和沥青两大类。按制作方法不同，可分为现场制作和工厂预制两大类。为满足不同强度和变形需要，又有加筋和不加筋之分。聚合物膜在工厂制造，而沥青膜则大多在现场制造。

制造土工膜的聚合物有热塑塑料（如聚氯乙烯）、结晶热塑塑料（如高密度聚乙烯）、热塑弹性体（如氯化聚乙烯）和橡胶（如氯丁橡胶）等。

现场制造是指在工地现场地面上喷涂一层或敷一层冷或热的黏性材料（沥青和弹性材料混合物或其他聚合物）或在工地先铺设一层织物在需要防渗的表面，然后在织物上喷涂一层热的黏性材料，使透水性低的黏性材料浸在织物的表面，形成整体性的防渗薄膜。

工厂制造是采用高分子聚合物、弹性材料或低分子量的材料通过挤出、压延或加涂料等工艺过程所制成，是一种均质薄膜。挤出是将熔化的聚合物通过模具制成土工膜，厚 $0.25\sim4.0$mm。压延是将热塑性聚合物通过热辊压成土工膜，厚 $0.25\sim2.0$mm。加涂料是将聚合物均匀涂在纸片上，待冷却后将土工膜揭下来而成。

制造土工膜时，掺入一定量的添加剂，可使其在不改变材料基本特性的情况下，改善其某些性能和降低成本。例如，掺入炭黑可提高抗日光紫外线能力，延缓老化；掺入滑石等润滑剂可改善材料可操作性；掺入铅盐、钡、钙等衍生物以提高材料的抗热、抗光照稳定性；掺入杀菌剂可防止细菌破坏等。在沥青类土工膜中，掺入填料（如细矿粉）或纤维，可提高膜的强度。

三、土工复合材料

土工复合材料是两种或两种以上的土工合成材料组合在一起的制品。这类制品将各种组合料的特性相结合，以满足工程的特定需要。

1. 复合土工膜

复合土工膜是将土工膜和土工织物（包括织造型和非织造型）复合在一起的产品。应用较多的是非织造针刺土工织物，其单位面积质量一般为 $200\sim600$g/m^2。复合土工膜在工厂制造时有两种方法，一是将织物和膜共同压成；二是在织物上涂抹聚合物以形成二层（一布一膜）、三层（二布一膜）、五层（三布二膜）的复合土工膜。

复合土工膜具有许多优点。例如，以织造型土工织物复合，可以对土工膜加筋，保护不受运输或施工期间的外力损坏；以非织造型织物复合，可以对土工膜起加筋、保护、排水排气作用，提高膜的摩擦系数，在水利工程和交通隧洞工程中有广泛的应用。

2. 塑料排水带

塑料排水带是由不同凹凸截面形状并形成连续排水槽的带状心材，外包非织造土工织物（滤膜）构成的排水材料。心板的原材料为聚丙烯、聚乙烯或聚氯乙烯。心板截面形式有城垛式、口琴式和乳头式等，如图 12-4 所示。

心板起骨架作用，截面形成的纵向沟槽供通水之用，而滤膜多为涤纶无纺织物，作用是滤土、透水。塑料排水带的宽度一般为 100mm，厚度为 $3.5\sim4$mm，每卷长 $100\sim200$m，单位重 0.125kg/

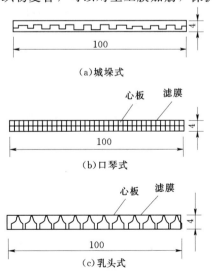

图 12-4　塑料排水带断面

m，排水带在公路、码头、水闸等软基加固工程中应用广泛。

3. 软式排水管

软式排水管又称为渗水软管，是由高强度钢丝圈作为支撑体及具有反滤、透水、保护作用的管壁包裹材料两部分构成的，如图 12-5 所示。

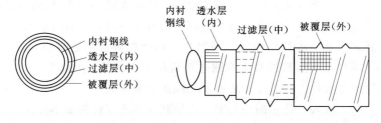

图 12-5 软式排水管构造示意图

高强钢丝由钢线经磷酸防锈处理，外包一层 PVC 材料，使其与空气、水隔绝，避免氧化生锈。包裹材料有 3 层：内层为透水层，由高强度尼龙纱作为经纱，特殊材料为纬纱制成；中层为非织造土工织物过滤层；外层为与内层材料相同的覆盖层。在支撑体和管壁外裹材料间、外裹各层之间都采用了强力黏结剂黏合牢固，以确保软式排水管的复合整体性。目前，管径有 50.1mm、80.4mm 和 98.3mm，相应的通水量（坡降 $i=1/250$）为 45.7cm³/s、162.7cm³/s、311.4cm³/s。

软式排水管兼有硬水管的耐压与耐久性能，又有软水管的柔软和轻便特点，过滤性强，排水性好，可用于各种排水工程中。

四、土工特种材料

土工特种材料是为工程特定需要而生产的产品。常见的有以下几种。

1. 土工格栅

土工格栅是在聚丙烯或高密度聚乙烯板材上先冲孔，然后进行拉伸而成的带长方形孔的板材，如图 12-6 所示。

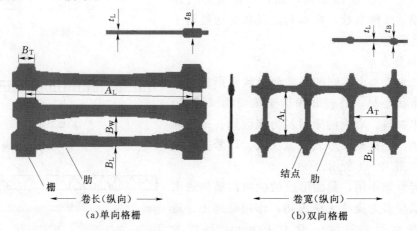

(a) 单向格栅 　　(b) 双向格栅

图 12-6 土工格栅

加热拉伸是让材料中的高分子定向排列，以获得较高的抗拉强度和较低的延伸率。按拉伸方向不同，可分为单向拉伸（孔近矩形）和双向拉伸（孔近方形）两种。单向拉伸在拉伸方向上皆有较高强度。

土工格栅强度高、延伸率低，是加筋的好材料。土工格栅埋在土内，与周围土之间不仅有摩擦作用，而且由于土石料嵌入其开孔中，还有较高的啮合力，它与土的摩擦系数高达 0.8～1.0。

2. 土工网

土工网是由聚合物挤塑成网，或由粗股条编织，或由合成树脂压制成的具有较大孔眼和一定刚度的平面结构网状材料，如图 12-7 所示。网孔尺寸、形状、厚度和制造方法不同，其性能也有很大差异。一般而言，土工网的抗拉强度都较低，延伸率较高。这类产品常用于坡面防护、植草、软基加固垫层或用于制造复合排水材料。

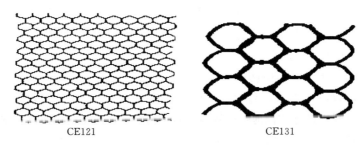

CE121   CE131

图 12-7　土工网

3. 土工模袋

土工模袋是由上、下两层土工织物制成的大面积连续袋状材料，袋内充填混凝土或水泥砂浆，凝固后形成整体混凝土板，可用作护坡。模袋上下两层之间用一定长度的尼龙绳来保持其间隔，可以控制填充时的厚度。浇注在现场用高压泵进行。混凝土或砂浆注入模袋后，多余水量可从织物孔隙中排走，故而降低了水分，加快了凝固速度，提高了强度。

按加工工艺不同，模袋可分为机织模袋和简易模袋两类。前者是由工厂生产的定型产品，而后者是用手工缝制而成的。

4. 土工格室

土工格室是由强化的高密度聚乙烯宽带，每隔一定间距以强力焊接而形成的网状格室结构。典型条带宽 100mm、厚 1.2mm，每隔 300mm 进行焊接。闭合和张开时的形状如图 12-8 所示。格室张开后，可填土料，由于格室对土的侧向位移的限制，可大大提高土体的刚度和强度。土工格室可用于处理软弱地基，增大其承载力，沙漠地带可用于固沙，还可用于护坡等。

5. 土工管、土工包

土工管是用经防老化处理的高强度土工织物制成的大型管袋及包裹体，可有效地护岸和用于崩岸抢险，或利用其堆筑堤防。

土工包是将大面积高强度的土工织物摊铺在可开底的空驳船内，充填 200～800m³，料物将织物包裹闭合，运送沉放到一预定位置。在国外，该技术主要用于环境保护。

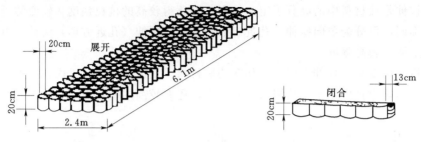

图 12-8　土工格室

6. 聚苯乙烯板块

聚苯乙烯板块又称泡沫塑料，是以聚苯乙烯为原料，加入发泡剂制成的。其特点是质量轻、热导率低、吸水率小、有一定抗压强度。由于其质量轻，可用它代替土料，填筑桥端的引堤，解决桥头跳车问题。其热导率低，在寒冷地带，可用该材料板块防止结构物冻害，如在挡墙背面或闸底板下放置泡沫塑料以防止冻胀等。

7. 土工合成材料黏土垫层

土工合成材料黏土垫层是由两层或多层土工织物（或土工膜）中间夹一层膨润土粉末（或其他低渗透性材料）以针刺（缝合或粘接）而成的一种复合材料。其优点是体积小、质量轻、柔性好、密封性良好、抗剪强度较高、施工简便、适应不均匀沉降，比压实黏土垫层具有无比的优越性，可代替一般的黏土密封层，用于水利或土木工程中的防渗或密封设计。

第二节　土工合成材料功能

土工合成材料在土建工程中应用时，不同的材料，用在不同的部位，能起到不同的作用，这就是土工合成材料的功能。其主要功能可归纳为六类，即反滤、排水、隔离、防渗、防护和加筋。

一、反滤功能

由于土工织物具有良好的透水性和阻止颗粒通过的性能，是用作反滤设施的理想材料。在土石坝、土堤、路基、涵闸、挡土墙等各种土建工程中，用以替代传统的砂砾反滤设施，可以获得巨大的经济效益和良好的技术性能，如图 12-9 所示。

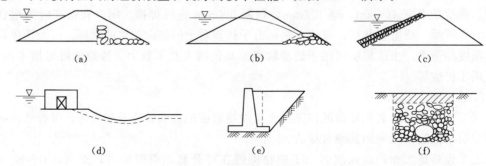

图 12-9　反滤功能应用示意

用作反滤的土工织物一般是非织造型（无纺）土工织物，有时也可使用织造型土工织物，基本要求如下。

（1）被保护的土料在水流作用下，土粒不得被水流带走，即需要有"保土性"，以防止管涌破坏。

（2）水流必须能顺畅通过织物平面，即需要有"透水性"，以防止积水产生过高的渗透压力。

（3）织物孔径不能被水流挟带的土粒所阻塞，即要有"防堵性"，以避免反滤作用失效。

二、排水功能

一定厚度的土工织物或土工席垫，具有良好的垂直和水平透水性能，可用做排水设施，有效地把土体中的水分汇集后予以排出。例如，在堤坝工程中用以降低浸润线位置，控制渗透变形；土坡排水，减少孔隙压力，防止土坡失稳；软土地基排水，加速土固结，提高地基承载能力；挡墙背面排水，以减少压力，提高墙体稳定性等，如图 12-10 所示。土工织物用做排水时兼起反滤作用，除满足反滤的基本要求外，土工织物还应有足够的平面排水能力以导走来水。

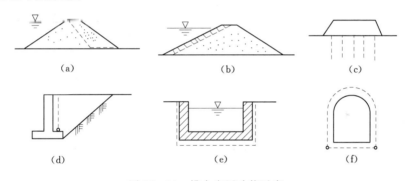

图 12-10　排水应用功能示意

三、隔离功能

隔离是将土工合成材料放置在两种不同材料之间或两种不同土体之间，使其不互相混杂，例如将碎石和细粒土隔离、将软土和填土之间隔离等。隔离可以产生很好的工程技术效果，当结构承受外部荷载作用时，隔离作用使材料不致互相混杂或流失，从而保持其整体结构和功能，例如土石坝、堤防、路基等不同材料的各界面之间的分隔层。在冻胀性土中，土工织物用以切断毛细水流以消减土的冻胀和上层土融化而引起的沉陷或翻浆现象，防止粗粒材料陷入软弱路基，以及防止开裂反射到表面的作用等。如图12-11 所示。用隔离的土工合成材料应以它们在工程中的用途来确定，应用最多的是有纺土工织物。如果对材料的强度要求较高，可以土工网或土工格栅作材料的垫层，当要求隔离防渗时，用土工膜或复合土工膜。用于隔离的材料必须具有足够的抗顶破能力和抵抗刺破的能力。

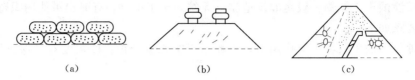

（a） （b） （c）

图 12-11　隔离功能应用示意

四、防渗功能

防渗是防止液体渗透流失的作用，也包括防止气体的挥发扩散。土工膜及复合土工膜防渗性能很好，其渗透系数一般为 $10^{-11} \sim 10^{-15}$ cm/s，在水利工程中利用土工膜或复合土工膜，可有效防止水或其他液体的渗漏。例如，堤坝的防渗斜墙或心墙；透水地基上堤坝的水平防渗铺盖和垂直防渗墙；混凝土坝、圬工坝及碾压混凝土坝的防渗体；渠道和蓄水池的衬砌防渗；涵闸、海漫与护坦的防渗；隧洞和堤坝内埋管的防渗；施工围堰的防渗等，如图 12-12 所示。

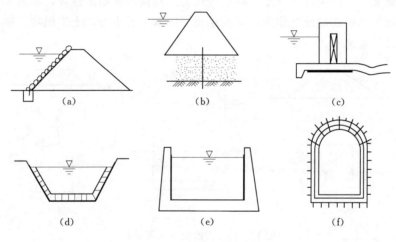

（a） （b） （c）
（d） （e） （f）

图 12-12　防渗功能应用示意

土工膜防渗效果好，质量轻，运输方便，施工简单，造价低，为保证土工膜发挥其应有的防渗作用，应注意以下几点。

（1）土工膜材质选择。土工膜的原材料有多种，应根据当地气候条件进行适当选择。例如，在寒冷地带，应考虑土工膜在低温下是否会变脆破坏，是否会影响焊接质量；土和水中的某些化学成分会不会给膜材或黏结剂带来不良影响等。

（2）排水、排气问题。铺设土工膜后，由于种种原因，膜下有可能积气、积水，如不将它们排走，可能因受顶托而破坏。

（3）表面防护。聚合物制成的土工膜容易因日光紫外线照射而降解或破坏，故在储存、运输和施工等各个环节必须注意封盖遮阳。

五、防护功能

防护功能是指土工合成材料及由土工合成材料为主体构成的结构或构件对土体起到的

防护作用。例如，把拼成大片的土工织物或者是用土工合成材料做成土工模袋、土枕、石笼或各种排体铺设在需要保护的岸坡、堤脚及其他需要保护的地方，用以抵抗水流及波浪的冲刷和侵蚀；将土工织物置于两种材料之间，当一种材料受力时，它可使另一种材料免遭破坏。水利工程中利用土工合成材料的常见防护工程有江河湖泊岸坡防护、水库岸坡防护、水道护底和水下防护、渠道和水池护坡，如图 12-13（a）所示；水闸护底、岸坡防冲植被如图 12-13（b）所示；水闸、挡墙等防冻胀措施如图 12-13（c）所示等。用于防护的土工织物应符合反滤准则和具有一定的强度。

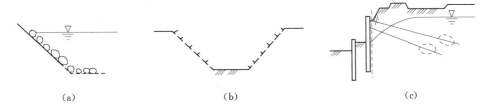

图 12-13 防护功能应用示意

六、加筋功能

加筋是将具有高拉伸强度、拉伸模量和表面摩擦系数较大的土工合成材料（筋材）埋入土体中，通过筋材与周围土体界面间摩擦阻力的应力传递，约束土体受力时侧向位移，从而提高土体的承载力或结构的稳定性。用于加筋的土工合成材料有织造土工织物、土工带、土工网和土工格栅等，较多地应用于软土地基加固、堤坝陡坡、挡土墙等，如图 12-14 所示。用于加筋的土工合成材料与土之间结合力良好，蠕变性较低。目前，土工格栅最为理想。

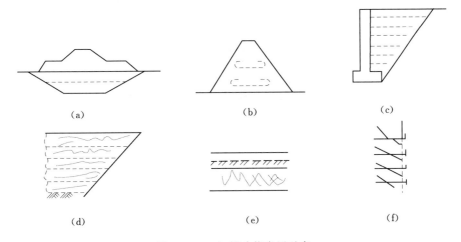

图 12-14 加筋功能应用示意

以上 6 种功能的划分是为了说明土工合成材料在实际应用中所起的主要作用。事实上，在实际应用中，一种土工合成材料往往同时发挥多种功能，如反滤和排水，隔离和防冲、防渗、防护等，不能截然分开。此外，有的土工合成材料还具有减荷功能，如利用泡沫塑料质量轻、变形大的特点，用以替代工程结构中某些部位的填土，可大幅度减少其荷载强度和填土产生的压力；有的土工合成材料具有很好的隔离、保温性能，在严寒地区修建大型渠道和道路工程时，可使用这类土工合成材料作为渠道保温衬砌和道路隔离层。

以上将土工合成材料的功能作了简要介绍，在实际工程中，应用土工合成材料时，应按工程要求，根据相应的规范、规程做合理的设计。

七、土工合成材料的储存与保管

土工合成材料在采购时，要严格按设计要求的各项技术指标选购，如物理性能指标、力学性能指标、水力学性能指标、耐久性指标等都要符合设计标准。运送时材料不得受阳光的照射，要有篷盖或包装，并避免机械性损伤，如刺破、撕裂等。材料存放在仓库时要注意防鼠，按用途分别存放，并标明进货时间、有效期、材料的型号、性能特征和主要用途，存放期不得超过产品的有效期限。产品在工地存放时应避免阳光的照射及苇根植物的身透破坏，应搭设临时存放遮棚，当种类较多、用途不一时，应分别存放，标明性能指标和用途等。存放时还要注意防火。

小　　结

本章主要学习了水利工程中常用到的土工合成材料的类型，掌握土工织物、土工膜、土工复合材料和土工特种材料四大类材料的特性及适用条件，熟悉土工合成材料的反滤、排水、隔离、防渗、防护和加筋功能。

自 测 练 习 题

简答题

1. 土工合成材料有什么优越性？
2. 土工合成材料有哪些种类？各有什么特点？
3. 土工合成材料有哪些功能？
4. 防止土工合成材料老化的措施有哪些？

自测练习题参考答案

第一章

一、填空题

1. 施工导流的基本方法大体可分为<u>全段围堰法导流</u>和<u>分段围堰法导流</u>两类。

2. 围堰按使用的材料不同，可以分为<u>土石围堰</u>、<u>木笼围堰</u>、<u>竹笼围堰</u>、<u>混凝土围堰</u>、<u>草土围堰</u>、<u>钢板桩格形围堰</u>等。

3. 截流的施工过程包括<u>戗堤进占</u>、<u>龙口加固</u>、<u>合龙</u>与<u>闭气</u>四项工作。

4. 截流的基本方法有<u>立堵法截流</u>和<u>平堵法截流</u>两种。

5. 基坑排水按排水时间及性质分为<u>初期排水</u>与<u>经常性排水</u>。

6. 经常性排水的水量来源包括<u>围堰渗水</u>、<u>地基渗透入基坑的渗水</u>、<u>降雨</u>与<u>施工废水</u>。

7. 经常性排水方法有<u>明沟排水</u>与<u>人工降低地下水位法</u>两大类。

二、简答题

略

第二章

一、单项选择题

1. A   2. C   3. A   4. C   5. B   6. A   7. B   8. A   9. C   10. B

二、判断题（你认为正确的，在题干后画"√"，反之画"×"）

1. ×   2. √   3. ×   4. ×   5. √   6. ×

三、简答题

略

第三章

一、填空题

1. 模板按使用的方法可分为<u>固定式</u>、<u>拆移式</u>、<u>移动式</u>和<u>滑动式</u>。

2. 模板按制作材料分有<u>木模板</u>、<u>钢模板</u>、<u>混凝土预制模板</u>等。

3. 作用在承重模板上的垂直荷载有<u>模板及其支架自重</u>、<u>新浇混凝土重量</u>、<u>钢筋重量</u>、<u>工作人员重量及浇筑设备、工具的荷载</u>。

4. 作用在侧模板上的基本水平荷载有<u>新浇混凝土的侧压力</u>和<u>振捣混凝土时产生的荷载</u>。

二、简答题

略

第四章

一、填空题

1. 碾压式土石坝施工包括准备作业、基本作业、辅助作业和附加作业。

2. 土石坝施工需对料场从质量、数量、时间与空间等方面进行全面规划。

3. 压实机具按作用力分为静压、振动、夯击三种基本类型。

4. 碾压机械的开行方式有转圈套压法和进退错距法。

5. 黏性土的压实参数包括铺土厚度、碾压遍数及土料相应含水量。

6. 非黏土的压实参数包括铺土厚度及碾压遍数。

7. 土石坝冬季施工，可采用防冻、保温、加热三方面的措施。

8. 土石坝雨季施工大体可以采用合理安排施工时间、防雨、合理利用土料等措施。

二、判断题（你认为正确的，在题干后画"√"，反之画"×"）

1. ×　2. ×　3. ×　4. √　5. √　6. ×

三、简答题

略

第五章

一、填空题

1. 骨料筛分机按产生振动的方式分为偏心轴振动筛和惯性振动筛两种。

2. 混凝土搅拌机分自落式和强制式两类。

3. 混凝土的水平运输机械设备有自卸汽车、皮带机、混凝土搅拌运输车等。

4. 混凝土垂直运输的机械设备有履带式起重机、门机、塔机、缆机等。

5. 大体积混凝土的温度变化过程可分为升温期、冷却期和稳定期三个时期。

6. 混凝土坝施工，产生的温度裂缝有表面裂缝、深层裂缝两类。

7. 混凝土坝温度控制的措施有减热与散热。

8. 混凝土的基本分缝分块方法有垂直纵缝法、斜缝法、错缝法和通仓浇筑法。

9. 混凝土施工，当日平均气温稳定在5℃以下或最低气温在3℃以下时为冬季施工。当气温超过30℃时为夏季施工。

二、简答题

略

第六章

一、填空题

1. 隧洞开挖方法有钻爆法、TBM掘进机法及盾构法三类。

2. 平洞开挖断面上的钻孔，按作用分掏槽孔、崩落孔和周边孔。

3. 掏槽孔的布置形式有平行掏槽、锥形掏槽和楔形掏槽等。

4. 隧洞开挖时的机械通风有压入式、吸出式和混合式三种。

5. 喷锚支护是<u>喷混凝土支护</u>、<u>锚杆支护</u>、<u>喷混凝土锚杆支护</u>、<u>喷混凝土锚杆钢筋网支护</u>和<u>喷混凝土锚杆钢拱架支护</u>的统称。

6. 锚杆的布置有<u>随机锚杆</u>与<u>系统锚杆</u>两类。

7. 隧洞衬砌施工，纵向上的浇筑顺序有<u>跳仓浇筑</u>、<u>分段流水浇筑</u>及<u>分段预留空档浇筑</u>三种方式。

8. 隧洞混凝土和钢筋混凝土衬砌施工，有<u>现浇</u>、<u>预填骨料压浆</u>和<u>预制安装</u>等方法。

二、判断题（你认为正确的，在题干后画"√"，反之画"×"）

1. √   2. ×   3. √   4. ×   5. √   6. ×

三、简答题

略

第七章

简答题

略

第八章

一、填空题

1. 材料的吸湿性是指材料在<u>空气</u>中吸收水分的性质。

2. 材料的抗冻性以材料在吸水饱和状态下所能抵抗的<u>冻融循环次数</u>来表示。

3. 水可以在材料表面展开，即材料表面可以被水浸润，这种性质称为<u>亲水性</u>。

4. 材料地表观密度是指材料在<u>自然</u>状态下单位体积的质量。

二、单项选择题

1. D   2. A   3. B   4. A

三、判断题（你认为正确的，在题干后画"√"，反之画"×"）

1. ×   2. √   3. ×   4. ×

第九章

一、单项选择题

1. B   2. B   3. D   4. C

二、简答题

略

第十章

一、简答题

略

二、计算题

1.【解】计算出各个筛孔的累计筛余百分率，见下表：

筛孔尺寸/mm	筛余量/g	分计筛余百分率/%	累计筛余百分率/%
9.5	0	0	0
4.75	20	4	4
2.36	70	14	18
1.18	80	16	34
0.6	100	20	54
0.3	150	30	84
0.15	60	12	96
<0.15	20	4	100

细度模数

$$M_X = \frac{A_2 + A_3 + A_4 + A_5 + A_6 - 5A_1}{100 - A_1} = \frac{18 + 34 + 54 + 84 + 96 - 5 \times 4}{100 - 4} = 2.77$$

结论：建筑用砂的规格按细度模数划分，M_X 在 3.7~3.1 为粗砂，M_X 在 3.0~2.3 为中砂，M_X 在 2.2~1.6 为细砂。因此此砂属中砂，对比表 10-4 可知此砂属于 Ⅱ 区砂，级配合格。

2.【解】每立方米混凝土各材料用量：

水泥：$m_c = 300\text{kg}$

砂：$m_s = 630 \times (1 + 5\%) = 661.5(\text{kg})$

石：$m_g = 1320 \times (1 + 3\%) = 1359.6(\text{kg})$

水：$m_c = 180 - 630 \times 5\% - 1320 \times 3\% = 108.9(\text{kg})$

答：每立方米混凝土各材料用量为：水泥 300kg，砂 661.5kg，石 1359.6kg，水 108.9kg。

第十一章

一、单项选择题

1. A　2. B　3. A　4. B　5. B

二、简答题

略

第十二章

简答题

略

参 考 文 献

［1］ 《水利水电工程施工技术》课程建设团队．水利水电工程施工技术［M］．北京：中国水利水电出版社，2011.

［2］ 司兆乐．水利水电枢纽施工技术［M］．北京：中国水利水电出版社，2002.

［3］ 吴立，等．凿岩爆破工程［M］．武汉：中国地质大学出版社，2005.

［4］ 冯叔瑜．爆破员读本［M］．北京：冶金工业出版社，1992.

［5］ 袁光裕．水利工程施工［M］．北京：中国水利水电出版社，2005.

［6］ 钟汉华．水利水电工程施工技术［M］．北京：中国水利水电出版社，2004.

［7］ 梅锦煜．水利水电工程施工手册：土石方工程［M］．北京：中国电力出版社，2002.

［8］ 李德武．隧洞［M］．北京：中国铁道出版社，2004.

［9］ 水利电力部水利水电建设总局．砌石坝施工［M］．北京：中国水利水电出版社，1983.

［10］ 张君，阎培渝，覃维祖．建筑材料［M］．北京：清华大学出版社，2008.

［11］ 张海梅，袁雪峰．建筑材料［M］．3版．北京：科学出版社，2005.

［12］ 崔长江．建筑材料［M］．郑州：黄河水利出版社，2006.

［13］ 毕万利．建筑材料与检测［M］．北京：高等教育出版社，2014.

［14］ 曹亚玲．建筑材料［M］．2版．北京：化学工业出版社，2015.

［15］ 王松成．建筑材料（含试验实习指导书与报告书）［M］．北京：科学出版社，2008.

［16］ 胡敏辉，黄宏亮，武桂芝．水工建筑材料［M］．武汉：华中科技大学出版社，2013.

［17］ DL/T 5129—2013 碾压式土石坝施工规范［S］．北京：中国电力出版社，2014.

［18］ SL 49—2015 混凝土面板堆石坝施工规范［S］．北京：中国水利水电出版社，2015.

［19］ SL 677—2014 水工混凝土施工规范［S］．北京：中国水利水电出版社，2014.

［20］ SL 174—2014 水利水电工程混凝土防渗墙施工技术规范［S］．北京：中国水利水电出版社，2014.

［21］ SL 378—2007 水工建筑物地下开挖工程施工规范［S］．北京：中国水利水电出版社，2007.

［22］ SL 377—2007 水利水电工程锚喷支护技术规范［S］．北京：中国水利水电出版社，2008.

［23］ SL 632—2012 水利水电工程单元工程施工质量验收评定标准-混凝土工程［S］．北京：中国水利水电出版社，2012.

［24］ SL 631—2012 水利水电工程单元工程施工质量验收评定标准-土石方工程［S］．北京：中国水利水电出版社，2012.

［25］ SL 633—2012 水利水电单元工程施工质量验收评定标准-地基处理与基础工程［S］．北京：中国水利水电出版社，2012.

［26］ GB/T 14684—2011 建设用砂［S］．北京：中国标准出版社，2011.

［27］ GB/T 14685—2011 建设用卵石、碎石［S］．北京：中国标准出版社，2012.

［28］ JGJ 63—2006 混凝土拌合用水标准［S］．北京：中国建筑工业出版社，2006.

［29］ JGJ 55—2011 普通混凝土配合比设计规程［S］．北京：中国建筑工业出版社，2011.

［30］ GB 50010—2010 混凝土结构设计规范（2015 版）［S］．北京：中国建筑工业出版社，2016.

［31］ SL 352—2006 水工混凝土试验规程［S］．北京：中国水利水电出版社，2006.

［32］ SL 191—2008 水工钢筋混凝土设计规范［S］．北京：中国水利水电出版社，2009.

［33］ GB/T 50107—2010 混凝土强度检验评定标准［S］．北京：中国建筑工业出版社，2010.

[34]　JGJ/T 98—2010 砌筑砂浆配合比设计规程 [S]. 北京：中国建筑工业出版社，2011.

[35]　GB/T 700—2006 碳素结构钢 [S]. 北京：中国标准出版社，2006.

[36]　GB/T 221—2008 钢铁产品牌号表示方法 [S]. 北京：中国标准出版社，2008.

[37]　GB/T 1591—2008 低合金高强度结构钢 [S]. 北京：中国质检出版社，2014.

[38]　GB 1499.1—2007 钢筋混凝土用热轧光圆钢筋 [S]. 北京：中国标准出版社，2008.

[39]　GB 1499.2—2007 钢筋混凝土用热轧带肋钢筋 [S]. 北京：中国标准出版社，2008.

[40]　GB 13788—2008 冷轧带肋钢筋 [S]. 北京：中国标准出版社，2008.

[41]　GB/T 50290—2014 土工合成材料应用技术规范 [S]. 北京：中国计划出版社，2015.